信号与系统

赵仕良　陈冰洁　周晓林　主编

科学出版社

北京

内 容 简 介

本书根据高等工科院校信号与系统课程教学基本要求编写。全书共分 8 章，内容包括：信号与系统基本概述、线性时不变系统的时域分析、连续周期信号的傅里叶级数分析、连续时间信号和系统的频域分析、连续时间信号和系统的复频域分析、离散时间信号和系统的 z 域分析、离散信号和系统的频域分析、信号与系统分析的 MATLAB 仿真。全书概念准确、重点突出、例题丰富、循序渐进、易读易懂。

本书可作为通信工程、电子信息工程、光电工程、微电子技术、自动化、遥感测量等电类相关专业的本科教材和考研的参考教材，也可供相关专业科技人员阅读参考。

图书在版编目（CIP）数据

信号与系统/赵仕良，陈冰洁，周晓林主编. —北京：科学出版社，2014.11
ISBN 978-7-03-041147-1

Ⅰ.①信… Ⅱ.①赵… ②陈… ③周… Ⅲ.①信号 Ⅳ.①TN911.6

中国版本图书馆 CIP 数据核字（2014）第 130447 号

责任编辑：李小锐 杨 岭/责任校对：宋玲玲
责任印制：余少力/封面设计：墨创文化

科 学 出 版 社 出版
北京东黄城根北街 16 号
邮政编码：100717
http://www.sciencep.com

成都创新包装印刷厂 印刷
科学出版社发行 各地新华书店经销
*
2014 年 11 月第 一 版 开本：787×1092 1/16
2016 年 1 月第二次印刷 印张：18.75
字数：420 000
定价：42.00 元
（如有印装质量问题，我社负责调换）

前　　言

　　本书是电类相关专业的基础理论课程，往往和"模拟电路"、"数字电路"、"电路理论"并称为"四大基础课程"，是电类相关专业考研的必选课程。

　　本书是依据国家工科"信号与系统"指导委员会 2004 年 8 月对本书制定的基本教学要求并结合作者 20 年的教学经验和教学成果而编写的。本书的主要任务是研究信号和系统的基本概念、基本理论和基本分析方法。本书适用于电子信息工程、通信工程、计算机科学与技术、自动控制、遥感测量、航空航天、生物医学等专业。可以作为本科教材，也可作为考研参考书。

　　本书的特点如下。

　　（1）按照 70 个学时进行编写，共分八章。主要讲解第 1～6 章，第 7、8 章选讲。为兼顾知识结构和学时，可以在讲解第 6 章时同时阐述第 7 章中 DTFT 的思想，建立离散信号的频谱和离散系统的频率特性函数及其计算方法。第 8 章可以放在实验教学中选讲。1～6 章可以依次参照 6、12、8、16、14、14 学时进行教学。

　　（2）本书有很多线索贯穿其中。信号和系统分析是研究和讨论的主线索，在每章既要讲解信号的分析，又要讲解系统的分析及其求解。连续和离散也是一条线索，第 1 章在讲解信号和系统的基本概念时采用连续和离散同时进行的方式，第 2 章在讲解信号和系统的时域分析时，也采用并行的方式。以后章节采用每一章只讲解一类信号和系统，其中，第 3～5 章都讲连续信号和系统的不同变换域分析，第 6、7 章讲离散信号和系统的变换域分析。信号的分析是基础，只有当有了信号的分析时，才能够进行系统的求解。因为信号和系统有辩证关系，所以时域和变换域频域的分析方法，不仅适用于信号，也适用于系统。在进行系统时域分析时引入了两个重要的数学运算——卷和和卷积，这也是一条线索。从第 2 章开始，每章都可能遇到卷和或者卷积的计算，其计算既可以采用时域分析，又可以采用频域分析。

　　（3）本书更多的章节讲解变换域分析，主要讲了 FS、FT、LT、ZT 等四类变换。在学习时采用对比的学习方法，同时注意它们的区别。将 FS 和 FT 进行对比和区别，将 FT 和 LT 进行对比和区别，将 LT 和 ZT 进行对比和区别，将 ZT 和 DTFT 进行对比和区别，这样就可以加深概念的理解。

　　（4）本书力求做到循序渐进、深入浅出地讲解每个问题、每个概念和每个方法。例如，在关于方框图讲解时，在第 1 章讲系统时，初步提到方框图的两个重要特点：节点汇总信号的功能和箭头代表信号的流动方向。因为每章都可能用到方框图，但用的目的是不一样的。有了这两个基本点，第 1～4 章就没有困难了，待到第 5 章讲了梅森规则，就可以涉及方框图的计算和系统模拟了。再例如，从第 1 章开始就灌输系统本质及其描述方法，所以在时域分析系统时，有了单位冲激响应，但不急于讲解系统单位冲激响应的计算，否则数学上的计算量太大了。当讲了 FT，才开始讲解系统本质的描述方法之间的相互转换及其计算，这样读者就能够很容易理解和轻松地学习。

（5）本书大胆地提出了很多个人的观点、见解和描述方法。例如，关于滤波的特性、关于理想滤波器的认识、关于收敛域的理解及其准确的描述等。在描述 LT 的收敛域时，提出收敛域完整的描述方法，将严格考虑 $-\infty$ 和 $+\infty$ 是否在收敛域内；在描述 ZT 的收敛域时，提出收敛域完整的描述方法，将严格考虑 0 和 $+\infty$ 是否在收敛域内。希望这样的描述方法能够得到同行的认可。

（6）本书在卷和和卷积的计算、傅里叶级数的计算、傅里叶正反变换的计算、拉普拉斯正反变换的计算、z 正反变换的计算时，都强调了利用已经建立的公式和性质来解决实际的问题。这样的方法会简化计算过程，并且完全利用信号与系统课程的特点来分析该课程的问题。全书基本上都采用这样的方法进行讲述。

（7）由于信号与系统在第四学期开课，而 MATLAB 语言在大三才学习，所以，在学习第 8 章时建议以提高学生学习兴趣为主要目的。作者从 2000 年开始，在"信号与系统"课程中引入 MATLAB 语言来辅助教学，主要通过两次上机来进行实验教学。第一次实验主要讲解一些关于 MATLAB 语言的基本操作和函数，特别是应用于信号与系统方面的函数。第二次实验主要是给一些程序或者学生自己编写程序，来验证课程中的一些重要的结论、定理和技术。

（8）本书有丰富的例题，将一些复杂的问题在例题中体现和讲解；并且每章编写了适量的习题，从简单到复杂。在复杂部分，有些采用了兄弟院校考研的题目，所以，本书也适合需要继续学习和深造的读者，以及考研的学生作为参考书。

（9）作者在编写时力求做到将复杂的问题简单化，力求做到编写一本经典的教材，抛开复杂的数学运算过程，所举的例子尽量做到计算量不大，让读者始终明白这是一门电子、信息、通信类专业的骨干课程，而不是一门数学课程。

全书由赵仕良、陈冰洁、周晓林主编，第 1～6 章由赵仕良编写，第 7 章由陈冰洁编写，第 8 章由陈冰洁和赵仕良共同编写，张健参与了单边 LT 的部分编写工作，周晓林负责本书的策划和统稿工作。同时感谢何艳阳女士对本书图表的编辑。

由于作者水平有限，书中难免存在疏漏之处，恳请广大读者批评指正。

赵仕良

2014 年 5 月

于成都狮子山

目　　录

第1章 信号与系统基本概述

信号与系统的概念出现在相当广泛的领域，信号和系统的思想在很多科学技术领域起着很重要的作用，如通信工程、电子信息、自动控制、生物工程、航空航天、电路设计、声学、地震勘测学、语音和图像处理、能源产生与分配、化工过程控制等。在这些技术领域都存在信号的传输和处理。例如，在产品防伪、产品溯源、网站链接、数据下载、电子凭证中应用广泛的二维码，它是用特定的几何图形按一定规律在二维方向（平面）上分布的黑白相间的图形，可以作为信息数据的一把钥匙。再例如，我国已经进行的一系列探月科学实践活动中，包含了一系列的信号和系统的观点，涉及如何发射飞船、如何控制飞船飞行的轨道、如何实现地面和飞船上的语音传输、图像传输。通过这些实际的例子，可以得到关于信号以及系统的一系列观点。

（1）信号的种类有很多，包括声音、图像、电、光等。

（2）信号的传输、处理、交换需要系统来完成。

（3）系统的种类也很繁多，往往需要根据对信号处理的特定功能来设计特定的系统。

（4）信号和系统之间存在着联系，我们用辩证关系来描述这种联系，一切信息活动都离不开系统的作用，一切系统都有输入和输出信号，二者单独存在是没有意义的；信号是实际存在的，可以通过仪器来观察和测试；系统是由若干相互作用和相互依赖的事物组合而成的具有特定功能的整体，它是一个非常广泛的概念；系统可以很简单，也可以很复杂。从广义上来讲，信号和系统可以互换，系统涉及的领域也很多，本书在讲解实际系统时，主要涉及电子和通信方面的电路系统。

1.1 信 号

1.1.1 信号的定义

信号是用来传送或记录信息的手段或工具，信号所包含的信息往往存在于某种变化方式中。我国古代烽火台用狼火或狼烟来传递敌人入侵的信息，到现在电子技术应用于雷达、宇宙飞船，这些都是信号传递的实际例子。这些信息的传递涉及信息的获取、交换、传输、处理、存储、再现、控制与利用等。信号定义为传递消息或信息的符号，是信息的载体。从数学意义来看，信号总是作为一个或几个独立变量的函数而出现的。从物理意义来看，信号总是携带着某些物理现象或物理性质的相关信息。信号可以描述范围极其广泛的物理现象，如声、光、电、温度、力、速度等，所以信号通常表现为随自变量变化的物理量。

在上述关于信号的定义中出现了消息和信息这两个术语。现在分别来看各自的含义。

消息定义为关于人或事物情况的报道或音信。消息是用来表达某种客观对象信息的。

在很多学科都可能用到消息这个名称。其表现形式有电报报文、电视图像、声音、文字、图表、数字等。例如，"明天可能是晴天"就是关于天气的一则消息。

信息定义为消息中有意义的内容，是对消息中的不确定性的度量。凡是物质的形态、特性在时间或空间上的变化以及人类的各种社会活动都会产生信息。当作为一个信息论中的专业术语时，消息和信息是有区别的。信息可以用信息量来进行度量。例如，"明天是晴天的概率 $P=0.25$"，这是一则消息，而这则消息中所包含的信息量 $I = -\log_2^{0.25} = 2\text{bit}$。

总之，关于信号、消息、信息这三个术语，我们可以这样来理解：信号是运载消息的载体，消息是信号的具体形式，信息是消息中有意义的内容。

1.1.2 信号的数学描述

信号的种类繁多，描述方法也不同。例如，在医学上我们来观察各个器官组织的情况，医生会通过检测设备来观察，最终以图像体现出来。再例如，我们从电子通信专业视角来观察信号时，常常用示波器来显示信号在时域上的波形，也常常用频谱分析仪来观察信号在频域上的频谱结构。在数学上，确定信号可以表示为一个或多个变量的函数，常见的有指数函数形式和三角函数形式。因此，在本书中常常用函数和波形来描述信号。

在函数法描述中，虽然在具体应用中自变量不一定是时间，但本书在分析时常用时间变量 t 和序号 n 来表示自变量，讨论的范围仅限于单一变量的函数。以 t 为自变量的是连续信号，常写为 $x(t)$；以 n 为自变量的是离散信号，常写为 $x[n]$。例如，$x(t) = \sin 2t$，$x[n] = 2^n$。

信号还可以用波形来描述。将信号随自变量变换的每个值用波形表示出来，如图 1-1 所示。

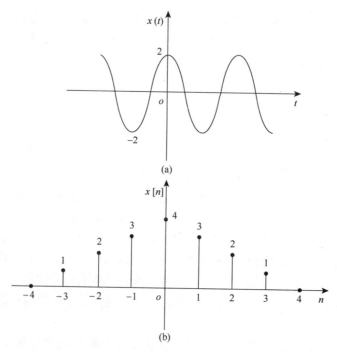

图 1-1 连续和离散信号的波形示意图

离散信号还可以用集合来描述。例如，$x[n] = \{1, 2, 3, \underset{\uparrow}{4}, 3, 2, 1\}$，序号为 0 的位置下方用向上的箭头来作特殊标记。

1.1.3　信号的分类

信号的分类方法有很多，根据不同的特性，信号有不同的分类。从物理含义来看，信号可以分为电信号、光信号、语音信号、图像信号等。此处主要讨论从数学意义上进行的分类。同一个信号可以分属于下面不同分类方法中的某个具体的类型。

1. 连续时间信号和离散时间信号

自变量连续可变的信号称为连续时间信号，简称连续信号。本书中连续时间信号的自变量选为时间 t。自变量仅取一组离散值的信号称为离散时间信号，简称离散信号，离散信号也可称为序列。本书中离散信号自变量选为序号 n，n 为整数。分别用 $x(t)$ 和 $x[n]$ 表示连续时间信号和离散时间信号。

例如，$x(t) = \sin t$ 为连续时间信号，$x[n] = (0.5)^n$ 为离散时间信号。

现在我们把以前学的模拟信号和数字信号与连续信号和离散信号进行区别。模拟信号和连续信号是有区别的。模拟信号强调幅值的连续性（可以有跳变），信号幅值有很多种取值，连续信号强调时间自变量的连续性。离散信号和数字信号也是有区别的。离散信号强调自变量是离散的，幅值的情况没有限制。数字信号强调幅值是离散的，并且只有有限个取值。一般而言，模拟信号与数字信号对应，连续信号和离散信号对应。

2. 确定信号和随机信号

根据信号每个时刻取值是否具有唯一确定性，把信号分为确定信号和随机信号。如果信号取值唯一就是确定信号，否则就是随机信号。确定信号可以用数学函数来描述，随机信号不能用数学函数表达式来描述。本书中考虑的都是确定信号，而随机信号则需要用概率与数理统计的知识进行分析，在《随机过程》和《通信原理》中会分析和研究其特点。

例如，$x(t) = e^{-t}$ 为确定信号，通信系统中的高斯白噪声就是随机信号。

3. 复信号和实信号

信号取值全是实数的信号称为实数信号，简称实信号。信号取值有复数的信号称为复数信号，简称复信号。

例如，$x(t) = e^{-2t}$ 为实信号，$x[n] = e^{-jn}$ 为复信号。

关于复数，可以用实部和虚部来描述，也可以用模和相位来描述。例如，$A = a + bj = \sqrt{a^2 + b^2} e^{j\varphi}$，其中 $a \geq 0$，$\varphi = \arctan \dfrac{b}{a}$ 或 $a < 0$，$\varphi = \arctan \dfrac{b}{a} \pm \pi$。有时会用到欧拉代换：$e^{j\theta} = \cos\theta + j\sin\theta$，$\cos\theta = \dfrac{1}{2}(e^{j\theta} + e^{-j\theta})$，$\sin\theta = \dfrac{1}{2j}(e^{j\theta} - e^{-j\theta})$。

4. 奇信号和偶信号

该分类方法是根据信号是否满足某种对称性进行分类的，这种对称性常常指奇对称和偶对称。实信号的函数满足 $x(t) = -x(-t)$ 或者 $x[n] = -x[-n]$，称为奇信号，实信号的函数满足 $x(t) = x(-t)$ 或者 $x[n] = x[-n]$，称为偶信号。

对于复信号而言：满足 $x(t) = -x^*(-t)$ 或者 $x[n] = -x^*[-n]$，则称为共轭奇信号；满足 $x(t) = x^*(-t)$ 或者 $x[n] = x^*[-n]$，则称为共轭偶信号。

5. 周期信号与非周期信号

根据函数是否具有周期性进行的一种分类。满足周期性则称为周期信号，不满足周期性则称为非周期信号。

若连续信号 $x(t)$ 满足：

$$x(t) = x(t + mT) \tag{1-1}$$

则为连续周期信号，其中，满足周期性特点的正的最小的 T 称为基波周期，简称为周期。

若离散信号 $x[n]$ 满足：

$$x[n] = x[n + mN] \tag{1-2}$$

则为离散周期信号，其中，满足周期性特点的正的最小的 N 称为基波周期，简称为周期。

本书中周期信号常常书写为 $x_T(t)$ 或 $x_N[n]$。

如果有 $x_1(t)$ 和 $x_2(t)$ 是周期的，周期分别为 T_1 和 T_2，判断 $x(t) = ax_1(t) + bx_2(t)$ 是否为周期的，只需要判断 $\dfrac{T_1}{T_2}$ 是否可以表示为最简整数比，如果可以描述为

$$\frac{T_1}{T_2} = \frac{m}{n} \tag{1-3}$$

其中，$\dfrac{m}{n}$ 是最简整数比，则 $x(t)$ 就是周期信号，周期为 $T = nT_1 = mT_2$。

例 1-1 $x(t) = \sin 2\pi t - \cos 3\pi t$ 是周期的吗？若是周期信号，周期为多少？

解 $\sin 2\pi t$ 的周期为 $T_1 = 1$，$\cos 3\pi t$ 的周期为 $T_2 = \dfrac{2}{3}$。$\dfrac{T_1}{T_2} = \dfrac{3}{2}$，可以化为最简单的整数比，所以 $x(t)$ 是周期的，周期为 $T = 2$。

6. 能量信号和功率信号

能量和功率是物理学中两个重要的概念。由于本书研究的信号很多时候并没有明确的单位，怎样定义能量和功率呢？可以把信号看做电信号（不必区分电压和电流），让信号作用在 1Ω 的电阻上，所以瞬时功率为

$$p(t) = |x(t)|^2 \tag{1-4}$$

连续时间信号在 $[t_1, t_2]$ 区间的能量定义为

$$E = \int_{t_1}^{t_2} |x(t)|^2 \, dt \tag{1-5}$$

连续时间信号在 $[t_1,t_2]$ 区间的平均功率定义为

$$P = \frac{1}{t_2 - t_1} \int_{t_1}^{t_2} |x(t)|^2 dt \tag{1-6}$$

同理类推如下。

离散时间信号在 $[n_1,n_2]$ 区间的能量定义为

$$E = \sum_{n=n_1}^{n_2} |x[n]|^2 \tag{1-7}$$

离散时间信号在 $[n_1,n_2]$ 区间的平均功率定义为

$$P = \frac{1}{n_2 - n_1 + 1} \sum_{n=n_1}^{n_2} |x[n]|^2 \tag{1-8}$$

在无穷区间上也可以定义信号的总能量和功率。

连续时间情况下：

$$E_\infty = \int_{-\infty}^{+\infty} |x(t)|^2 dt , \quad P_\infty = \lim_{T \to +\infty} \frac{1}{2T} \int_{-T}^{T} |x(t)|^2 dt \tag{1-9}$$

离散时间情况下：

$$E_\infty = \sum_{n=-\infty}^{+\infty} |x[n]|^2 , \quad P_\infty = \lim_{N \to +\infty} \frac{1}{2N+1} \sum_{n=-N}^{N} |x[n]|^2 \tag{1-10}$$

有了上述定义后，根据在无穷范围内能量和功率是否有限，可以将信号分为如下三类。

（1）信号的能量有限，平均功率为 0，即 $E_\infty < +\infty$，$P_\infty = 0$，此信号称为能量信号；

（2）信号有无限的总能量，但平均功率有限，即 $E_\infty = +\infty$，$P_\infty < +\infty$，此信号称为功率信号；

（3）信号的能量和平均功率都是无穷，即 $E_\infty = +\infty$，$P_\infty = +\infty$，此信号既不是能量信号又不是功率信号。

一般而言，周期信号是功率信号，非周期信号是能量信号。

7. 一维信号和多维信号

该分类是根据信号函数表达式自变量的维数来进行分类的。例如，$x(t)$ 和 $x[n]$ 是一维信号，$x(t_1,t_2)$ 是二维信号，$x[n_1,n_2,n_3]$ 是三维信号。实际生活中一幅平面的黑白照片就属于二维信号。实际上信号的维数可以理解为信号的变化与哪些因素有关，每种因素就是信号数学表达式中的一个元素或维数。

8. 因果信号、反因果信号和非因果信号

从时域来看，按照信号从"何时开始、何时结束"的特点，信号可以分为有始有终、有始无终、无始有终和无始无终四类。

信号有起始时刻（序号），且有终止时刻（序号）称为有始有终信号。信号有起始时刻（序号），但无终止时刻（序号）称为有始无终信号。信号无起始时刻（序号），但有终止时

刻（序号）称为无始有终信号。信号无起始时刻（序号），也无终止时刻（序号）称为无始无终信号。

信号在零时刻或零序号之前的取值为 0 称为因果信号。信号在零时刻或零序号之后的取值为 0 称为反因果信号。信号在零时刻或零序号之前有非 0 的取值则称为非因果信号。非因果信号和反因果信号是不同的。反因果是非因果，但非因果不一定是反因果。

例 1-2 从"何时开始、何时结束"的特点来研究下列信号的特点：

（1） $x_1(t) = \sin t$ ；   （2） $x_2(t) = \begin{cases} 2, & t > 1 \\ 0, & t < 1 \end{cases}$ ；

（3） $x_3[n] = \begin{cases} -1, & n \leq 0 \\ 0, & n \geq 1 \end{cases}$ ；（4） $x_4[n] = \begin{cases} -1, & n \leq 2 \\ 0, & n \geq 3 \end{cases}$ 。

解 （1） $x_1(t) = \sin t$ 是无始无终信号；

（2） $x_2(t) = \begin{cases} 2, & t > 1 \\ 0, & t < 1 \end{cases}$ 是有始无终信号，而且是因果信号；

（3） $x_3[n] = \begin{cases} -1, & n \leq 0 \\ 0, & n \geq 1 \end{cases}$ 是无始有终信号，是非因果信号，也是反因果信号；

（4） $x_4[n] = \begin{cases} -1, & n \leq 2 \\ 0, & n \geq 3 \end{cases}$ 是无始有终信号，是非因果信号，但不是反因果信号。

1.2 常 用 信 号

此处仅介绍数学中学过的常规信号，至于本书中的特殊信号将在第 2 章讲解。

1.2.1 常用连续信号

1. 三角函数形式的信号

例 $x(t) = A\sin(\omega_0 t + \phi_0)$ 是三角函数信号，如图 1-2 所示。其中，A 为振幅，ω_0 为角频率，ϕ_0 为初相位，$\varphi(t) = \omega_0 t + \phi_0$ 称为瞬时相位。当然，这样的信号也可以用余弦函数来描述。

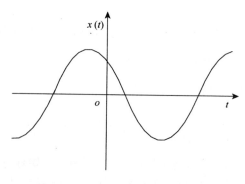

图 1-2 余弦（正弦）形式的信号

2. 指数信号

例 $x(t) = \mathrm{e}^{\lambda_0 t}$ 是指数信号，如图 1-3 所示。

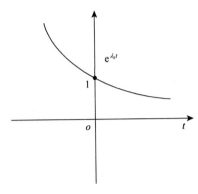

图 1-3　指数信号

3. 复数信号

比如 $x(t) = A\cos\omega_0 t + \mathrm{j}B\sin\omega_0 t$，　$x(t) = \mathrm{e}^{\mathrm{j}\omega_0 t}$，　$x(t) = \mathrm{e}^{(a+bj)t}$ 都是复信号。

4. 符号函数信号

符号函数用 sgn(·) 来描述，其特点为 $\mathrm{sgn}(t) = \begin{cases} -1, & t < 0 \\ 1, & t > 0 \end{cases}$，如图 1-4 所示。

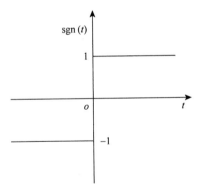

图 1-4　符号函数信号

5. 取样函数信号

取样函数书写为 Sa(·) 的形式，其中最基本的 Sa(t) 定义为

$$\mathrm{Sa}(t) = \frac{\sin t}{t} \tag{1-11}$$

Sa(t) 的波形如图 1-5 所示。Sa(t) 的零点为 $t = \pm\pi, \pm 2\pi, \cdots, t = \pi$ 称为第一零点，该信号在电子通信专业中是一个很重要的信号。

有些书中又将取样信号描述为辛格函数形式，即 $\mathrm{sinc}(t) = \dfrac{\sin\pi t}{\pi t} = \mathrm{Sa}(\pi t)$。

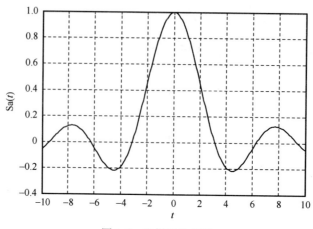

图 1-5　取样函数信号

6. 门信号

用 $G_\tau(t)$ 来表示单位门信号，代表高度为 1，宽度为 τ，中央在零时刻的矩形波形，这样的门信号常常称为标准的门信号，如图 1-6 所示。

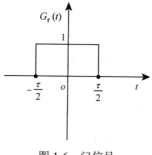

图 1-6　门信号

1.2.2　常用离散信号

1. 三角函数序列

$x[n] = A\sin(\omega_0 n + \phi_0)$，$x[n] = A\cos(\omega_0 n + \phi_0)$，如图 1-7 所示。

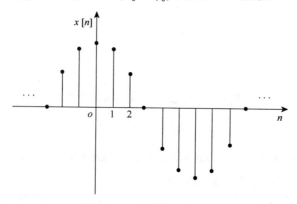

图 1-7　三角函数形式序列

2. 指数序列

$x[n] = v_0^n$，如图 1-8 所示。

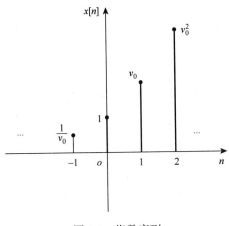

图 1-8　指数序列

3. 复数序列

比如 $x[n] = A\cos \Omega_0 n + jB\sin \Omega_0 n$，$x[n] = e^{j\Omega_0 n} = \cos \Omega_0 n + j\sin \Omega_0 n$，$x[n] = e^{(a+bj)n}$ 都是复数序列。

现在来讨论一下 $e^{j\omega_0 t}$ 和 $e^{j\Omega_0 n}$ 的区别。$e^{j\omega_0 t}$ 属于连续信号，而且是周期信号，ω_0 为基波角频率，其单位为 rad/s，基波周期 $T = \dfrac{2\pi}{\omega_0}$。$e^{j\Omega_0 n}$ 属于离散信号，并不一定是周期信号，只有满足 $e^{j\Omega_0 n} = e^{j\Omega_0 (n+N)}$ 时，$e^{j\Omega_0 n}$ 才是周期信号，此时 $\Omega_0 N = 2m\pi$。所以，当 $\dfrac{\Omega_0}{2\pi} = \dfrac{m}{N}$（最简整数比），则 $e^{j\Omega_0 n}$ 才是周期信号，把 N 称为基波周期，Ω_0 称为基波数字角频率，其单位为弧度（rad）。

1.3　信号的基本运算

实际的信号在系统对其传输和处理时，信号往往要发生变化。从数学意义上来说，可以理解为系统对信号进行运算。信号的基本运算主要考虑的是信号自变量发生的改变，我们可以从函数表达式来理解发生的变化，也可以从波形上理解发生的变化。

1.3.1　连续信号的微分和积分

$x(t)$ 的一次微分信号定义为

$$x'(t) = \frac{\mathrm{d}x(t)}{\mathrm{d}t} \tag{1-12}$$

$x(t)$ 的一次积分信号定义为

$$x^{(-1)}(t) = \int_{-\infty}^{t} x(\tau)\mathrm{d}\tau \tag{1-13}$$

1.3.2　信号的时移

当信号由 $x(t)$ 到 $x(t+t_0)$ 的过程称为连续信号的时间移动。当信号由 $x[n]$ 到 $x[n+n_0]$ 的过程称为离散信号的序号移动。上述过程可以理解为自变量 t 变成了 $t+t_0$，以及 n 换成了 $n+n_0$。

以 $x(t) \to x(t-2)$ 为例，假设原来信号在 0 时刻取值为 $x(0)$，新的信号 $x(t-2)$ 在 2 时刻的值为 $x(t-2)\big|_{t=2}=x(0)$，即 $x(t)\big|_{t=0}=x(0)=x(t-2)\big|_{t=2}$，也就是说 $x(t-2)$ 在 2 时刻的特点相当于原来信号 $x(t)$ 在 0 时刻的特点。所以，将 $x(t)$ 的波形向右移动 2 个单位就得到 $x(t-2)$ 的波形。

通过上面的分析，由 $x(t) \to x(t+t_0)$，从图形上发生的变化可以理解为：

（1）当 $t_0 > 0$ 时，将 $x(t)$ 的波形向左移动 t_0 个单位就得到 $x(t+t_0)$ 的波形；

（2）当 $t_0 < 0$ 时，将 $x(t)$ 的波形向右移动 $|t_0|$ 个单位就得到 $x(t+t_0)$ 的波形；

（3）当 $n_0 > 0$ 时，将 $x[n]$ 的波形向左移动 n_0 个序号就得到 $x[n+n_0]$ 的波形；

（4）当 $n_0 < 0$ 时，将 $x[n]$ 的波形向右移动 $|n_0|$ 个序号就得到 $x[n+n_0]$ 的波形。

例 1-3　已知 $x(t)$ 的波形，如图 1-9（a）所示，画出 $x(t-3)$ 的波形。

解　根据上述结论，得到 $x(t-3)$ 的波形，如图 1-9（b）所示。

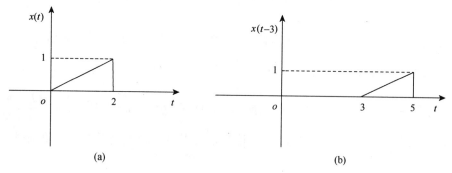

(a)　　　　　　　　　　　　　　(b)

图 1-9　例 1-3 图

1.3.3　离散信号的差分和累加

（1）一阶前向差分：$\Delta x[n] = x[n+1] - x[n]$。　　　　　　　　　　　　　（1-14）

（2）一阶后向差分：$\nabla x[n] = x[n] - x[n-1]$。　　　　　　　　　　　　　（1-15）

（3）二阶前向差分：$\Delta^2 x[n] = x[n+2] - 2x[n+1] + x[n]$。　　　　　　　　（1-16）

（4）二阶后向差分：$\nabla^2 x[n] = x[n] - 2x[n-1] + x[n-2]$。　　　　　　　　（1-17）

（5）累加：$\displaystyle\sum_{m=-\infty}^{n} x[m] = \sum_{m=0}^{+\infty} x[n-m]$。　　　　　　　　　　　　　（1-18）

1.3.4　反转变换

将信号的自变量取相反数的过程称为反转变换，又称为反折，即 $x(t) \to x(-t)$ 或 $x[n] \to x[-n]$。将反折前的信号关于纵轴成镜像对称就得到反折后的信号。

例 1-4　已知 $x[n]$ 的波形如图 1-10（a）所示，画出 $x[-n]$ 的波形。

解　利用反折就是关于纵轴形成镜像对称的特点，得到 $x[-n]$ 的波形，如图 1-10（b）所示。

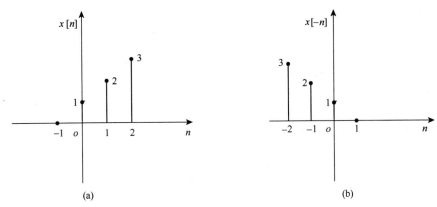

图 1-10　例 1-4 图

1.3.5　尺度变换

将信号的自变量变为 at 或者 an 的过程称为尺度变换，通常 a 为实数。由 $x(t) \to x(at)$ 的过程称为连续信号的尺度变换。由 $x[n] \to x[an]$ 的过程称为离散信号的尺度变换。

一般而言，将原信号的横轴除以 a 就得到尺度变换后的信号。

进行连续信号的尺度变换时，具有如下特点：

（1）当 $a > 1$ 时，$x(t) \to x(at)$，在时间轴上有压缩的现象，压缩 a 倍；

（2）当 $a = 1$ 时，$x(t) \to x(at)$，不变；

（3）当 $0 < a < 1$ 时，$x(t) \to x(at)$，在时间轴上有扩张的现象，扩张 $\dfrac{1}{a}$ 倍；

（4）当 $-1 < a < 0$ 时，$x(t) \to x(at)$，既有反折又有扩张的现象；

（5）当 $a = -1$ 时，$x(t) \to x(at)$，只有反折，所以反折是尺度变换的特例；

（6）当 $a < -1$ 时，$x(t) \to x(at)$，既有反折又有压缩的现象。

对于离散信号而言，由于 [ ] 内的自变量只能取整数，当尺度变换时，会有信息的遗失或者插入零点的现象。

（1）当 $a > 1$ 时，$x[n] \to x[an]$，在横轴上有压缩 a 倍的现象，有信息的遗失；

（2）当 $a = 1$ 时，$x[n] \to x[an]$，不变；

（3）当 $0 < a < 1$ 时，$x[n] \to x[an]$，在时间轴上有扩张的现象，扩张 $\dfrac{1}{a}$ 倍，原来相邻两个信息中会插入 0；

（4）当 $-1 < a < 0$ 时，$x[n] \to x[an]$，既有反折又有扩张的现象，扩张时会插入 0；

（5）当 $a = -1$ 时，$x[n] \to x[an]$，只有反折；

（6）当 $a < -1$ 时，$x[n] \to x[an]$，既有反折又有压缩的现象，有信息的遗失。

例 1-5　已知 $x(t)$ 的波形如图 1-11（a）所示，画出 $x(\dfrac{1}{2}t)$ 的波形。

解 $x(\frac{1}{2}t)$ 的波形如图 1-11（b）所示。

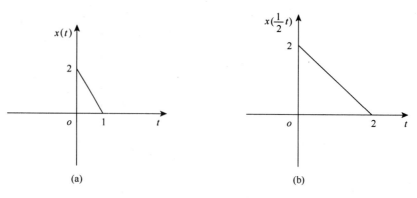

图 1-11　例 1-5 图

例 1-6 已知 $x[n]$ 的波形如图 1-12（a）所示，画出 $x[-2n]$ 的波形。

解 $x[-2n]$ 的波形如图 1-12（b）所示。在此例中有反折，有压缩，压缩时有信息的丢失。

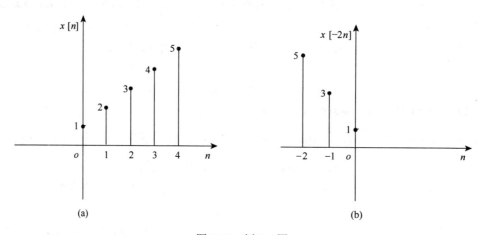

图 1-12　例 1-6 图

例 1-7 $x(t)$ 的波形如图 1-13（a）所示，画出 $x(-\frac{1}{2}t+1)$ 的波形。

解 第一种方法，先时移后尺度变换：

$$x(t) \rightarrow x(t+1) \rightarrow x(-\frac{1}{2}t+1)$$

第二种方法，先尺度变换后时移：

$$x(t) \rightarrow x(-\frac{1}{2}t) \rightarrow x(-\frac{1}{2}(t-2)) = x(-\frac{1}{2}t+1)$$

上面两次时移先后顺序不同，时移量也不一样。各自的波形如图 1-13 所示。

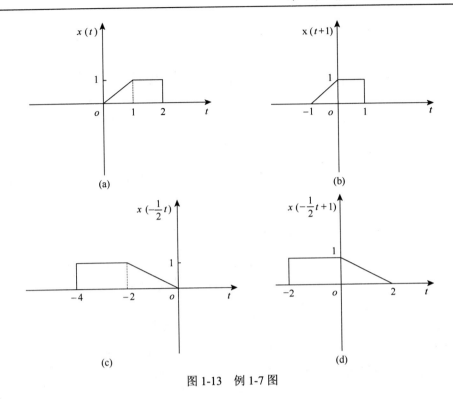

图 1-13　例 1-7 图

1.3.6　信号的周期化

将信号 $x(t)$ 按照周期 T 向左右两边拓展的过程称为 $x(t)$ 的周期化，所得信号记为 $x_T(t)$，它们之间的关系为

$$x_T(t) = \sum_{m=-\infty}^{+\infty} x(t+mT) \qquad (1\text{-}19)$$

T 称为基波周期。常数可视为周期信号，但它的基波周期没有确定的定义。

在图 1-14 中，$x(t)$ 的波形如图 1-14（a）所示，$x_T(t)$ 的波形如图 1-14（b）所示。

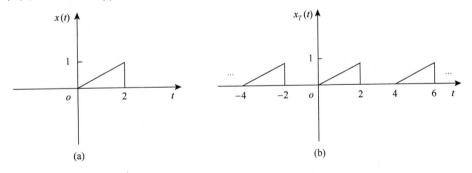

图 1-14　信号的周期化示意图

1.3.7　信号的奇偶分解

确定信号可以用函数来描述，任何函数可以进行奇偶分解。所以，确定信号可以进行奇偶分解。实信号 $x(t)$ 的奇信号分量记为 $x_o(t)$，偶信号分量记为 $x_e(t)$。

$$x(t) = x_e(t) + x_o(t) \tag{1-20}$$

其中

$$x_e(t) = \frac{x(t)+x(-t)}{2}, \quad x_o(t) = \frac{x(t)-x(-t)}{2} \tag{1-21}$$

同理

$$x[n] = x_e[n] + x_o[n] \tag{1-22}$$

其中

$$x_e[n] = \frac{x[n]+x[-n]}{2}, \quad x_o[n] = \frac{x[n]-x[-n]}{2} \tag{1-23}$$

对于复信号，偶信号分量和奇信号分量分别为

$$x(t) = x_e(t) + x_o(t)$$

其中

$$x_e(t) = \frac{x(t)+x^*(-t)}{2}, \quad x_o(t) = \frac{x(t)-x^*(-t)}{2} \tag{1-24}$$

$$x_e[n] = \frac{x[n]+x^*[-n]}{2}, \quad x_o[n] = \frac{x[n]-x^*[-n]}{2} \tag{1-25}$$

例 1-8 已知 $x(t)$ 的信号如图 1-15（a）所示，对其作奇偶分解。

解 先通过反折得到 $x(-t)$ 的波形如图 1-15（b）所示。

再利用奇偶分解的知识得到奇信号分量，如图 1-15（c）所示。偶信号分量如图 1-15（d）所示。

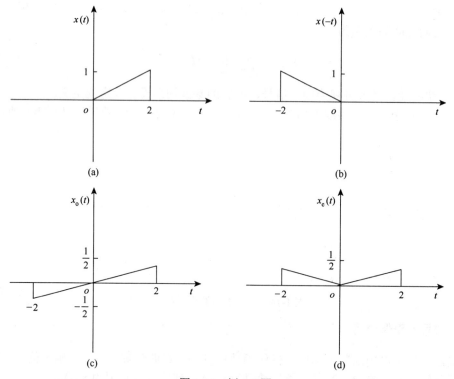

图 1-15　例 1-8 图

1.4　系统的基本概念

1.4.1　系统的定义

　　系统是非常广泛的概念。通常将若干相互依赖、相互作用的事物所组成的具有一定功能的整体称为系统。它可以是物理系统，也可以是非物理系统。系统的功能是用来传输、处理和交换信号的。所以一个系统应该有输入信号和输出信号，本书主要讲解单输入单输出系统。任何复杂的单入单出系统，都可以用下面的框图进行描述，如图 1-16 所示。

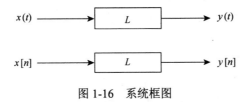

图 1-16　系统框图

　　从框图的角度看，系统也可以理解为联系输入信号（或激励）与输出信号（或响应）之间关系的物理过程的描述。其中，方框内来描述系统如何传输处理交换信号的，称为系统的本质。本书将用很多种方法从不同的方面来表述系统的本质。本章从数学模型的角度来描述系统。

1.4.2　系统的数学模型

　　系统中的各种物理规律最终会体现在输入和输出满足的数学方程上，将这样的方程称为系统的数学模型。方程形式有代数方程、微积分方程、差分方程。系统越简单，数学模型的建立越容易获得，系统越复杂，数学模型的建立越难获得。对于本书，主要研究电系统，需要应用电路分析的相关知识来获取数学模型。

　　例 1-9　如图 1-17 所示，建立 RLC 串联系统的数学模型。

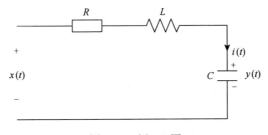

图 1-17　例 1-9 图

　　解　以电流为中间变量，利用电路理论的知识可建立如下方程：

$$Li'(t) + \frac{1}{C}i^{(-1)}(t) + Ri(t) = x(t)$$

$$y(t) = \frac{1}{C}i^{(-1)}(t)$$

通过消去中间变量，得到系统的数学模型为 $LCy''(t) + RCy'(t) + y(t) = x(t)$。

该数学模型为二阶常系数微分方程，所以系统是二阶的。

什么样的方程是差分方程呢？方程的两端分别关于输出和输入的各次移动或各次差分的组合。例如，$y[n] - y[n-1] = x[n] - 2x[n-1]$ 是差分方程，系统是一阶的。

1.4.3 系统的响应

本书在学习系统时，更多考虑如何寻找系统数学模型的解，将数学模型的解称为系统的响应。

数学上求解带初始条件的微分方程或差分方程的时候，用全解=通解+特解来求解。当确定了待定系数后，通解变成了自然响应，特解变成了强迫响应，将这种方法称为经典求解方法。

为了更好地体现物理思想，把系统产生响应的原因分为初始状态和输入。当系统满足线性时，这两个原因单独存在产生的响应相加就是全响应。当输入为 0，仅由初始状态作用产生的响应称为零输入响应，记为 $y_x(t)$ 或 $y_x[n]$，用下标 x 来标识。当初始状态为 0，仅由输入作用产生的响应称为零状态响应，记为 $y_f(t)$ 或 $y_f[n]$，用下标 f 来标识。

所以全响应可以描述为

$$y(t) = y_x(t) + y_f(t)$$
$$y[n] = y_x[n] + y_f[n]$$

（1-26）

将这样的分析方法称为零输入-零状态法。本书常常采用这种方法来求取全响应。当系统初始状态为 0 时，称系统为松弛的，否则为非松弛的。

1.4.4 系统的互联

往往一个复杂的系统是由很多简单系统组成的。在理论研究和分析系统时，常常采用框图来描述子系统之间的连接关系。

框图有下面两个重要特点：

（1）有方向的箭头代表信号的流动方向；

（2）几个支路相交的点称为节点。

系统中的信号种类是多种多样的，可以是电流、电压、电机转速等，所以框图中有方向的箭头，并不一定代表电流的流动。框图中节点具有汇总信号的功能。节点所代表的信号等于流入到该节点的所有信号之和，也等于每个流出支路所代表的信号。

可以通过对简单系统（子系统）的分析以及子系统互联而达到分析复杂系统的目的。也可以通过将若干个简单子系统互联起来而实现一个相对复杂的系统。这一思想对系统分析和系统综合都是十分重要的。现实中的系统是各式各样的，其复杂程度也大相径庭。但许多系统都可以分解为若干个简单系统的组合。以连续系统为例，子系统之间的基本连接关系有下面三种：

（1）串联，如图 1-18（a）所示；

（2）并联，如图 1-18（b）所示；

（3）反馈，如图 1-18（c）所示。

其中，加法器旁边标记"＋"为正反馈，标记"－"为负反馈。稳定系统需要反馈时常常只能采用负反馈。

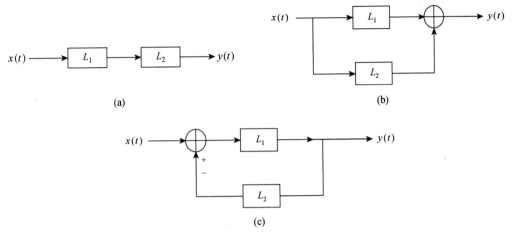

图 1-18 三种基本连接的框图

1.5 系统的分类

系统的特点表现在很多方面，从不同的特点来分类，系统将会有不同的分类方法。这里主要从数学模型满足的某些特点来进行分类。

1.5.1 记忆系统和无记忆系统

对于连续系统而言，任何 t_0 时刻的响应仅由 t_0 时刻的输入来决定而与其他时刻的输入无关，这样的系统称为无记忆连续系统；对于离散系统而言，任何 n_0 序号的响应仅由 n_0 序号的输入来决定，而与其他序号的输入无关，这样的系统称为无记忆离散系统。不满足上述条件的系统称为记忆系统。记忆性也可理解为动态性。无记忆系统可以描述为

$$y(t) = ax(t)$$
$$y[n] = ax[n]$$

（1-27）

例如，在电子线路中 RC、RLC 电路、累加器、差分器等都是记忆系统，全由电阻组成的电系统是无记忆系统。

在无记忆系统中有一种特例，即任何时刻系统的输出响应与输入信号都相同，即有 $y(t) = x(t)$ 或 $y[n] = x[n]$，这样的无记忆系统称为恒等系统。

1.5.2 可逆系统和不可逆系统

如果一个系统对任何不同的输入都能产生不同的输出，即输出与输入是一一映射关系，则称该系统是可逆系统。如果一个系统对两个或两个以上不同的输入信号能产生相同的输出，则系统是不可逆的，称为不可逆系统。

当系统可逆时，总可以找到另一个系统和该系统互逆。将这两个系统串联后构成一个恒等系统，如图 1-19 所示。

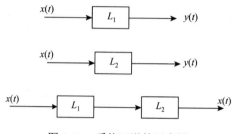

图 1-19　系统互逆的示意图

例 1-10　判断下列系统的可逆性，如果可逆，求出逆系统。

（1）$y(t) = 3x(t)$；

（2）$y[n] = \sum_{m=-\infty}^{n} x[m]$；

（3）$y(t) = x(\sin(t))$；

（4）$y(t) = \dfrac{\mathrm{d}x(t)}{\mathrm{d}t}$。

解　（1）$y(t) = 3x(t)$ 是可逆系统，其逆系统为 $y(t) = \dfrac{1}{3}x(t)$。

（2）$y[n] = \sum_{m=-\infty}^{n} x[m]$ 是可逆系统，其逆系统为 $y[n] = x[n] - x[n-1]$。

（3）$y(t) = x(\sin(t))$ 是不可逆的。

（4）$y(t) = \dfrac{\mathrm{d}x(t)}{\mathrm{d}t}$ 是不可逆的。

在通信系统中，通信的目的是传输信息，所以从理论上来讲从发送端到接收端整个系统等价于一个恒等系统。这就要求发送端完成的某个信号处理，接收端总会存在其反变换的过程。例如，通信系统中调制和解调、编码和译码、加密和解密是互逆的。

1.5.3　因果系统和非因果系统

因果性来源于哲学的因果关系，描述的核心思想是先有原因后有结果。

如果一个系统在任何时刻的输出都只与当时这个时刻的输入或者该时刻以前的输入有关，而与该时刻以后的输入无关，这样的系统就称为因果系统，否则就是非因果系统。

一般说来，非因果系统是物理不可实现的。这体现了因果性对系统实现的重要性。但对非实时处理信号的离散时间系统，或信号的自变量并不具有时间概念的情况，因果性并不一定成为系统能否物理实现的先决条件。例如，在图像处理中，自变量是图像中各点的坐标位置，而并非代表时间。对某些数据处理系统，如股市分析、经济预测等，实际上是以足够的延时来换取非因果性的实现。

例 1-11　判断下列系统的因果性。

（1）$y(t) = x(t) - x(t-1)$；　　（2）$y(t) = \int_{-\infty}^{t} x(\tau)\mathrm{d}\tau$；　　（3）$y(t) = x(t) - x(t+1)$。

解　（1）、（2）都是因果系统，（3）是非因果系统。

1.5.4　稳定系统和不稳定系统

如果一个系统当输入有界时，产生的输出也是有界的，则该系统是稳定系统，否则就是不稳定系统。工程实际中总希望所设计的系统是稳定的，因此稳定性对系统来说是非常重要的。随着学习的深入，我们将从不同的角度来定义或者判别稳定性。

例 1-12　判断下列系统的稳定性。

（1）$y(t) = x(t) + x(t-1)$；　　　　　　　（2）$y[n] = \sum\limits_{m=-\infty}^{n+2} x[m]$。

解　（1）假设$|x(t)| \leqslant A < \infty$，则$|y(t)| = |x(t) + x(t-1)| \leqslant 2A < \infty$，系统是稳定系统。

（2）假设$x[n] = 1$，则$y[n] = +\infty$，所以系统不稳定。

1.5.5　时变系统和时不变系统

如果一个系统当输入信号有一定的时移时，响应也产生相同的时移，除此之外，响应无任何其他变化，则称该系统是时不变的，否则就是时变的。即若$x(t) \to y(t)$，有$x(t-t_0) \to y(t-t_0)$，则称系统为时不变系统。其中，$\to$是系统对信号的传输、处理、交换的简单记法。

例 1-13　判断下列系统的时不变性。

（1）$y(t) = x(t) + 2x'(t)$；　　　　　　　（2）$y[n] = x[-n]$。

解　（1）时不变系统。

（2）$x_1[n] \to y_1[n] = x_1[-n]$，$x_2[n] = x_1[n-n_0] \to y_2[n] = x_2[-n] = x_1[-n-n_0] \neq y_1[n-n_0]$，所以系统是时变的。

一般而言，有尺度变换或方程中系数是与自变量有关的，一定是时变系统。在分析时不变性时只考虑零状态响应的特点。

1.5.6　线性系统和非线性系统

数学上的线性性包含齐次性和叠加性。所谓齐次性是指输入信号放大a倍后，响应也相应的放大a倍。所谓叠加性是指当几个输入信号同时作用时，总的输出等于每个输入信号单独作用所产生的响应之和。当满足了上述的齐次性和叠加性，这样的系统就是线性系统。

线性系统还可以用下面的方法来描述。

若

$$x_1(t) \to y_1(t)，\quad x_2(t) \to y_2(t)$$

则

$$x(t) = ax_1(t) + bx_2(t) \to y(t) = ay_1(t) + by_2(t) \tag{1-28}$$

其中，a、b与时间无关，这样的系统称为线性系统。

判断系统是否满足线性，实际是判断系统本质是否满足数学的线性运算。已知数学模型，即已知系统的本质描述，根据系统的本质描述得到

$$x_1(t) \to y_1(t)$$

$$x_2(t) \to y_2(t)$$

$$x_3(t) = ax_1(t) + bx_2(t) \to y_3(t)$$

若 $y_3(t)$ 满足数学意义的线性，即 $y_3(t) = ay_1(t) + by_2(t)$，则系统是线性的。

例 1-14 判断 $y(t) = x^2(t)$ 的线性性。

解 根据系统的本质可以得到

$$x_1(t) \to y_1(t) = x_1^2(t)$$

$$x_2(t) \to y_2(t) = x_2^2(t)$$

$$x_3(t) = ax_1(t) + bx_2(t) \to y_3(t) = [ax_1(t) + bx_2(t)]^2$$

但 $y_3(t) = [ax_1(t) + bx_2(t)]^2 \neq ay_1(t) + by_2(t)$，即系统本质不满足数学上的线性性，所以系统是非线性的。

通过例 1-14 可以得到，方程中出现关于输入的平方、绝对值、开方运算，这样的系统一定是非线性的。

例 1-15 判断系统 $y(t) = \begin{cases} 0, & t < 0 \\ 2x(t-2) + x(t+3), & t > 0 \end{cases}$ 的时不变性、线性性、因果性和稳定性。

解 （1）判断时不变性。

$$x_1(t) \to y_1(t) = \begin{cases} 0, & t < 0 \\ 2x_1(t-2) + x_1(t+3), & t > 0 \end{cases}$$

$$x_2(t) = x_1(t-t_0) \to y_2(t) = \begin{cases} 0, & t < 0 \\ 2x_1(t-2-t_0) + x_1(t+3-t_0), & t > 0 \end{cases}$$

输入已经发生了移动，现在来考虑输出的情况。假设 $t_0 > 0$，由于当 $t < 0$ 时，$y_1(t) = 0$。如果系统满足数学上的时不变性，则 $y_2(t)$ 在时间 $[0, t_0]$ 应该等于 0。由于 $x(t)$ 的任意性，很难保证在区间 $[0, t_0]$ 内 $2x_1(t-2-t_1) + x_1(t+3-t_1) = 0$，所以系统是时变的。

（2）判断线性性。

$$x_1(t) \to y_1(t) = \begin{cases} 0, t < 0 \\ 2x_1(t-2) + x_1(t+3), t > 0 \end{cases}$$

$$x_2(t) \to y_2(t) = \begin{cases} 0, t < 0 \\ 2x_2(t-2) + x_2(t+3), t > 0 \end{cases}$$

$$x_3(t) \to y_3(t) = \begin{cases} 0, t < 0 \\ 2x_3(t-2) + x_3(t+3), t > 0 \end{cases}$$

令

$$x_3(t) = ax_1(t) + bx_2(t)$$

则

$$y_3(t) = \begin{cases} 0, & t < 0 \\ 2ax_1(t-2) + 2bx_2(t-2) + ax_1(t+3) + bx_2(t+3), & t > 0 \end{cases}$$

$$= ay_1(t) + by_2(t)$$

系统的物理本质满足数学上的线性性，所以系统是线性系统。

（3）判断因果性。

$$t > 0,\ y(t) = 2x(t-2) + x(t+3)$$

其中，$t+3 > t$，t 时刻 $x(t)$ 作为输入时，产生的响应中出现了 t 时刻以后的输入，所以系统是非因果的。

（4）判断稳定性。

假设 $x(t)$ 有界，$|x(t)| \leqslant A$，$|y(t)| = \begin{cases} 0, & t < 0 \\ |2x(t-2) + x(t+3)|, & t > 0 \end{cases}$

$|y(t)| \leqslant 3A$，所以响应有界，系统稳定。

在工程实际中，有一类系统并不满足线性系统的要求，但是这类系统的输出响应的增量与输入信号的增量之间满足线性特性，这类系统称为增量线性系统。例如，系统 $y(t) = 2x(t) + 5$，当单独考虑 $y(t) = 2x(t)$ 时，系统是线性的，但严格用线性性的定义来看 $y(t) = 2x(t) + 5$ 是非线性性的。将 $x_2(t) - x_1(t)$ 理解为增量输入，$y_2(t) - y_1(t)$ 理解为增量输出，则 $y_2(t) - y_1(t) = 2[x_2(t) - x_1(t)]$ 满足线性性，这样的系统称为增量线性。我们将上述的全响应中 $2x(t)$ 理解为零状态响应 $y_f(t)$，将全响应中的 5 理解为零输入响应。这样就回归到了我们常常说的用零输入–零状态法来研究线性系统。

1.6　关于本书内容和学习方法简介

1.6.1　本书研究的系统对象

本书分析的系统都是线性时不变系统，简称为 LTI 系统。因为根据线性性和时不变性很容易计算系统的响应，分析的方法已经很成熟；而且还有一些非线性系统或时变系统在限定范围与给定条件下，仍然可以用线性时不变的特点来解决问题。

要研究系统，就必须获取系统的数学模型。系统模型的建立一般有输入输出描述法和状态变量法。输入输出法主要利用物理知识，根据系统中元器件的特点和连接的拓扑约束关系，建立一系列的方程组，然后通过消元法，求出系统输入和输出满足的方程。这种方法往往适用于单入单出系统，本书研究的重点是单入单出系统。当系统越来越复杂，利用矩阵的知识，借助于计算机在系统仿真的应用，从而得到状态变量法。该方法代替了人工的计算过程，往往适用于复杂系统的建模和求解。

当有了系统的数学模型，我们求解 LTI 系统的响应，常常采用下面的方法。

先选择基本的信号；然后对输入信号进行分解，将输入信号分解成基本信号的线性组合；寻找系统对基本信号的响应；利用线性性和时不变性，求解系统对任意输入信号的响应。其思路可以用下面的模型来描述。

若

$$x(t) = \sum_k a_k x_k(t)$$

且

$$x_k(t) \rightarrow y_k(t)$$

则

$$x(t) \rightarrow y(t) = \sum_k a_k y_k(t) \tag{1-29}$$

其中，$x_k(t)$ 担当基本信号的角色，或者是基本信号的简单变化，如时移。这一思想是信号与系统分析的理论基础，贯穿于整本书，无论在时域还是变换域，都采用这样的思路进行信号的分析和系统的求解。

1.6.2 学习主要内容

本书主要研究的内容可以概括为信号的分析和系统的求解。在学习的过程中，读者可以利用下面几条线索来抓住重点，从而可以轻松愉快地学习。

1. 信号的变换和系统的分析

信号的变换主要包括信号在时域的运算和信号在时域和变换域的相互转换。系统的分析主要包括在时域分析系统和在变换域分析系统。

2. 连续和离散两条线索

信号有连续信号和离散信号，系统有连续系统和离散系统。

3. 卷和和卷积的计算

第 2 章将会建立卷积积分和卷和的定义，同时发现时域分析连续系统实际主要就是计算卷积积分，时域分析离散系统主要就是计算卷和。而且随着学习的深入，我们发现任意卷积和卷和的计算既可以用时域来计算，又可以用变换域来计算。

4. 时域和变换域分析

无论信号的变换还是系统的求解都可以从时域和变换域两个方面来理解和分析。时域分析就是以时间 t 或 n 为变量进行分析和求解。变换域分析就是在 t 和 n 以外去寻找其他变量或空间来分析信号和系统。变换域分析方法有傅里叶级数、傅里叶变换、拉普拉斯变换、Z 变换、离散傅里叶变换等。选择的变量分别为 $k\omega_0$、ω、s、z、Ω。时域和变换域的关系可以用复变函数的映射思想来理解。我们以 FT 分析法来理解信号的时域和频域的关系。假设时域的变量为 t，变换域的变量为 ω，时域空间的函数 $x(t)$ 为原函数，通过某种映射关系，在变换域中有唯一的象函数 $X(j\omega)$ 与 $x(t)$ 形成一一映射关系。从 $x(t) \rightarrow X(j\omega)$ 称为正变换，从 $X(j\omega) \rightarrow x(t)$ 称为反变换。在建立这个映射关系时，要求是一一映射关系。傅里叶在这方面作了很大的贡献，寻找到了两个积分来建立 $x(t)$ 与 $X(j\omega)$ 之间的一一映射关系：

$$x(t) = \frac{1}{2\pi} \int_{-\infty}^{+\infty} X(j\omega) e^{j\omega t} d\omega$$

$$X(j\omega) = \int_{-\infty}^{+\infty} x(t) e^{-j\omega t} dt$$

我们将这样的映射关系简单地写为 $x(t) \leftrightarrow X(j\omega)$。后人为了纪念傅里叶作出的这些伟大贡献，将这种变换关系称为傅里叶变换。

5. 正变换和反变换的计算

已知时域，计算变换域称为正变换。已知变换域计算时域称为反变换。无论卷和和卷积的变化域计算，还是信号和系统的变换域分析，都会遇到一个核心的问题，就是正变换和反变换的计算。当每学一种变换时，整本书都是采用下面的思路来讲解的：先介绍正反变换的定义，然后根据定义建立常用的变换公式以及一系列的性质，最后利用已经建立的公式和性质来完成正反变换的计算。

1.6.3　学习方法

本书涉及利用数学知识来解决问题。学习时若当做数学来学习，则不会有好的学习效果。本书有自身的特点，学会用本书的结论、性质、公式来解决实际问题，从而简化计算过程。

同时，很多章节的学习方法很相似，学会用对比的学习方法。用已经学过的知识利用对比和类推的思想来学习新知识，在对比的时候还要注意它们的不同。本书涉及连续和离散两个线索、卷和和卷积两个线索、傅里叶变换和拉普拉斯变换、拉普拉斯变换和 Z 变换等，这些都可以采用对比的方法来学习。在同一个问题求解的时候，还要考虑用最简洁的方法来解决问题，尽量避开复杂的积分和求和的数学计算，采用本书自身的特点来解决实际的问题。

习　题

1. 请绘出下列信号的波形。

（1）$x_1(t) = \begin{cases} 0, & t < 1 \\ e^{-t}, & t \geq 1 \end{cases}$；

（2）$x_2(t) = \begin{cases} 0, & t < 0 \\ \sin \pi t, & 0 \leq t \leq 1 \\ 0, & t > 1 \end{cases}$；

（3）$x_3(t) = \sum_{m=-\infty}^{+\infty} x_2(t + 2m)$；

（4）$x_4[n] = \begin{cases} 0, & n < 0 \\ 2^n, & n \geq 0 \end{cases}$；

（5）$x_5[n] = \begin{cases} 0, & n < 0 \\ 1, & 0 \leq n \leq 3 \\ 0, & n > 3 \end{cases}$；

（6）$x_6[n] = \sum_{m=-\infty}^{+\infty} x_5[n + 5m]$。

2. 判断下列信号的周期性，若是周期信号，求其周期。

（1）$x_1(t) = \sin(2t + \frac{\pi}{3})$；

（2）$x_2(t) = \sin(2t + \frac{\pi}{3}) + \cos 3t$；

（3）$x_3(t) = |\sin 2\pi t|$；

（4）$x_4(t) = \sin 2\pi t + \cos 4t$；

（5）$x_5(t) = |\sin 2\pi t + \cos 3\pi t|$；

（6）$x_6[n] = \cos 2\pi n$；

（7）$x_7[n] = \cos 2n$；

（8）$x_8[n] = \cos 2\pi n + \cos 6\pi n$。

3. 计算下列信号的能量和功率。

（1）$x_1(t) = \begin{cases} e^{-2t}, & t > 0 \\ 0, & t < 0 \end{cases}$；

（2）$x_2[n] = \begin{cases} (0.5)^n, & n \geq 0 \\ 0, & n < 0 \end{cases}$；

（3）$x_3(t) = \cos 2\pi t$；

（4）$x_4[n] = \cos \pi n$；

（5）$x_5(t) = |\cos \pi t|$；

（6）$x_6[n] = |\cos \pi n|$。

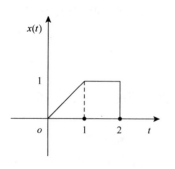

图 1-20 $x(t)$ 的波形

4. 已知 $x(t)$ 的波形如图 1-20 所示，请画出下面的波形，并判断信号的因果性。

（1） $x(t+2)$；　　　　　　（2） $x(2t)$；　　　　　　（3） $x(-2t)$；

（4） $x(\frac{1}{2}t-2)$；　　　　　（5） $x(-2t-2)$。

5. 已知 $x[n]$ 的波形，如图 1-21 所示，请画出下面的波形并判断信号的因果性。

（1） $x[n-2]$；　　　　　　（2） $x[2n]$；　　　　　　（3） $x[-\frac{1}{2}n]$；

（4） $x[\frac{1}{2}n-2]$；　　　　　（5） $x[-2n-2]$。

6. 已知 $x(-2t+1)$ 的波形如图 1-22 所示，请画出 $x(t)$ 和 $x\left(\frac{1}{2}t+1\right)$ 的波形。

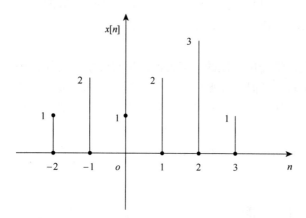

图 1-21 $x[n]$ 的波形

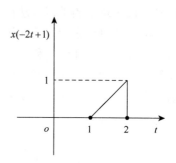

图 1-22 $x(-2t+1)$ 的波形

7. 对下列信号进行奇偶分解。

（1） $x(t)=\begin{cases}0, & t<0 \\ 1, & t>0\end{cases}$；　　　　　（2） $x[n]=\begin{cases}0, & n<0 \\ 1, & n\geqslant 0\end{cases}$。

8. 判断下列系统的记忆性。

（1） $y(t)=x(t-1)+x(2t)$；　　（2） $y(t)=(t+1)x(t)$；　　（3） $y(t)=x(\cos t)$；

（4） $y[n]=x[n]+x[n+1]$；　　（5） $y[n]=x[2n]+nx[n]$；　　（6） $y(t)=x(t-1)+x(t)$。

9. 判断下列系统的因果性。

（1） $y(t)=x(t-2)+x(t)$；　　（2） $y(t)=x(\cos 2t)$；　　（3） $y(t)=x(t-1)+\int_{-\infty}^{t}x(\tau)\mathrm{d}\tau$；

（4） $y[n]=x[n]+x[n+1]$；　　（5） $y(t)=x(t-2)+\int_{-\infty}^{t+1}x(\tau)\mathrm{d}\tau$；　　（6） $y[n]=\sum_{m=-\infty}^{n-1}x[m]$。

10. 判断下列系统的稳定性。

（1） $y(t)=x(t+2)+x(t)$；　　（2） $y(t)=x(\cos 3t)$；　　（3） $y[n]=x[n]+nx[n-1]$；

（4） $y(t)=\int_{-\infty}^{t}x(\tau-1)\mathrm{d}\tau$；　　（5） $y[n]=\sum_{m=-\infty}^{n}x[m+1]$。

11. 判断下列系统的时变性。

（1）$y(t) = x(t+1) + x(t)$；　　（2）$y(t) = (t+1)x(t)$；　　（3）$y(t) = x(\cos t)$；

（4）$y[n] = x[n] + x[-n+1]$；　　（5）$y[n] = \sum_{m=-\infty}^{n} x[m]$；　　（6）$y(t) = x(-2t)$；

（7）$y[n] = x[2n]$。

12. 判断下列系统的线性性。

（1）$y(t) = x(t-2) + x^2(t)$；　　（2）$y(t) = x(t^2)$；　　（3）$y[n] = x[n] + nx[n-1]$；

（4）$y(t) = \int_{-\infty}^{t} x(\tau-1)\mathrm{d}\tau$；　　（5）$y[n] = \sum_{m=-\infty}^{n} x[m]$；　　（6）$y(t) = x(\cos 3t)$。

13. 判断下列系统的记忆性、时变性、线性性、因果性、稳定性。

（1）$y(t) = x(t-2) + x(\cos t)$；（2）$y(t) = \begin{cases} 0, & t < 0 \\ x(t-1) + x(t+1), & t \geq 0; \end{cases}$（3）$y(t) = \begin{cases} 0, & x(t) < 0 \\ x(t-1) + x(t+1), & x(t) \geq 0。 \end{cases}$

14. 当系统输入为 $x(t)$ 时，系统响应为 $y(t)$，当输入为 $2x(t)$ 时，系统响应为 $2y(t)$ 吗？为什么？

15. 某线性时不变系统，已知当初始状态为 $x_1(0^-) = 2$，$x_2(0^-) = 1$，输入为 $x(t)$ 时，输出为 $y_1(t) = 2\mathrm{e}^{-t} + 3\mathrm{e}^{-2t} + x(t)$；已知当初始状态不变，输入为 $2x(t)$ 时，输出为 $y_2(t) = 3\mathrm{e}^{-t} + 4\mathrm{e}^{-2t} + 2x(t)$；已知当初始状态不变，输入为 $3x(t)$ 时，输出为 $y_3(t) = 4\mathrm{e}^{-t} + 5\mathrm{e}^{-2t} + \mathrm{e}^{-3t}$。

（1）求系统的阶数以及系统的极点。

（2）系统在初始状态为 $x_1(0^-) = 2$，$x_2(0^-) = 1$ 时，求系统的零输入响应。

（3）求输入 $x(t)$ 以及系统对 $x(t)$ 产生的零状态响应。

16. 某 LTI 连续系统，已知当激励为 $x(t)$ 时，其全响应为 $y_1(t) = \mathrm{e}^{-t} + \cos \pi t$，$t \geq 0$；若初始状态保持不变，激励为 $2x(t)$ 时，其全响应为 $y_2(t) = 2\cos \pi t$，$t \geq 0$。求初始状态不变，而激励为 $3x(t)$ 时系统的全响应。

第2章　线性时不变系统的时域分析

LTI 系统分析的方法有时域分析方法和变换域分析方法。时域分析法是在时间域内进行的，不涉及任何空间的变换。以 t 为自变量来分析连续 LTI 系统；以 n 为自变量来分析离散 LTI 系统。这种方法比较直观，容易理解，是各种变换域分析的基础。

由于 LTI 系统满足齐次性和叠加性，并且具有时不变性的特点，因此为建立信号与系统分析的理论与方法带来了很多方便。其基本思想为：如果能把任意输入信号分解成基本信号的线性组合，只要得到了 LTI 系统对基本信号的响应，就可以利用系统的线性性和时不变性，将系统对任意输入信号产生的响应表示成系统对基本信号的响应的线性组合。

若有 $x(t) = \sum_i a_i x_i(t)$，$x_i(t) \rightarrow y_i(t)$，则 $y(t) = \sum_i a_i y_i(t)$。

根据上述分析 LTI 系统的思想，在分析的过程中，将会考虑下面一些问题。

（1）什么样的信号可以选为基本信号单元？

（2）如何用基本信号单元的线性组合来描述任意信号？

（3）如何得到 LTI 系统对基本单元信号的响应？

（4）如何得到 LTI 系统对任何输入信号产生的响应？

在选择基本信号单元时，坚持下面三个原则：第一，基本信号单元本身尽可能简单；第二，任何信号可以很容易的用基本信号单元的移动和线性组合来描述；第三，基本信号单元通过 LTI 系统产生的响应很容易计算或者获取。

如果解决了信号分解的问题，我们就可以来对系统进行分析和求解。信号分解可以在时域进行，也可以在变换域进行，相应地就产生了对 LTI 系统的时域分析法和变换域分析法。

本章主要解决的就是系统的时域分析方法。先引入 $\delta[n]$、$\delta(t)$ 两个基本信号，得到任何信号用 $\delta[n]$、$\delta(t)$ 的描述方法，根据卷和和卷积以及单位冲激响应的定义，利用线性性和时不变性，从而得到系统零状态响应的时域计算公式。零状态响应的计算就转化为主要计算卷和和卷积。

2.1　冲激序列和阶跃序列

2.1.1　单位数字冲激序列

1. $\delta[n]$ 的定义

单位数字冲激序列是离散信号中最重要的信号，记为 $\delta[n]$，其定义为

$$\delta[n] = \begin{cases} 1, & n = 0 \\ 0, & n \neq 0 \end{cases} \tag{2-1}$$

信号只在 0 序号存在，信号大小为 1，如图 2-1 所示。

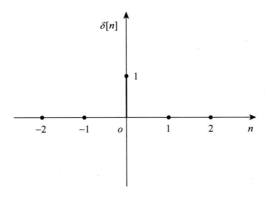

图 2-1　单位冲激序列

2. 任意数字冲激序列

将单位冲激序列 $\delta[n]$ 进行移动和放大后，得到任意数字冲激序列 $A\delta[n-n_0]$，其特点为

$$A\delta[n-n_0] = \begin{cases} A, & n = n_0 \\ 0, & n \neq n_0 \end{cases} \tag{2-2}$$

任意数字冲激序列的波形如图 2-2 所示，n_0 代表冲激序列作用的序号位置，A 代表信号的大小。

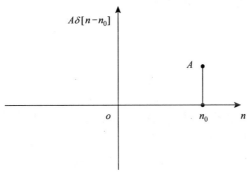

图 2-2　任意冲激序列

3. $\delta[n]$ 的取样性

假设 $x[n]$ 为任意信号，取样性描述为

$$x[n]\delta[n] = x[0]\delta[n] = \begin{cases} x[0], & n = 0 \\ 0, & n \neq 0 \end{cases} \tag{2-3}$$

$x[n]\delta[n]$ 取出了 $x[n]$ 在 0 序号的信息，将 $x[n]$ 其他序号的信息变成 0。

$x[n]$ 的取样性的推广形式为

$$x[n]\delta[n-n_0] = x[n_0]\delta[n-n_0] = \begin{cases} x[n_0], & n = n_0 \\ 0, & n \neq n_0 \end{cases} \tag{2-4}$$

同理可以得到 $x[n]\delta[n-n_0]$ 取出了 $x[n]$ 在 n_0 序号的信息，将 $x[n]$ 其他序号的信息变成 0，如图 2-3 所示。

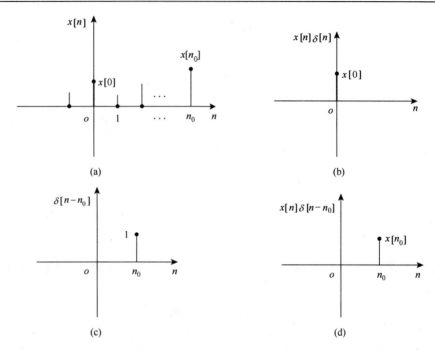

图 2-3　冲激序列的取样性示意图

4. 用 $\delta[n]$ 来描述任意信号 $x[n]$ 的方法

利用 $\delta[n]$ 的取样性，用 $x[m]\delta[n-m]$ 取出 $x[n]$ 在 m 处的信息，当 m 在整个序号变化时，就可以得到

$$x[n] = \sum_{m=-\infty}^{+\infty} x[m]\delta[n-m] \tag{2-5}$$

其中，$x[n]$ 理解为信号的名称；$x[m]$ 理解为信号 $x[n]$ 在 m 处的信号大小。

表明：任意离散时间信号都可以被分解成单位数字冲激信号的移位加权的线性组合，这种表述方法中是用求和来描述的，所以是一种离散分解，并且变量是序号 m，所以还是一种时域的分解。这样，我们就完成了选择 $\delta[n]$ 为基本信号，对任意离散信号的分解。

例 2-1　信号 $x[n]$ 如图 2-4 所示，用 $\delta[n]$ 移动的线性组合来描述 $x[n]$。

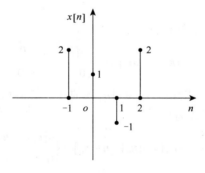

图 2-4　例 2-1 图

解　信号非零取值情况为

$$n=-1,\quad x[-1]=2;\quad n=0,\quad x[0]=1;\quad n=1,\quad x[1]=-1;\quad n=2,\quad x[2]=2$$

根据离散信号分解公式：

$$x[n]=\sum_{m=-\infty}^{+\infty}x[m]\delta[n-m]$$

有

$$x[n]=\sum_{m=-\infty}^{+\infty}x[m]\delta[n-m]=2\delta[n+1]+\delta[n]-\delta[n-1]+2\delta[n-2]$$

2.1.2　单位阶跃序列

1. 单位阶跃序列的定义

单位阶跃序列也是一种重要的离散信号，其定义为

$$u[n]=\begin{cases}1,&n\geqslant 0\\0,&n<0\end{cases} \tag{2-6}$$

$u[n]$ 的波形如图 2-5 所示，其特点为：在 0 序号及其 0 序号以后信号取值都为 1，0 序号之前信号值为 0。

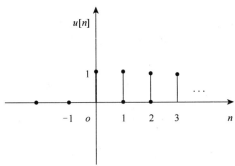

图 2-5　单位阶跃序列

2. 任意阶跃序列

由单位阶跃序列的移动及其放大可以得到任意阶跃序列，其定义为

$$Au[n-n_0]=\begin{cases}A,&n\geqslant n_0\\0,&n<n_0\end{cases} \tag{2-7}$$

n_0 代表阶跃序列作用的起始序号位置，A 代表阶跃的高度，其波形如图 2-6 所示。

3. $\delta[n]$ 和 $u[n]$ 的关系

把 $u[n]$ 看做任意信号，可以用 $\delta[n]$ 来描述，其描述方法为

$$u[n]=\sum_{m=0}^{+\infty}\delta[n-m]=\sum_{m=-\infty}^{n}\delta[m] \tag{2-8}$$

根据式（2-8）可以得到 $u[n]$ 是 $\delta[n]$ 的累加。当然 $\delta[n]$ 是 $u[n]$ 的一次后向差分，即

$$\delta[n]=u[n]-u[n-1] \tag{2-9}$$

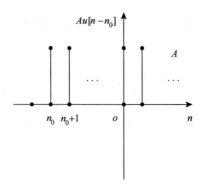

图 2-6 任意阶跃序列

4. $u[n]$ 是离散因果信号的标识

$u[n]$ 的起始点是零序号，零序号之前的信号为 0，所以 $u[n]$ 本身是因果信号，同时 $u[n]$ 可以作为因果信号的标识，因为任何信号乘以 $u[n]$ 都会变成因果信号。鉴于此，在离散信号中，以 $u[n]$ 作为因果信号的标识，以 $u[-n]$ 作为反因果信号的标识。

5. 门序列 $G_{2N+1}[n]$ 和 $u[n]$ 的关系

单位门序列 $G_{2N+1}[n]$ 是指从 $-N$ 到 N，高度都为 1 的序列，其余地方为 0，门的宽度为 $2N+1$，如图 2-7 所示。$G_{2N+1}[n]$ 可以用冲激序列和阶跃序列的移动来描述，描述方法为

$$G_{2N+1}[n] = u[n+N] - u[n-(N+1)]$$
$$= \delta[n+N] + \delta[n+N-1] + \cdots + \delta[n-(N-1)] + \delta[n-N]$$

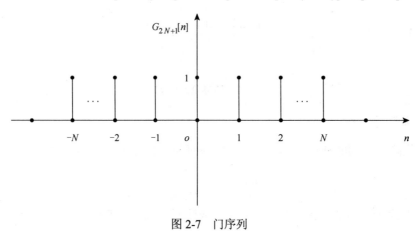

图 2-7 门序列

2.2 连续的阶跃信号和冲激信号

2.2.1 单位阶跃信号

1. 单位阶跃信号

连续信号的跳变常常用阶跃信号来描述，单位阶跃信号是一种重要的连续信号，其

定义为

$$u(t) = \begin{cases} 1, & t > 0 \\ 0, & t < 0 \end{cases} \tag{2-10}$$

单位阶跃信号的特点：在 0 时刻之前为 0，在 0 时刻之后为 1，信号在 0 时刻有跳变，跳变高度为 1，0 时刻取值定义为 0.5，其波形如图 2-8 所示。

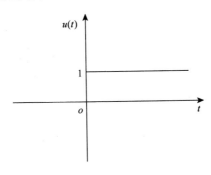

图 2-8　单位阶跃信号

2. 任意阶跃信号

由单位阶跃信号的时移和放大可以得到任意阶跃信号 $Au(t-t_0)$，其定义为

$$Au(t-t_0) = \begin{cases} A, & t > t_0 \\ 0, & t < t_0 \end{cases} \tag{2-11}$$

任意阶跃信号的特点为在 t_0 时刻之前为 0，在 t_0 时刻之后为 A，信号在 t_0 时刻有跳变，跳变高度为 A。其波形如图 2-9 所示。

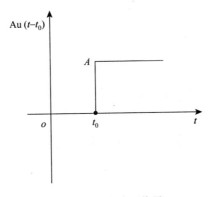

图 2-9　任意阶跃信号

3. $u(t)$ 是连续因果信号的标识

由于 $u(t)$ 强调起始时刻是 0，所以是因果信号。任何信号乘以 $u(t)$ 后，0 时刻之前变为 0，0 时刻之后保留任意信号的特点，相乘后的信号为因果信号，所以 $u(t)$ 常常作为因果信号的标识。

4. 门信号和阶跃信号的关系

单位门信号 $G_\tau(t)$ 如图 2-10（a）所示。一般的门信号可以用 $AG_\tau(t-t_0)$ 来描述，A 代表高度，τ 代表门的宽度，t_0 代表中央时刻，其波形如图 2-10（b）所示。

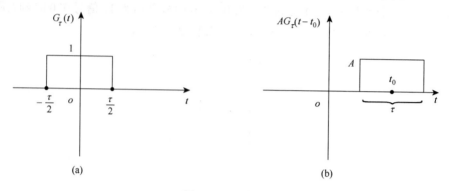

图 2-10　门信号

门信号可以用单位阶跃信号的移动和线性组合来描述，即 $G_\tau(t) = u\left(t + \dfrac{\tau}{2}\right) - u\left(t - \dfrac{\tau}{2}\right)$。

同理，在连续信号中，阶梯跳变的信号都可以用阶跃信号的移动和组合来描述。例如，斜坡信号的波形如图 2-11 所示，数学表达式可以描述为 $tu(t)$。

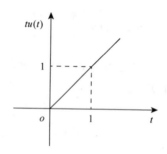

图 2-11　因果斜坡信号

例 2-2　将图 2-12 所示的信号 $x(t)$ 描述为阶跃信号的组合。
解

$$x(t) = u(t) + u(t-1) - 2u(t-3)$$

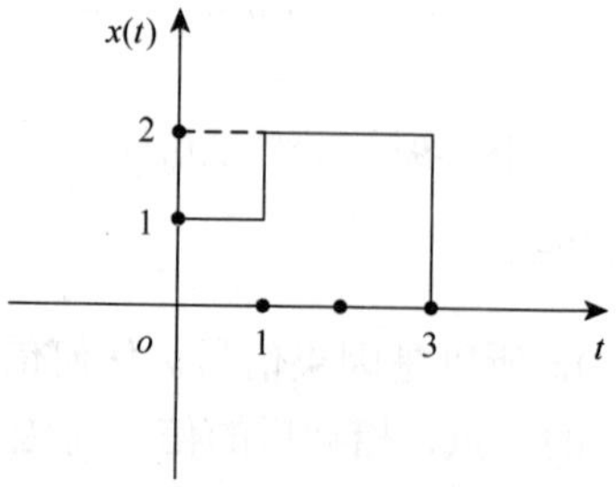

图 2-12　例 2-2 图

2.2.2　单位冲激信号

在实际生活中有一类信号，如打夯，作用时间很短暂，作用力很大，这类信号属于冲激信号。现在来观察电学中的一种现象。实际电路如图 2-13 所示，观察电路中的电流变化情况。当开关从 $t=0$ 时刻开始闭合，闭合瞬间，安培表读数从 0 开始瞬间到满偏，然后又瞬间到 0。如何解释这样的现象呢？

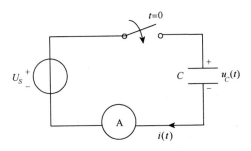

图 2-13　观察冲激信号的电路图

利用电路理论的知识，$u_C(t)=U_S u(t)$，$i(t)=C\dfrac{\mathrm{d}u_C(t)}{\mathrm{d}t}=CU_S\dfrac{\mathrm{d}u(t)}{\mathrm{d}t}$，求解电路中的电流已经转化为求单位阶跃信号的一阶导数。由于 $u(t)$ 在 0 时刻有跳变，利用原来的数学知识，跳变点不存在导数。但现在引入冲激，这样的问题就解决了。如图 2-14 所示，将 $u(t)$ 演变成 $u_\Delta(t)$，它们之间的关系为 $\lim\limits_{\Delta\to0}u_\Delta(t)=u(t)$，$\dfrac{\mathrm{d}u(t)}{\mathrm{d}t}=\lim\limits_{\Delta\to0}\dfrac{\mathrm{d}u_\Delta(t)}{\mathrm{d}t}$，将 $\dfrac{\mathrm{d}u_\Delta(t)}{\mathrm{d}t}$ 记为 $\dfrac{1}{\Delta}G_\Delta\left(t-\dfrac{\Delta}{2}\right)$。

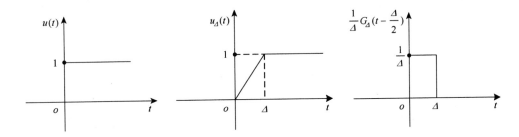

图 2-14　单位阶跃信号及其一次微分示意图

观察 $\dfrac{1}{\Delta}G_\Delta\left(t-\dfrac{\Delta}{2}\right)$ 的特点，当 Δ 趋于 0 时，信号在时间轴上作用的很短暂，最终趋于 0，存在的这短暂时间范围内信号大小趋于无穷大，其余时间信号为 0。信号在所有时间范围内的面积为 1，称为信号的强度。我们将这样的信号称为单位冲激信号。很显然，这样的信号不同于以前的常规信号，所以冲激信号是一种奇异信号。鉴于这些特点，我们就有下面几种关于单位冲激信号的定义方法。

1. 单位冲激信号的定义

从上述内容中抓住几个关键的内容，从而来定义单位冲激信号。

1）测试定义

假设某信号 $\varphi(t)$，满足下面两个特点：① $t \neq 0$，$\varphi(t) = 0$；② $\int_{-\infty}^{+\infty} \varphi(t)\,\mathrm{d}t = 1$。将这样的信号称为单位冲激信号，记为 $\delta(t)$。定义中强调两个特点：信号只在 0 时刻存在以及信号强度为 1。

通过上述定义，得到

$$\int_{-\infty}^{+\infty} \delta(t)\,\mathrm{d}t = 1 \tag{2-12}$$

2）极限定义

在常规信号中，寻找一些信号中某个参数的极限情况下具有"信号只在 0 时刻存在以及信号强度为 1"的特点，来定义单位冲激信号，例如，在图 2-15 中的几种信号，都可以利用它们的极限来定义单位冲激信号。

矩形脉冲的极限：

$$\lim_{\tau \to 0} \frac{1}{\tau} G_\tau(t) = \delta(t)$$

三角脉冲的极限：

$$\lim_{\tau \to 0} \frac{1}{\tau} Q_{2\tau}(t) = \lim_{\tau \to 0} \frac{1}{\tau}\left(1 - \frac{|t|}{\tau}\right) G_{2\tau}(t) = \delta(t)$$

双边指数脉冲的极限：

$$\lim_{\tau \to 0} \frac{1}{2\tau} \mathrm{e}^{-\frac{|t|}{\tau}} = \delta(t)$$

钟形脉冲的极限：

$$\lim_{\tau \to 0} \frac{1}{\tau} \mathrm{e}^{-(t/\tau)^2} = \delta(t)$$

取样函数的极限：

$$\lim_{\omega_c \to \infty} \frac{\omega_c}{\pi} \mathrm{Sa}(\omega_c t) = \delta(t)$$

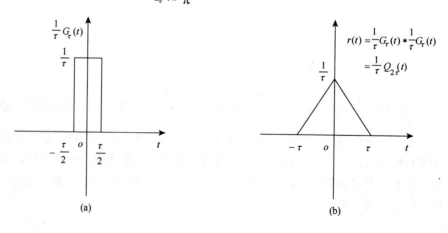

(a)　　　　　　　　　　　(b)

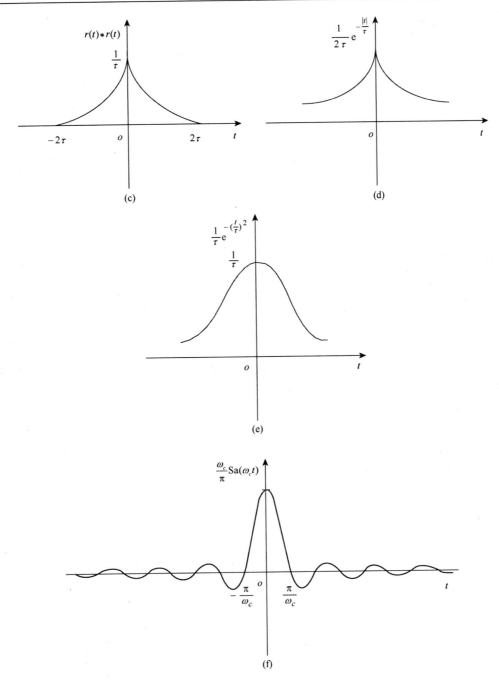

图 2-15　几种用于冲激定义的常规信号

2. 单位冲激信号的图形描述

由于单位冲激信号的特殊性，很难把 0 时刻信号的大小描述清楚。常常在冲激作用的时刻用竖直方向的线段来描述，线段的长度及其方向来描述强度的大小，将强度用（）作标记，并且在线段的末端加上箭头，如图 2-16 所示。

3. 任意的冲激信号 $A\delta(t-t_0)$

$A\delta(t-t_0)$ 代表作用时刻在 t_0 时刻，作用强度为 A 的冲激，其图形如图 2-17 所示。

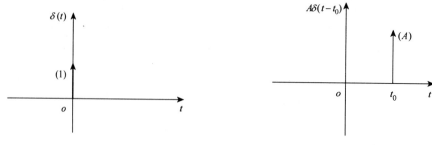

图 2-16　单位冲激信号　　　　　　　　图 2-17　任意的冲激信号

4. $\delta(t)$ 与 $u(t)$ 的关系

在信号的引入过程中，我们已经得到 $\delta(t)$ 是 $u(t)$ 的一阶导数，$u(t)$ 是 $\delta(t)$ 的一次积分。所以 $\delta(t)$ 和 $u(t)$ 的关系可以描述为

$$\delta(t) = \frac{\mathrm{d}u(t)}{\mathrm{d}t}, \quad u(t) = \int_{-\infty}^{t} \delta(\tau)\mathrm{d}\tau \qquad （2\text{-}13）$$

由于 $u(t)$ 的一阶导数是 $\delta(t)$，因此阶跃信号乃至于其他任何信号微分时，跳变时刻将会出现冲激，跳变的高度就是冲激的强度。

例 2-3　已知 $x(t)$ 的波形如图 2-18（a）所示，将其描述为阶跃信号的组合以及计算其一次微分信号并作图。

解　图 2-18（a）所示的信号可以描述为 $x(t) = u(t) + u(t-1) - 2u(t-2)$。将 $x(t)$ 微分后，其信号的表达式为 $x'(t) = \delta(t) + \delta(t-1) - 2\delta(t-2)$，其波形如图 2-18（b）所示。

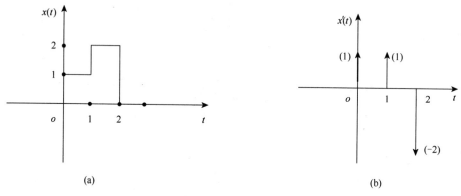

(a)　　　　　　　　　　　　　　　　　　(b)

图 2-18　例 2-3 图

2.2.3　$\delta(t)$ 的性质

1. 取样性

若任意信号 $x(t)$ 在零时刻连续，取样性可以描述为

$$x(t)\delta(t) = x(0)\delta(t) \qquad （2\text{-}14）$$

将上述性质进行推广，则

$$x(t)\delta(t-t_0) = x(t_0)\delta(t-t_0) \tag{2-15}$$

上述冲激的取样性质可以用积分来描述，这样就取出了信号在冲激作用时刻的大小，冲激取样性的积分形式可以描述为

$$\int_{-\infty}^{+\infty} x(t)\delta(t)\mathrm{d}t = x(0) \tag{2-16}$$

$$\int_{-\infty}^{+\infty} x(t)\delta(t-t_0)\mathrm{d}t = x(t_0) \tag{2-17}$$

通过上述性质可以发现，测试信号和冲激直接相乘时获取了测试信号在取样时刻的信息，是以冲激形式存在的；在积分下，直接获取了测试信号在取样时刻的大小。

例 2-4　计算下列各表达式。

（1）$e^{-t}\delta(t-1)$；　　　　（2）$\int_{-\infty}^{+\infty}\sin 2t\delta(t+1)\mathrm{d}t$；　　　　（3）$\int_{-2}^{+3}\cos 3t\delta(t-2)\mathrm{d}t$。

解　根据冲激的取样性，所以：

（1）$e^{-t}\delta(t-1) = e^{-1}\delta(t-1)$；

（2）$\int_{-\infty}^{+\infty}\sin 2t\delta(t+1)\mathrm{d}t = -\sin 2$；

（3）根据冲激信号的特点，对于冲激所有在积分作用下的性质，无论积分区间范围多大，只要积分限包含冲激作用的时刻，冲激的性质仍然和 $-\infty$ 到 $+\infty$ 的积分性质一样。

所以

$$\int_{-2}^{+3}\cos 3t\delta(t-2)\mathrm{d}t = \cos 6$$

2. $\delta(t)$ 是偶函数

假设测试函数 $x(t)$ 在 0 时刻连续，只要证明了 $x(t)\delta(t) = x(t)\delta(-t)$ 成立，$\delta(t)$ 就是偶函数。

因为

$$\int_{-\infty}^{+\infty} x(t)\delta(-t)\mathrm{d}t = \int_{-\infty}^{+\infty} x(-t)\delta(t)\mathrm{d}t = x(0)$$

$$\int_{-\infty}^{+\infty} x(t)\delta(t)\mathrm{d}t = x(0)$$

推出

$$x(t)\delta(t) = x(t)\delta(-t)$$

所以 $\delta(t)$ 就是偶函数，即 $\delta(t) = \delta(-t)$。

3. $\delta(t)$ 的尺度变换

$$\delta(at) = \frac{1}{|a|}\delta(t) \tag{2-18}$$

证明　假设测试信号 $x(t)$ 在 0 时刻连续。

当 $a < 0$ 时，则

$$\int_{-\infty}^{+\infty} x(t)\delta(at)\mathrm{d}t = \int_{+\infty}^{-\infty}\frac{1}{a}x\left(\frac{t}{a}\right)\delta(t)\mathrm{d}t = \int_{-\infty}^{+\infty}\frac{1}{-a}x\left(\frac{t}{a}\right)\delta(t)\mathrm{d}t = \frac{1}{-a}x(0)$$

因为 $\int_{-\infty}^{+\infty} x(t)\delta(t)\mathrm{d}t = x(0)$，所以 $\int_{-\infty}^{+\infty} \frac{1}{-a}x(t)\delta(t)\mathrm{d}t = \frac{1}{-a}x(0)$。

结论：

$$a<0, \quad \delta(at) = \frac{1}{-a}\delta(t)$$

同理，可以推出 $a>0$ 时，也满足上述性质。

4. $\delta(t)$ 的微分性质

$\delta(t)$ 的一次微分将在 0 时刻出现左边一个正向冲激，右边一个负向的冲激，将这种现象称为冲激偶，如图 2-19 所示。有时为了简化图形描述，我们也用冲激的图形描述方法来表示冲激的微分信号，只是在图形旁边用各自的数学表达式进行区别。冲激偶有个特点，它所包含的面积为 0，即 $\int_{-\infty}^{+\infty}\delta'(t)\mathrm{d}t = 0$。

假设测试信号 $x(t)$ 在 t_0 时刻连续，冲激的微分性质描述为

$$\int_{-\infty}^{\infty} x(t)\delta^{(n)}(t-t_0)\mathrm{d}t = (-1)^n x^{(n)}(t_0) \tag{2-19}$$

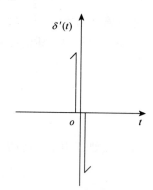

图 2-19　单位冲激信号的一次微分

证明　已知冲激的取样性为

$$\int_{-\infty}^{\infty} x(t)\delta(t-t_0)\mathrm{d}t = x(t_0)$$

两边关于 t_0 取 n 次导数：

$$\int_{-\infty}^{\infty} x(t)\frac{\mathrm{d}^n\delta(t-t_0)}{\mathrm{d}t_0^{\,n}}\mathrm{d}t = \int_{-\infty}^{\infty}(-1)^n x(t)\delta^{(n)}x(t-t_0)\mathrm{d}t = x^{(n)}(t_0)$$

所以

$$\int_{-\infty}^{\infty} x(t)\delta^{(n)}(t-t_0)\mathrm{d}t = (-1)^n x^{(n)}(t_0)$$

例 2-5　计算下列积分。

（1）$\int_{-2}^{5} \sin 2t\,\delta(t-\frac{\pi}{8})\mathrm{d}t$；

（2）$\int_{-1}^{3} \mathrm{e}^{-2t}\delta^{(2)}(t-1)\mathrm{d}t$。

解　（1）$\int_{-2}^{5}\sin 2t\delta(t-\frac{\pi}{8})\mathrm{d}t=\sin\frac{\pi}{4}=\frac{\sqrt{2}}{2}$；

（2）$\int_{-1}^{3}\mathrm{e}^{-2t}\delta^{(2)}(t-1)\mathrm{d}t=(-1)^2\frac{\mathrm{d}^2\mathrm{e}^{-2t}}{\mathrm{d}t^2}\Big|_{t=1}=4\mathrm{e}^{-2}$。

5. $\delta(t)$ 的积分性质

$$\delta^{(-1)}(t)=u(t),\quad \delta^{(-2)}(t)=tu(t) \tag{2-20}$$

$$\delta^{(-n)}(t)=\frac{1}{(n-1)!}t^{n-1}u(t)$$

在前面冲激信号的引入过程，我们得到 $u'(t)=\delta(t)$，所以 $\delta^{(-1)}(t)=u(t)$。现在来思考 $\delta^{(-2)}(t)$。$\delta^{(-2)}(t)=u^{(-1)}(t)=\int_{-\infty}^{t}u(\tau)\mathrm{d}\tau=tu(t)$。同理，对于 $\delta^{(-n)}(t)$，可以用归纳法来证明。

6. 用单位冲激信号表示连续时间信号

与离散时间信号分解的思想一致，现在选择 $\delta(t)$ 为基本信号，连续时间信号也可以分解成一系列移位加权的冲激信号的线性组合。

对任何信号 $x(t)$，如图 2-20 所示。将横轴进行等间隔划分，得到一系列的紧挨着的门信号。图中，任意一个门的宽度为 Δ，门的中央在 $k\Delta$ 时刻，门的高度为 $x(k\Delta)$。把这些门依次叠加起来的波形记为 $\tilde{x}(t)$，当 $\Delta\to 0$ 时，$\tilde{x}(t)$ 就可以和 $x(t)$ 等价了。

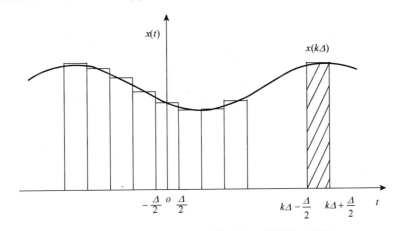

图 2-20　用单位冲激信号来描述任意信号的示意图

所以

$$\tilde{x}(t)=\sum_{k=-\infty}^{+\infty}x(k\Delta)G_{\Delta}(t-k\Delta),\quad x(t)=\lim_{\Delta\to 0}\tilde{x}(t)$$

$$x(t)=\lim_{\Delta\to 0}\sum_{k=-\infty}^{+\infty}x(k\Delta)G_{\Delta}(t-k\Delta)=\lim_{\Delta\to 0}\sum_{k=-\infty}^{+\infty}x(k\Delta)\frac{1}{\Delta}G_{\Delta}(t-k\Delta)\Delta$$

当 $\Delta\to 0$ 时，有

$$k\Delta \to \tau, \ \Delta \to \mathrm{d}\tau, \ \sum \to \int, \ \lim_{\Delta \to 0} \frac{1}{\Delta} G_\Delta(t) = \delta(t)$$

$$x(t) = \int_{-\infty}^{\infty} x(\tau)\delta(t-\tau)\mathrm{d}\tau \tag{2-21}$$

表明：任何连续时间信号都可以被分解成单位冲激信号的移位加权的线性组合。因为表达式中是积分来描述组合的，所以这种分解是连续分解，并且变量是连续时间变量，所以也是时域分解。其中，$x(t)$ 表示任意信号，$x(\tau)$ 是信号 $x(t)$ 在 τ 时刻的取值。

2.3　线性时不变系统的零输入响应

连续线性时不变系统模型一般是微积分方程，例如：

$$a_n \frac{\mathrm{d}^n y(t)}{\mathrm{d}t^n} + \cdots + a_2 \frac{\mathrm{d}^2 y(t)}{\mathrm{d}t^2} + a_1 \frac{\mathrm{d}y(t)}{\mathrm{d}t} + a_0 y(t) = b_m \frac{\mathrm{d}^m x(t)}{\mathrm{d}t^m} + \cdots + b_2 \frac{\mathrm{d}^2 x(t)}{\mathrm{d}t^2} + b_1 \frac{\mathrm{d}x(t)}{\mathrm{d}t} + b_0 x(t)$$

$$\tag{2-22}$$

其中，$x(t)$ 是系统的输入；$y(t)$ 是系统的响应；系统为 n 阶系统。若方程中系数都是常数，这样的方程称为常系数微分方程，这样的系统就是 LTI 系统。当已知系统的 n 个初始状态和系统输入 $x(t)$ 时，就可以求解系统的全响应。

离散线性时不变系统模型一般是差分方程，例如：

$$a_0 y[n] + a_{-1} y[n-1] + \cdots + a_{-N} y[n-N] = b_0 x[n] + b_{-1} x[n-1] + \cdots + b_{-M} x[n-M] \tag{2-23}$$

其中，$x[n]$ 是系统的输入；$y[n]$ 是系统的响应；系统为 N 阶系统。若方程中系数都是常数，这样的方程称为常系数微分方程，这样的系统就是 LTI 系统。当已知系统的 N 个初始状态和系统输入 $x[n]$ 时，就可以求解系统的全响应。

对 LTI 系统求解，有下面两种方法。

（1）数学上用齐次解加特解来描述全响应，这种解法也称为经典求解方法。

（2）在电子通信的电路理论、信号与系统和数字信号处理中常用零输入–零状态法来求解全响应。

2.3.1　连续 LTI 系统的零输入响应

连续 LTI 系统的数学模型为

$$a_n \frac{\mathrm{d}^n y(t)}{\mathrm{d}t^n} + \cdots + a_2 \frac{\mathrm{d}^2 y(t)}{\mathrm{d}t^2} + a_1 \frac{\mathrm{d}y(t)}{\mathrm{d}t} + a_0 y(t) = b_m \frac{\mathrm{d}^m x(t)}{\mathrm{d}t^m} + \cdots + b_2 \frac{\mathrm{d}^2 x(t)}{\mathrm{d}t^2} + b_1 \frac{\mathrm{d}x(t)}{\mathrm{d}t} + b_0 x(t)$$

当 $x(t) = 0$ 时，系统的响应就是零输入响应，记为 $y_x(t)$。$y_x(t)$ 满足的方程为 n 阶常系数齐次微分方程，其形式为

$$a_n \frac{\mathrm{d}^n y_x(t)}{\mathrm{d}t^n} + \cdots + a_2 \frac{\mathrm{d}^2 y_x(t)}{\mathrm{d}t^2} + a_1 \frac{\mathrm{d}y_x(t)}{\mathrm{d}t} + a_0 y_x(t) = 0 \tag{2-24}$$

其特征方程为

$$a_n \lambda^n + \cdots + a_2 \lambda^2 + a_1 \lambda + a_0 = 0 \tag{2-25}$$

把特征方程的解称为系统的极点或特征根，记为 λ_i，每个极点组成的指数函数 $e^{\lambda_i t}$ 称为一种自然模式，系统的零输入响应就是由每个极点组成的自然模式的线性组合来描述，即

$$y_x(t) = \sum_i c_i e^{\lambda_i t} \tag{2-26}$$

然后根据 $y_x(t)$ 的初始条件来确定系数 c_i。

例 2-6　某连续 LTI 系统，数学模型为 $\dfrac{d^2 y(t)}{dt^2} + 5\dfrac{dy(t)}{dt} + 6y(t) = \dfrac{dx(t)}{dt}$。已知 $y_x(0^-) = 1$，$y_x'(0^-) = 3$，求系统零输入响应。

解　系统模型为

$$\frac{d^2 y(t)}{dt^2} + 5\frac{dy(t)}{dt} + 6y(t) = \frac{dx(t)}{dt}$$

$y_x(t)$ 满足的方程为

$$\frac{d^2 y_x(t)}{dt^2} + 5\frac{dy_x(t)}{dt} + 6y_x(t) = 0$$

特征方程为

$$\lambda^2 + 5\lambda + 6 = 0$$

系统的极点（或特征根）为

$$\lambda_1 = -2, \quad \lambda_2 = -3$$

系统的零输入响应为

$$y_x(t) = c_1 e^{-2t} + c_2 e^{-3t}, \quad t \geqslant 0^-$$

$$\begin{cases} c_1 + c_2 = 1 \\ -2c_1 - 3c_2 = 3 \end{cases} \Rightarrow c_1 = 6, \quad c_2 = -5$$

系统的零输入响应为

$$y_x(t) = 6e^{-2t} - 5e^{-3t}, \quad t \geqslant 0^-$$

2.3.2　离散 LTI 系统的零输入响应

假设离散 LTI 系统的差分方程为

$$a_0 y[n] + a_{-1} y[n-1] + \cdots + a_{-N} y[n-N] = b_0 x[n] + b_{-1} x[n-1] + \cdots + b_{-M} x[n-M]$$

当 $x[n] = 0$ 时，系统的响应就是零输入响应，记为 $y_x[n]$，$y_x[n]$ 满足的方程为 n 阶常系数齐次差分方程 $a_0 y_x[n] + a_{-1} y_x[n-1] + \cdots + a_{-N} y_x[n-N] = 0$。

特征方程为

$$a_0 + a_{-1} v^{-1} + a_{-2} v^{-2} + \cdots + a_{-N} v^{-N} = 0 \tag{2-27}$$

特征方程的解称为系统的极点或特征根，记为 v_i，每个极点组成的指数序列 v_i^n 称为一种自然模式，系统的零输入响应是由每个极点组成的自然模式的线性组合组成的，即

$$y_x[n] = \sum_i c_i v_i^n \tag{2-28}$$

然后根据初始条件来确定系数 c_i 。

例 2-7 某离散 LTI 系统，数学模型为 $y[n]+3y[n-1]+2y[n-2]=x[n]-x[n-1]$ 。已知初始条件为 $y_x[0]=1, y_x[-1]=3$ ，求系统零输入响应。

解

$$y[n]+3y[n-1]+2y[n-2]=x[n]-x[n-1]$$

$y_x[n]$ 满足的方程为

$$y_x[n]+3y_x[n-1]+2y_x[n-2]=0$$

特征方程为

$$1+3v^{-1}+2v^{-2}=0$$

系统的极点（或特征根）为

$$v_1=-1, \quad v_2=-2$$

系统的零输入响应为

$$y_x[n]=c_1(-1)^n+c_2(-2)^n, \quad n \geqslant -1$$

$$\begin{cases} c_1+c_2=1 \\ -c_1-0.5c_2=3 \end{cases} \Rightarrow c_1=-7, \quad c_2=8$$

系统的零输入响应为

$$y_x[n]=-7(-1)^n+8(-2)^n, \quad n \geqslant -1$$

2.4　卷和和卷积积分

卷积积分是数学上具有相同连续自变量的两个函数构成的一种特殊的积分运算，卷积和是具有相同离散自变量的两个函数构成的一种特殊的求和运算。卷积积分又简称为卷积，卷积和又简称为卷和。卷和和卷积在系统分析中具有很重要的地位和作用。

2.4.1　卷和的定义

对于两个具有相同离散自变量的函数 $x_1[n]$ 和 $x_2[n]$ ，将 $\sum\limits_{k=-\infty}^{\infty} x_1[k]x_2[n-k]$ 称为 $x_1[n]$ 和 $x_2[n]$ 的卷积和，记为

$$x_1[n]*x_2[n]=\sum_{k=-\infty}^{\infty} x_1[k]x_2[n-k] \tag{2-29}$$

同理可得 $x_2[n]*x_1[n]=\sum\limits_{k=-\infty}^{\infty} x_2[k]x_1[n-k]$ ，当这两个求和都存在时，有

$$x_1[n]*x_2[n]=\sum_{k=-\infty}^{\infty} x_1[k]x_2[n-k]=\sum_{k=-\infty}^{\infty} x_2[k]x_1[n-k]=x_2[n]*x_1[n]$$

2.4.2　卷积积分的定义

对于两个具有相同连续自变量的函数 $x_1(t)$ 和 $x_2(t)$，将积分 $\int_{-\infty}^{\infty} x_1(\tau)x_2(t-\tau)\mathrm{d}\tau$ 称为 $x_1(t)$ 和 $x_2(t)$ 的卷积积分，记为

$$x_1(t) * x_2(t) = \int_{-\infty}^{\infty} x_1(\tau)x_2(t-\tau)\mathrm{d}\tau \tag{2-30}$$

同理可得 $x_2(t) * x_1(t) = \int_{-\infty}^{\infty} x_2(\tau)x_1(t-\tau)\mathrm{d}\tau$，当这两个积分都存在时，有

$$x_1(t) * x_2(t) = \int_{-\infty}^{\infty} x_1(\tau)x_2(t-\tau)\mathrm{d}\tau = \int_{-\infty}^{\infty} x_2(\tau)x_1(t-\tau)\mathrm{d}\tau = x_2(t) * x_1(t)$$

2.4.3　卷积积分与卷积和的性质

1. 卷积积分与卷积和共同满足的代数性质

（1）齐次性：

$$ax_1[n] * x_2[n] = x_1[n] * ax_2[n] = a\big(x_1[n] * x_2[n]\big)$$
$$ax_1(t) * x_2(t) = x_1(t) * ax_2(t) = a\big(x_1(t) * x_2(t)\big) \tag{2-31}$$

在上述性质中，只要 a 与卷积（卷和）的变量 t 或 n 无关就成立。

（2）交换律：

$$x_1[n] * x_2[n] = x_2[n] * x_1[n]$$
$$x_1(t) * x_2(t) = x_2(t) * x_1(t) \tag{2-32}$$

结论：卷和和卷积可以交换两个信号的先后顺序。

（3）分配律：

$$x_1[n] * (x_2[n] + x_3[n]) = x_1[n] * x_2[n] + x_1[n] * x_3[n]$$
$$x_1(t) * [x_2(t) + x_3(t)] = x_1(t) * x_2(t) + x_1(t) * x_3(t) \tag{2-33}$$

结论：卷积和卷和可以在相加上进行分配，实际上是叠加性的体现。

（4）结合律：

$$(x_1[n] * x_2[n]) * x_3[n] = x_1[n] * (x_2[n] * x_3[n]) = x_2[n] * (x_1[n] * x_3[n])$$
$$[x_1(t) * x_2(t)] * x_3(t) = x_1(t) * [x_2(t) * x_3(t)] = x_2(t) * [x_1(t) * x_3(t)] \tag{2-34}$$

结论：多个信号相卷时，可以先计算任意两个信号相卷。

在上述性质中，要求每次运算的结果都是有限的，性质就会成立。

2. 卷积积分单独满足的性质

假设 $y(t) = x_1(t) * x_2(t)$，则有如下性质。

（1）微分性质：

$$y'(t) = x_1'(t) * x_2(t) = x_1(t) * x_2'(t) \tag{2-35}$$

（2）积分性质：

$$\int_{-\infty}^{t} y(\tau) \mathrm{d}\tau = \int_{-\infty}^{t} x_1(\tau) \mathrm{d}\tau * x_2(t) = x_1(t) * \int_{-\infty}^{t} x_2(\tau) \mathrm{d}\tau \tag{2-36}$$

可以将微积分性质推广为

$$x_1^{(m)}(t) * x_2^{(n)}(t) = y^{(m+n)}(t) \tag{2-37}$$

例如，有 $x(t) * \delta(t) = x(t)$，所以 $x(t) * u(t) = x^{(-1)}(t)$。

（3）时移特性：

$$x_1(t-t_0) * x_2(t) = x_1(t) * x_2(t-t_0) = y(t-t_0) \tag{2-38}$$

时移特性的推广为

$$x_1(t-t_1) * x_2(t-t_2) = y(t-t_1-t_2) \tag{2-39}$$

3. 卷和单独满足的性质

假设 $y[n] = x_1[n] * x_2[n]$，则有如下。

（1）差分性质：

$$y[n] - y[n-1] = (x_1[n] - x_1[n-1]) * x_2[n] = x_1[n] * (x_2[n] - x_2[n-1]) \tag{2-40}$$

或者描述为

$$\nabla(y[n]) = \nabla(x_1[n]) * x_2[n] = x_1[n] * \nabla(x_2[n])$$

（2）累加性质：

$$\sum_{m=-\infty}^{n} y[m] = (\sum_{m=-\infty}^{n} x_1[m]) * x_2[n] = x_1[n] * (\sum_{m=-\infty}^{n} x_2[m]) \tag{2-41}$$

例如，有 $x[n] * \delta[n] = x[n]$，所以 $x[n] * u[n] = \sum_{m=-\infty}^{n} x[m]$。

（3）序号移动性质：

$$y[n-n_0] = x_1[n-n_0] * x_2[n] = x_1[n] * x_2[n-n_0] \tag{2-42}$$

将序号移动性质推广为

$$x_1[n-n_1] * x_2[n-n_2] = y[n-n_1-n_2] \tag{2-43}$$

灵活运用这些性质，对卷积以及卷和的计算有很大的帮助。

2.5 LTI 系统的零状态响应

前面我们学习了选择两个基本的信号 $\delta[n]$ 和 $\delta(t)$ 来对任何离散信号 $x[n]$ 和连续信号 $x(t)$ 进行分解，其分解方法为 $x[n] = \sum_{m=-\infty}^{+\infty} x[m]\delta[n-m]$ 和 $x(t) = \int_{-\infty}^{\infty} x(\tau)\delta(t-\tau)\mathrm{d}\tau$。现在我们将研究离散系统和连续系统对基本信号 $\delta[n]$ 和 $\delta(t)$ 产生的响应，最后将利用线性性和时不变性，求出系统对任何输入信号产生的响应，从而得到系统的零状态响应。这就是系统的时域分析法。

2.5.1　单位冲激响应

1. 单位冲激响应序列 $h[n]$

离散系统对输入 $\delta[n]$ 所产生的零状态响应称为单位冲激响应序列，也可简称为单位冲激响应，记为 $h[n]$，它是一种特殊的零状态响应，如图 2-21（a）所示。

在系统分析中，往往可以将系统本质的描述写在系统的方框里。$h[n]$ 是系统本质的一种描述方法，所以离散系统就可以描述为框图的形式，如图 2-21（b）所示。

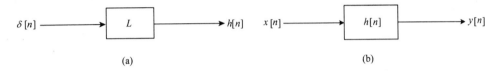

$$(a) \qquad\qquad\qquad (b)$$

图 2-21　离散系统的时域框图

2. 连续系统单位冲激响应 $h(t)$

连续系统对输入为 $\delta(t)$ 所产生的零状态响应称为单位冲激响应，记为 $h(t)$。它是一种特殊的零状态响应，如图 2-22（a）所示。同样的，$h(t)$ 也是连续系统本质的一种描述方法，所以连续系统可以用图 2-22（b）所示的框图来描述。

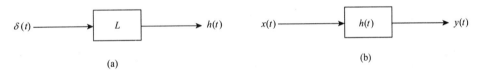

$$(a) \qquad\qquad\qquad (b)$$

图 2-22　连续系统的时域模型

在系统分析时，为了描述系统，往往借助于在相同输入下根据系统响应的不同来区分系统。在电子通信专业中很多时候就借助于单位冲激响应来区别系统，因此单位冲激响应是系统本质的一种描述。在控制专业中，往往借助于单位阶跃响应来区别系统。顾名思义，系统对输入为单位阶跃信号所产生的响应称为单位阶跃响应。

在第 1 章中，我们用数学模型来描述系统，这章用单位冲激响应来描述系统，以及以后还会引入其他的描述方法，这些系统本质的描述方法之间是可以相互转换的。已知系统的数学模型，利用数学知识，根据上面的定义是可以计算单位冲激响应的，但过程很复杂。此处主要介绍单位冲激响应的概念。随着学习的深入，我们将会在变换域分析法中来思考系统本质描述方法之间的相互转换和计算，包括如何计算系统的单位冲激响应。

2.5.2　离散 LTI 系统的零状态响应

首先将离散信号按照 $x[n]=\displaystyle\sum_{k=-\infty}^{+\infty}x[k]\delta[n-k]$ 进行分解，然后若已知系统的单位冲激响应序列 $h[n]$，可以利用系统的时不变性和线性性，推出离散系统零状态响应的计算公式。其分析过程如下。

假设

$$\delta[n] \rightarrow h[n]$$

利用时不变性：

$$\delta[n-k] \rightarrow h[n-k]$$

利用线性性：

$$x[k]\delta[n-k] \rightarrow x[k]h[n-k]$$

$$x[n] = \sum_{k=-\infty}^{+\infty} x[k]\delta[n-k] \rightarrow y_f[n] = \sum_{k=-\infty}^{+\infty} x[k]h[n-k]$$

所以，离散系统的零状态响应为

$$y_f[n] = \sum_{k=-\infty}^{+\infty} x[k]h[n-k] \qquad （2-44）$$

当初始状态为 0 时，则

$$y[n] = y_f[n] = \sum_{k=-\infty}^{+\infty} x[k]h[n-k]$$

上述分析过程可以用图 2-23 来理解。

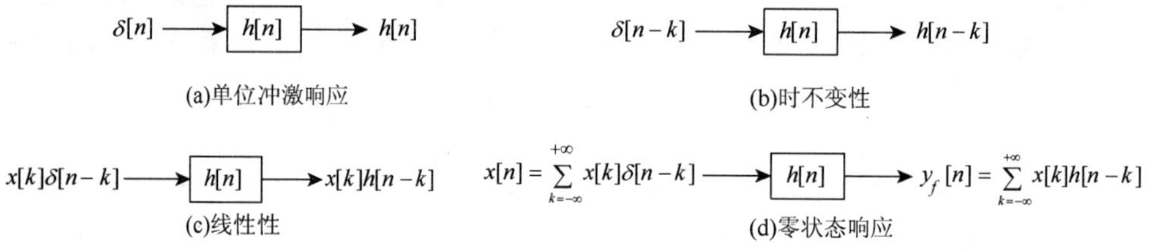

图 2-23 $y_f[n]$ 的推导示意图

利用卷和的定义，离散信号的分解和离散系统的零状态响应可以分别描述为

$$x[n] = \sum_{k=-\infty}^{+\infty} x[k]\delta[n-k] = x[n] * \delta[n] \qquad （2-45）$$

$$y_f[n] = \sum_{k=-\infty}^{+\infty} x[k]h[n-k] = x[n] * h[n] \qquad （2-46）$$

从卷和的思想来看，离散信号的分解可以理解为任何信号和单位冲激信号相卷得到任何信号本身，这是卷和计算很重要的公式。离散系统的零状态响应可以描述为离散系统的单位冲激响应和输入的卷和，从而将离散系统分析的问题转换为如何计算卷和。在本章中，将从时域来计算，称为离散系统的时域分析。以后我们将从变换域来计算，称为离散系统的变换域分析。

2.5.3　连续 LTI 系统的零状态响应

首先将连续信号按照 $x(t) = \int_{-\infty}^{+\infty} x(\tau)\delta(t-\tau)\mathrm{d}\tau$ 进行分解，然后若已知系统的单位冲激响应 $h(t)$，可以利用系统的时不变性和线性性，推出连续系统零状态响应的计算公式。其推导过程如下。

假设
$$\delta(t) \to h(t)$$

利用时不变性，有
$$\delta(t-\tau) \to h(t-\tau)$$

利用线性性，有
$$x(\tau)\delta(t-\tau) \to x(\tau)h(t-\tau)$$

$$x(t) = \int_{-\infty}^{+\infty} x(\tau)\delta(t-\tau)\mathrm{d}t \to y_f(t) = \int_{-\infty}^{+\infty} x(\tau)h(t-\tau)\mathrm{d}t$$

所以，连续系统的零状态响应为
$$y_f(t) = \int_{-\infty}^{+\infty} x(\tau)h(t-\tau)\mathrm{d}\tau \tag{2-47}$$

当初始状态为 0 时，有
$$y(t) = y_f(t) = \int_{-\infty}^{+\infty} x(\tau)h(t-\tau)\mathrm{d}\tau$$

上述分析过程可以用图 2-24 来理解。

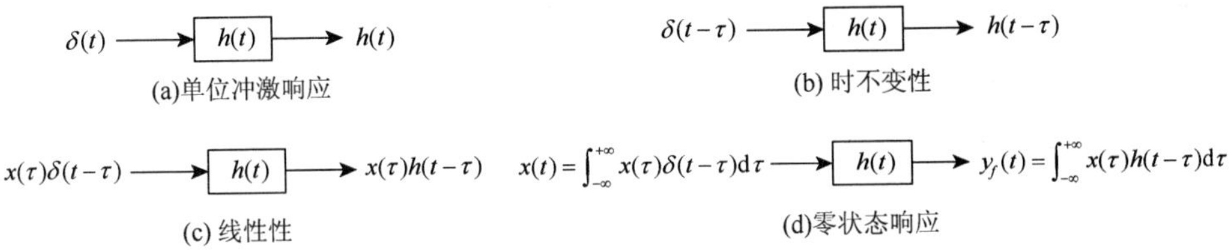

图 2-24　$y_f(t)$ 的推导示意图

利用卷积的定义，连续信号的分解和连续系统的零状态响应可以分别描述为

$$x(t) = \int_{-\infty}^{+\infty} x(\tau)\delta(t-\tau)\mathrm{d}\tau = x(t)*\delta(t) \tag{2-48}$$

$$y_f(t) = \int_{-\infty}^{+\infty} x(\tau)h(t-\tau)\mathrm{d}\tau = x(t)*h(t) \tag{2-49}$$

从卷积的思想来看，连续信号的分解可以理解为任何信号和单位冲激信号相卷得到任何信号本身，这是卷积计算很重要的公式。连续系统的零状态响应描述为连续系统的单位冲激响应和输入卷积。因此，同样，连续信号的分解和连续系统分析的问题转换为如何计算卷积。在本章中，将从时域来计算，称为连续系统的时域分析法。以后我们将从变换域来计算，称为连续系统的变换域分析法。

通过以上分析，离散系统的零状态响应是系统的输入和单位冲激响应序列的卷和，连续系统的零状态响应是系统的输入和单位冲激响应的卷积。将系统分析的问题转化为卷和和卷积的计算问题。

2.6　卷和的时域计算

已知 $x_1[n]$ 和 $x_2[n]$，计算 $y[n] = x_1[n]*x_2[n]$ 的问题称为卷和的计算。可以分为时域和变换域两种计算方法，本章讲解的是时域的计算方法，在以后我们也可以用变换域来计算。

2.6.1 卷和的两个重要公式

为了简便地计算卷和，我们先建立两个重要的公式：

$$v_1^n u[n] * v_2^n u[n] = \frac{v_1^{n+1} - v_2^{n+1}}{v_1 - v_2} u[n] \qquad (2\text{-}50)$$

$$v^n u[n] * v^n u[n] = (n+1)v^n u[n] \qquad (2\text{-}51)$$

现在来证明式（2-50），根据卷和的定义有

$$v_1^n u[n] * v_2^n u[n] = \sum_{k=-\infty}^{+\infty} v_1^k u[k] v_2^{n-k} u[n-k] = \begin{cases} \sum_{k=0}^{n} v_1^k v_2^{n-k}, & n \geq 0 \\ 0, & n < 0 \end{cases}$$

$$= v_2^n \sum_{k=0}^{n} (\frac{v_1}{v_2})^k u[n] = \frac{v_1^{n+1} - v_2^{n+1}}{v_1 - v_2} u[n]$$

同理可以证明式（2-51）。

2.6.2 卷和的时域计算方法

1. 解析法

在上面证明式（2-50）时，就采用解析的方法。将一个信号的变量 n 换成 k，将另一个信号的变量 n 换成 $n-k$，代入卷和定义式，进行求和。很显然，在求和的时候需要利用一些级数求和以及根据两个信号自身的特点来确定实际的求和区间，才能得到收敛的表达式。

在上面证明式（2-50）过程中就采用了解析方法，在计算过程中注意求和变量区间的变化。从开始定义时，k 从 $-\infty$ 到 $+\infty$ 求和。随着计算的深入，最后求和变成了 k 从 0 到 n，同时还得考虑上限 n 和下限 0 的关系，要求上限大于等于下限，这就是求和后面 $u[n]$ 的作用。这种求和区间变化应该根据实际相卷的两个信号特点来决定。

2. 图解法

将已知的 $x_1[n]$ 和 $x_2[n]$ 的波形变换成相乘的两个量 $x_1[k]$ 和 $x_2[n-k]$ 的波形，然后计算求和的结果，将这种方法称为卷和的图解法。

图解的运算过程如下：①将一个信号 $x_1[n]$ 的横轴变量 n 换成 k 得到 $x_1[k]$；②将另一个信号 $x_2[n]$ 横轴变量 n 换成 k 得到 $x_2[k]$，然后反转得到 $x_2[-k]$，再将 $x_2[-k]$ 的波形向右移动 n 个序号得到 $x_2[-(k-n)] = x_2[n-k]$；③在 $n=n_0$ 值的情况下，将 $x_1[k]$ 与 $x_2[n_0-k]$ 的波形对应点相乘，再把乘积的各点值累加，即得到 n_0 序号的 $y[n_0]$ 的值，当 n_0 变化时就得到 $y[n]$ 序列。在最后得到 $y[n]$ 时，将规律相同的 $y[n_0]$ 归类为同一个收敛的表达式。

该方法完全体现了由已知 $x_1[n]$ 和 $x_2[n]$ 如何构造以及计算卷和，数学思想清晰，但过程较复杂。

例 2-8 $x[n] = \begin{cases} 1, & 0 \leq n \leq 3 \\ 0, & \text{其他} \end{cases}$，其波形如图 2-25（a）所示，计算 $x[n] * x[n]$。

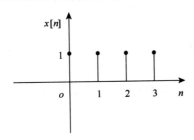

图 2-25 例 2-8 图

解

$$x[n] * x[n] = \sum_{k=-\infty}^{+\infty} x[k]x[n-k]$$

利用上述图解法的思想，得到图 2-26 所示的波形。

将图 2-26（a）和图 2-26（c）相同序号相乘然后累加，当 n 从 $-\infty$ 到 $+\infty$ 变化时就得到

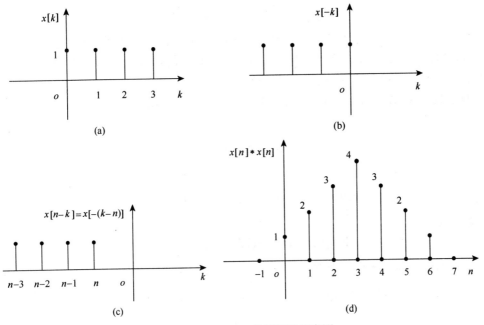

图 2-26 $x[n] * x[n]$ 的图解法示意图

$$x[n] * x[n] = \begin{cases} 0, & n < 0 \\ 1, & n = 0 \\ 2, & n = 1 \\ 3, & n = 2 \\ 4, & n = 3 \\ 3, & n = 4 \\ 2, & n = 5 \\ 1, & n = 6 \\ 0, & n > 7 \end{cases}$$

或者描述为

$$x[n] * x[n] = (n+1)u[n+1] - 2(n-3)u[n-3] + (n-7)u[n-7]$$

或者描述为

$$x[n] * x[n] = \left(4 - |n-3|\right)G_9[n-3]$$

3. 利用卷和的公式和性质来计算

该方法是将我们已经建立的卷和的两个基本公式和卷和的一系列性质结合在一起来计算卷和。

例 2-9　$0 < a < 1$，$x_1[n] = a^n u[n]$，$x_2[n] = u[n]$，计算 $x_1[n] * x_2[n]$。

解　根据公式 $v_1^n u[n] * v_2^n u[n] = \dfrac{v_1^{n+1} - v_2^{n+1}}{v_1 - v_2}u[n]$，令 $v_1 = a, v_2 = 1$，得到

$$x_1[n] * x_2[n] = \frac{a^{n+1} - 1}{a - 1}u[n]$$

将该方法与解析法和图解法进行比较，可以得到，虽然其中没有体现卷和的数学构造过程，但计算过程简单，这就是利用信号与系统自身的特点、结论和规律来解决问题，抛开过多的数学过程，达到简单、容易求解的效果。

例 2-10　$x_1[n] = 2^n u[n-1]$，$x_2[n] = 3^{n-1}u[n-2]$，计算 $x_1[n] * x_2[n]$。

解

$$x_1[n] = 2^n u[n-1] = 2(2)^{n-1}u[n-1]$$

$$x_2[n] = 3^{n-1}u[n-2] = 3(3)^{n-2}u[n-2]$$

$$x_1[n] * x_2[n] = 6(2)^{n-1}u[n-1] * (3)^{n-2}u[n-2]$$

根据公式得到

$$2^n u[n] * 3^n u[n] = (3)^{n+1}u[n] - (2)^{n+1}u[n]$$

利用卷和的序号的移动性，则有

$$x_1[n] * x_2[n] = 6((3)^{n-2}u[n-3] - (2)^{n-2}u[n-3]) = 2(3)^{n-1}u[n-3] - 3(2)^{n-1}u[n-3]$$

例 2-11　$x_1[n] = \left(\dfrac{1}{2}\right)^n u[n-1]$，$x_2[n] = \left(\dfrac{1}{2}\right)^n u[n-2]$，计算 $x_1[n] * x_2[n]$。

解

$$x_1[n] * x_2[n] = \frac{1}{2}\left(\frac{1}{2}\right)^{n-1}u[n-1] * \frac{1}{4}\left(\frac{1}{2}\right)^{n-2}u[n-2] = \frac{1}{8}\left(\frac{1}{2}\right)^{n-1}u[n-1] * \left(\frac{1}{2}\right)^{n-2}u[n-2]$$

根据公式得到

$$\left(\frac{1}{2}\right)^n u[n] * \left(\frac{1}{2}\right)^n u[n] = (n+1)\left(\frac{1}{2}\right)^n u[n]$$

利用卷和序号移动性质，则有

$$x_1[n] * x_2[n] = \frac{1}{8}(n-2)\left(\frac{1}{2}\right)^{n-3}u[n-3] = (n-2)\left(\frac{1}{2}\right)^n u[n-3]$$

4. 用列表的方法来计算有限序列相卷

将两个信号相卷理解为十进制相乘，但在运算的过程中，无论乘积还是相加都不进位，最后确定序列的起始位置或终止位置。将相卷两信号起始序号值相加得到相卷后的起始序号，或者将相卷两信号终止序号相加得到相卷后的终止序号，然后确定序号 0 所对应的数据，在该数据下方用箭头来描述。将上述的方法称为列表法，用这样的方法来解决有限序列相卷会带来方便。

例 2-12 $x_1[n] = \left\{1, \underset{\uparrow}{2}, 3\right\}$，$x_2[n] = \left\{4, \underset{\uparrow}{5}, 6\right\}$，计算 $x_1[n] * x_2[n]$。

解　列表如下：

```
                    1       2       3
         *          4       5       6
         ------------------------------------------------
                    6      12      18
            5      10      15
   4        8      12
+  ------------------------------------------------
=  4       13      28      27      18
```

所以

$$x_1[n] * x_2[n] = \left\{4, 13, \underset{\uparrow}{28}, 27, 18\right\}$$

该计算方法只能计算有限序列相卷，若有无限序列，则无法得到收敛的表达式。同时，假设相卷的两个有限序列宽度分别为 M 和 N，根据上方确定起始序号和终止序号的方法，相卷后信号宽度 L 为

$$L = M + N - 1 \tag{2-52}$$

上述所有方法的求解过程中，都是以 n 为变量进行分析和求解的，都属于卷和的时域求解。当学了 z 变换和 DTFT 后，卷和的计算可以用 z 变换和 DTFT 来求解，属于卷和的变换域求解方法。

2.7　卷积的时域计算

已知连续时间信号 $x_1(t)$ 和 $x_2(t)$，求解 $y(t) = x_1(t) * x_2(t)$ 的问题称为卷积的计算。卷积的计算也可以分为时域和变换域两种计算方法，本章讲解时域的计算方法。

2.7.1　卷积积分的两个重要公式

为了简化卷积的计算，我们也先建立两个重要的公式：

$$e^{\lambda_1 t}u(t) * e^{\lambda_2 t}u(t) = \frac{e^{\lambda_1 t}u(t) - e^{\lambda_2 t}u(t)}{\lambda_1 - \lambda_2} \tag{2-53}$$

$$e^{\lambda t}u(t) * e^{\lambda t}u(t) = te^{\lambda t}u(t) \tag{2-54}$$

现在来证明式（2-53）。根据卷积的定义，有

$$e^{\lambda_1 t}u(t) * e^{\lambda_2 t}u(t) = \int_{-\infty}^{+\infty} e^{\lambda_1 \tau}u(\tau)e^{\lambda_2(t-\tau)}u(t-\tau)\mathrm{d}\tau = \begin{cases} \int_0^t e^{\lambda_1 \tau}e^{\lambda_2(t-\tau)}\mathrm{d}\tau, & t>0 \\ 0, & t<0 \end{cases}$$

$$= e^{\lambda_2 t}\int_0^t e^{(\lambda_1-\lambda_2)\tau}\mathrm{d}\tau u(t) = \frac{e^{\lambda_1 t}u(t) - e^{\lambda_1 t}u(t)}{\lambda_1-\lambda_2}$$

同理可以证明式（2-54）。

2.7.2 卷积的计算方法

1. 解析法

将一个信号 $x_1(t)$ 的变量 t 换成 τ，将另一个信号 $x_2(t)$ 的变量 t 换成 $t-\tau$，代入卷积定义式 $x_1(t) * x_2(t) = \int_{-\infty}^{+\infty} x_1(\tau)x_2(t-\tau)\mathrm{d}\tau$ 中，利用积分知识进行计算，这样的方法称为卷积的解析计算方法。在上面证明式（2-53）时，采用的就是解析的方法。在解析法计算的过程中，注意积分限的变化过程，具体情况得根据实际相卷的两个信号的时域特点来决定。

2. 图解法

将已知的 $x_1(t)$ 和 $x_2(t)$ 的波形变换成相乘的两个量 $x_1(\tau)$ 和 $x_2(t-\tau)$ 的波形，然后计算积分的结果，将这种方法称为卷积的图解法。

图解的运算过程如下：①将一个信号 $x_1(t)$ 的横轴变量 t 换成 τ 得到 $x_1(\tau)$；②将另一个信号 $x_2(t)$ 横轴变量 t 换成 τ 得到 $x_2(\tau)$，然后反转得到 $x_2(-\tau)$，再将 $x_2(-\tau)$ 的波形向右移动 t 个单位得到 $x_2(-(\tau-t)) = x_2(t-\tau)$；③在 $t=t_0$ 值的情况下，将 $x_1(\tau)$ 与 $x_2(t_0-\tau)$ 的波形对应时刻相乘，再把乘积进行无穷的积分，即得到 t_0 时刻的 $y(t_0)$ 的值，当 t_0 从 $-\infty$ 到 ∞ 变化时就得到卷积的结果 $y(t)$。在最后得到 $y(t)$ 时，注意将规律相同的那些 $y(t_0)$ 归类为同一个收敛的表达式。

该方法完全体现了由已知 $x_1(t)$ 和 $x_2(t)$ 如何构造和计算卷积,数学思想清晰,但过程复杂。

例 2-13 计算 $G_\tau(t) * G_\tau(t)$。

解 根据上述图解法的相关知识，可以得到下述波形，如图 2-27 所示。

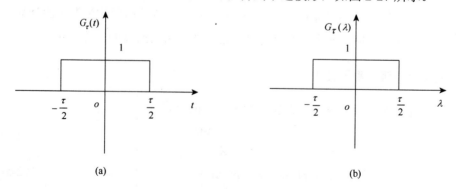

(a)   (b)

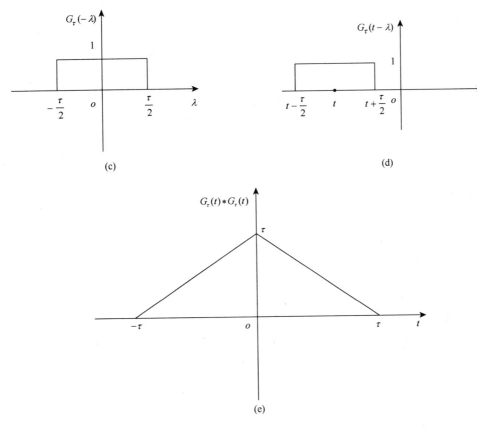

图 2-27　$G_\tau(t) * G_\tau(t)$ 的图解法示意图

在图 2-27 中，当 t 从 $-\infty$ 到 ∞ 变化时就得到

$$x(t) * x(t) = \begin{cases} 0, & t \leqslant -\tau \\ t + \tau, & -\tau < t \leqslant 0 \\ -t + \tau, & 0 < t < \tau \\ 0, & t \geqslant \tau \end{cases}$$

若将底边在横轴的等腰三角形用 Q 来描述，则得到门函数自卷的一个重要公式：

$$G_\tau(t) * G_\tau(t) = (t + \tau)u(t + \tau) - 2tu(t) + (t - \tau)u(t - \tau) \tag{2-55}$$

$$G_\tau(t) * G_\tau(t) = \tau Q_{2\tau}(t)$$

通过此例可以得到有始有终的两个连续信号相卷的特点：相卷两个信号的起始时刻相加就是卷积结果的起始时刻，相卷两个信号的终止时刻相加就是卷积结果的终止时刻。假设有始有终的两个信号相卷，时域宽度分别为 τ_1 和 τ_2，则相卷后信号时域宽度 τ 为

$$\tau = \tau_1 + \tau_2 \tag{2-56}$$

3. 利用卷积的公式和性质来计算

该方法是将我们已经建立的卷积的两个基本公式和卷积的一系列性质结合在一起来计算卷积。

例 2-14 $x_1(t) = e^{-t}u(t)$，$x_2(t) = e^{-2t}u(t)$，计算 $y(t) = x_1(t) * x_2(t)$。

解 根据 $e^{\lambda_1 t}u(t) * e^{\lambda_2 t}u(t) = \dfrac{e^{\lambda_1 t}u(t) - e^{\lambda_2 t}u(t)}{\lambda_1 - \lambda_2}$，令 $\lambda_1 = -1, \lambda_2 = -2$，得到

$$y(t) = x_1(t) * x_2(t) = e^{-t}u(t) - e^{-2t}u(t)$$

例 2-15 $x_1(t) = e^{-t-1}u(t-2)$，$x_2(t) = e^{-2t-2}u(t-2)$，计算 $y(t) = x_1(t) * x_2(t)$。

解

$$x_1(t) = e^{-t-1}u(t-2) = e^{-3}e^{-(t-2)}u(t-2), \quad x_2(t) = e^{-2t-2}u(t-2) = e^{-6}e^{-2(t-2)}u(t-2)$$

$$y(t) = x_1(t) * x_2(t) = e^{-9}e^{-(t-2)}u(t-2) * e^{-2(t-2)}u(t-2)$$

根据公式得到

$$e^{-t}u(t) * e^{-2t}u(t) = e^{-t}u(t) - e^{-2t}u(t)$$

利用卷积的时间移动性，所以

$$y(t) = x_1(t) * x_2(t) = e^{-9}(e^{-(t-4)}u(t-4) - e^{-2(t-4)}u(t-4)) = e^{-t-5}u(t-4) - e^{-2t-1}u(t-4)$$

4. 微分冲激法

微分冲激法不仅用于卷积的计算，在以后的傅里叶级数、傅里叶变换以及拉普拉斯变换的计算时，也会用到微分冲激法。

当满足下面条件时，就可以考虑用微分冲激法来解决实际问题：第一，相卷信号的几次微分出现冲激或冲激的微分信号；第二，相卷信号的几次微分出现和原来相似的波形。

微分冲激法计算卷积的理论基础是卷积的微积分性质。当计算 $y(t) = x_1(t) * x_2(t)$ 出现困难时，并且 $x_1(t)$ 微分 m 次以及 $x_2(t)$ 微分 n 次分别满足微分冲激法的条件时，首先计算 $g(t) = x_1^{(m)}(t) * x_2^{(n)}(t)$，然后根据求出的 $g(t)$ 来计算 $y(t)$，它们之间的关系为

$$y(t) = g^{(-(m+n))}(t) \tag{2-57}$$

例 2-16 用微分冲激法计算 $y(t) = G_\tau(t) * G_\tau(t)$。

解 门信号 $G_\tau(t)$ 微分一次将会出现冲激信号，所以可以用微分冲激法来计算，如图 2-28 所示。

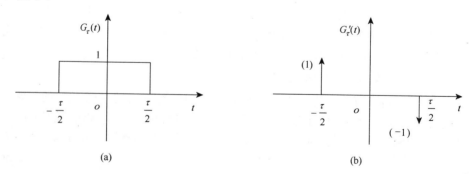

图 2-28　$G_\tau(t)$ 与 $G_\tau'(t)$ 的示意图

将 $G_\tau(t)$ 微分一次出现两个冲激：

$$G_\tau'(t) = \delta(t + \frac{\tau}{2}) - \delta(t - \frac{\tau}{2})$$

$$g(t) = G'_\tau(t) * G'_\tau(t) = [\delta(t + \frac{\tau}{2}) - \delta(t - \frac{\tau}{2})] * [\delta(t + \frac{\tau}{2}) - \delta(t - \frac{\tau}{2})] = \delta(t + \tau) - 2\delta(t) + \delta(t - \tau)$$

有 $y(t) = g^{(-2)}(t)$ ，因为 $\delta^{(-1)}(t) = u(t), \delta^{(-2)}(t) = tu(t)$ ，所以

$$y(t) = (t + \tau)u(t + \tau) - 2tu(t) + (t - \tau)u(t - \tau)$$

　　上述方法的求解过程中，都是以 t 为变量进行分析和求解的，都属于卷积的时域求解。当学了 FT 和 LT 后，卷积的计算可以用 FT 和 LT 来求解，属于卷积的变换域求解方法。在上述的时域求解方法中，重点关注利用卷积的利用公式和性质的方法以及微分冲激法。

2.8　系统特性和单位冲激响应之间的关系

　　单位冲激响应是系统本质的一种描述，现在研究当系统满足某种特性（记忆性、可逆性、因果性、稳定性）时，所对应的单位冲激响应应该满足的特点，从而将系统的某种特性和单位冲激响应联系起来。

2.8.1　记忆性对单位冲激响应的要求

　　以离散系统为例，根据 $y[n] = \sum\limits_{k=-\infty}^{\infty} x[k]h[n-k] = x[n]h[0] + \sum\limits_{k \neq n} x[k]h[n-k]$ ，如果系统是无记忆的，则在任何序号 n ，$y[n]$ 都只与 n 序号的输入有关。因此 $y[n]$ 中只能有 $x[n]h[0]$ 这一项，则 $\sum\limits_{k \neq n} x[k]h[n-k] = 0$ 。对任何输入都要满足该条件，则只能有 $k \neq n, h[n-k] = 0$ ，即 $n \neq 0, h[n] = 0$ ，所以无记忆系统的单位冲激响应为

$$h[n] = K\delta[n]$$
$$h(t) = K\delta(t)$$

(2-58)

此时，$y(t) = x(t) * K\delta(t) = Kx(t)$ ，$y[n] = x[n] * h[n] = Kx[n]$ ，这样的系统相当于放大器。当 $K = 1$ 时，系统就是恒等系统。如果 LTI 系统的单位冲激响应不满足上述要求，则系统是记忆的。

2.8.2　可逆性对单位冲激响应的要求

　　如果 LTI 系统是可逆的，一定存在一个逆系统，且逆系统也是 LTI 系统，它们串联起来构成一个恒等系统，如图 2-29 所示。

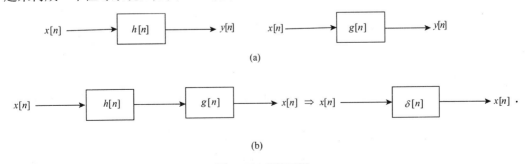

图 2-29　系统互逆

对于两个离散系统，其单位冲激响应分别为 $h[n]$ 和 $g[n]$，若互为逆系统，则

$$h[n] * g[n] = \delta[n] \qquad (2\text{-}59)$$

同理，对于两个连续系统，其单位冲激响应分别为 $h(t)$ 和 $g(t)$，若互为逆系统，则

$$h(t) * g(t) = \delta(t) \qquad (2\text{-}60)$$

例如，延时器 $h(t) = \delta(t - t_0)$ 是可逆的 LTI 系统，其逆系统是 $g(t) = \delta(t + t_0)$；累加器 $h[n] = u[n]$ 是可逆的 LTI，其逆系统是 $g[n] = \delta[n] - \delta[n-1]$。

2.8.3 因果性对单位冲激响应的要求

将系统响应描述为 $y[n] = \sum_{k=-\infty}^{\infty} x[k]h[n-k] = \sum_{k=-\infty}^{n} x[k]h[n-k] + \sum_{k=n+1}^{+\infty} x[k]h[n-k]$。当 LTI 系统是因果系统时，任何序号 n，$y[n]$ 都只能取决于 n 序号及其之前序号的输入，即 $\sum_{k=n+1}^{+\infty} x[k]h[n-k] = 0$。对任意输入都满足这样的特点，则 $k > n, h[n-k] = 0$，即

$$n < 0, \quad h[n] = 0 \qquad (2\text{-}61)$$

同样连续时间系统有

$$t < 0, \quad h(t) = 0 \qquad (2\text{-}62)$$

所以，若系统因果，则其单位冲激响应也是因果，这是 LTI 系统具有因果性的充分必要条件。

2.8.4 稳定性对单位冲激响应的要求

根据稳定性的定义，若输入有界，系统响应有界，则系统稳定。下面根据这样的定义来讨论系统稳定性对于单位冲激响应有怎样的要求。

对于离散系统有

$$y[n] = \sum_{k=-\infty}^{\infty} x[k]h[n-k] = \sum_{k=-\infty}^{\infty} h[k]x[n-k]$$

若 $x[n]$ 有界，有 $|x[n]| \leqslant A$，则

$$|x[n-k]| \leqslant A$$

$$|y[n]| = \left| \sum_{k=-\infty}^{\infty} h[k]x[n-k] \right| \leqslant \sum_{k=-\infty}^{\infty} |h[k]||x[n-k]| \leqslant A \sum_{k=-\infty}^{\infty} |h[k]|$$

离散系统稳定，则要求：

$$\sum_{n=-\infty}^{+\infty} |h[n]| < +\infty \qquad (2\text{-}63)$$

对于连续系统，若稳定，则相应的有

$$\int_{-\infty}^{+\infty} |h(t)| \mathrm{d}t < +\infty \qquad (2\text{-}64)$$

式（2-63）和式（2-64）是 LTI 系统稳定的充分必要条件。所以，$h[n]$ 绝对可和，离散系统稳定，$h(t)$ 绝对可积，连续系统稳定。

2.8.5　LTI 系统的单位阶跃响应和单位冲激响应的关系

在工程实际中，也常用单位阶跃响应来描述 LTI 系统。单位阶跃响应就是系统对 $u[n]$ 或 $u(t)$ 所产生的响应，分别记为 $s[n]$ 或 $s(t)$。根据单位冲激响应和单位阶跃响应的定义，它们之间的关系为

$$s[n] = u[n] * h[n] = \sum_{k=-\infty}^{n} x[k] \qquad (2\text{-}65)$$

$$h[n] = s[n] - s[n-1]$$

$$s(t) = u(t) * h(t) = \int_{-\infty}^{t} x(\tau)\mathrm{d}\tau \qquad (2\text{-}66)$$

$$h(t) = s'(t)$$

单位阶跃响应是单位冲激响应的累加或积分，单位冲激响应是单位阶跃响应的一次差分或一阶导数。所以，LTI 系统的特性也可以用它的单位阶跃响应来描述。

2.8.6　系统的串联和并联对单位冲激响应的影响

假设有两个子系统 $h_1(t)$ 和 $h_2(t)$ 或者 $h_1[n]$ 和 $h_2[n]$，现在分析串联和并联后，整个系统单位冲激响应的情况。

1. 系统的串联

两个连续子系统的单位冲激响应分别为 $h_1(t)$ 和 $h_2(t)$，将它们进行串联，其连接关系如图 2-30 所示。当整个系统输入为 $\delta(t)$ 时，第一个子系统输出为 $h_1(t)$，则第二个子系统的输出就是整个系统的单位冲激响应，其大小为 $h_1(t) * h_2(t)$。

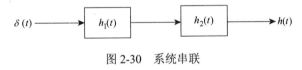

图 2-30　系统串联

所以，两个子系统串联，等价的单位冲激响应为

$$h(t) = h_1(t) * h_2(t)$$

$$h[n] = h_1[n] * h_2[n] \qquad (2\text{-}67)$$

2. 系统的并联

两个连续子系统的单位冲激响应分别为 $h_1(t)$ 和 $h_2(t)$，将它们进行并联，其连接关系如图 2-31 所示。当整个系统输入为 $\delta(t)$ 时，第一个子系统输出为 $h_1(t)$，第二个子系统输出为 $h_2(t)$，将两个子系统的响应相加得到 $h_1(t) + h_2(t)$，这就是整个系统的单位冲激响应。

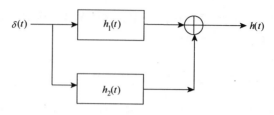

图 2-31　系统并联

所以，两个子系统并联，等价的单位冲激响应为

$$h(t) = h_1(t) + h_2(t)$$
$$h[n] = h_1[n] + h_2[n]$$

（2-68）

2.9　离散系统的时域分析法

离散系统的模型如图 2-32 所示，在前面我们建立了离散系统零状态响应的计算公式为 $y_f[n] = x[n] * h[n]$。

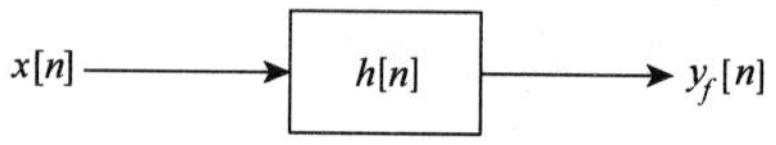

$$x[n] \longrightarrow \boxed{h[n]} \longrightarrow y_f[n]$$

图 2-32　离散系统模型

离散系统分析法所包含的主要内容为在输入 $x[n]$、系统本质的描述 $h[n]$、系统零状态响应 $y_f[n]$ 这三个物理量中，已知任意两个，求解第三个物理量的过程。大多数情况下，时域分析能解决的情况是已知 $x[n]$ 和 $h[n]$，来求解 $y_f[n]$。对于这类问题实际上就是将卷和计算过程中的一个信号换成输入，一个信号换成单位冲激响应，利用计算卷和的方法和手段来求解系统响应 $y_f[n]$。

例 2-17　已知某离散 LTI 系统的单位阶跃响应 $s[n] = u[n-1]$，当系统输入为 $x[n] = 2^n u[n-1]$ 时，求系统的零状态响应。

解　已知单位阶跃响应为

$$s[n] = u[n-1]$$

得到系统单位冲激响应为

$$h[n] = s[n] - s[n-1] = u[n-1] - u[n-2] = \delta[n-1]$$

所以系统零状态响应

$$y_f[n] = x[n] * h[n] = 2^n u[n-1] * \delta[n-1] = 2^{n-1} u[n-2]$$

例 2-18　已知某离散 LTI 系统的输入为 $x[n] = \left(\dfrac{1}{3}\right)^n u[n-1]$，系统单位冲激响应为 $h[n] = \left(\dfrac{1}{2}\right)^{n-1} u[n]$，求系统的零状态响应。

解

$$y_f[n] = x[n]*h[n] = \left(\frac{1}{3}\right)^n u[n-1]*\left(\frac{1}{2}\right)^{n-1}u[n] = \frac{2}{3}\left(\left(\frac{1}{3}\right)^{n-1}u[n-1]*\left(\frac{1}{2}\right)^n u[n]\right)$$

$$= 4\left(\left(\frac{1}{2}\right)^n u[n-1] - \left(\frac{1}{3}\right)^n u[n-1]\right)$$

例 2-19 已知离散 LTI 系统 $x[n] = \left(\frac{1}{2}\right)^n$，单位冲激响应为 $h[n] = \left(\frac{1}{5}\right)^n u[n]$，求系统的响应。

解 系统零状态响应为 $y_f[n] = x[n]*h[n] = \left(\frac{1}{2}\right)^n * \left(\frac{1}{5}\right)^n u[n]$。

先分析普遍的离散无时限的指数序列通过离散 LTI 系统产生的零状态响应，如图 2-33 所示。

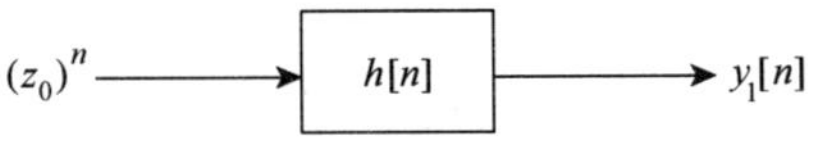

图 2-33　无时限指数序列通过离散系统模型

假设系统的单位冲激响应为 $h[n]$，输入为 $x[n] = (z_0)^n$，z_0 是无时限指数信号的指数，则

$$y_1[n] = (z_0)^n * h[n] = \sum_{k=-\infty}^{+\infty} h[k](z_0)^{n-k} = (z_0)^n \sum_{k=-\infty}^{+\infty} h[k](z_0)^{-k}$$

将离散系统的单位冲激响应 $h[n]$ 映射为 z 域中的 $H(z)$，其映射公式为

$$H(z) = \sum_{n=-\infty}^{+\infty} h[n]z^{-n} \tag{2-69}$$

其中，$h[n]$ 是系统的单位冲激响应，后面学习 z 变换时，将 $H(z)$ 称为离散系统的传递函数。$h[n]$ 和 $H(z)$ 之间构造了一组 z 变换。观察 $y_1[n]$ 和 $H(z)$ 的表达式，有

$$H(z_0) = \sum_{k=-\infty}^{+\infty} h[k](z_0)^{-k} \tag{2-70}$$

其中，z_0 是无时限指数序列的指数，$H(z)$ 表达式的极点也是系统的极点，记为 v_i。当 $|z_0| > |v_i|_{max}$ 时（即无时限指数序列的指数的模大于每个极点的模），$H(z_0)$ 存在有限表达式，将此条件称为主导条件。

所以满足主导条件时，系统响应为

$$y_1[n] = (z_0)^n * h[n] = H(z)\Big|_{z=z_0}(z_0)^n \tag{2-71}$$

对于本例，$h[n] = \left(\frac{1}{5}\right)^n u[n]$ 映射为 $H(z) = \dfrac{z}{z-\dfrac{1}{5}}, |z| > \dfrac{1}{5}$。系统极点为 $v = \dfrac{1}{5}$，无时限

指数信号的指数 $z_0 = \dfrac{1}{2}$。z_0 满足主导条件，所以 $H(z_0) = \dfrac{z}{z-\dfrac{1}{5}}\Big|_{z=z_0=\frac{1}{2}} = \dfrac{5}{3}$。所以

$$y_f[n] = H(z)\Big|_{z=z_0}(z_0)^n = H(z_0)(z_0)^n = \frac{5}{3}\left(\frac{1}{2}\right)^n$$

由于 $|z_0| > |v_i|_{\max}$，随着序号的增加，零状态响应相对于零输入响应占据主导地位，所以有

$$y[n] = y_x[n] + y_f[n] \doteq y_f[n] = \frac{5}{3}\left(\frac{1}{2}\right)^n$$

2.10　连续系统的时域分析法

连续系统的分析模型如图 2-34 所示，我们已经建立了连续系统响应的计算公式，即 $y(t) = x(t) * h(t)$。

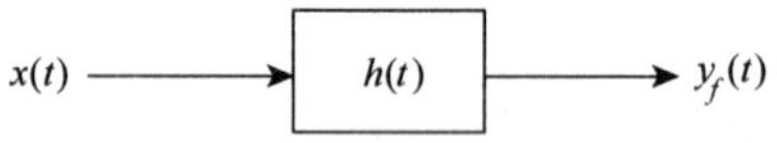

图 2-34　连续系统模型

连续系统分析法所包含的主要内容为在输入 $x(t)$、系统本质的描述 $h(t)$、系统零状态响应 $y_f(t)$ 这三个物理量中，任意知道两个，求解第三个量的过程称为系统的分析。一般而言，时域分析能解决的情况是已知 $x(t)$ 和 $h(t)$，来求解 $y_f(t)$。对于这类问题实际上就是将卷积计算过程中的一个信号换成输入，一个信号换成单位冲激响应，利用计算卷积的方法和手段来求解系统响应。

例 2-20　已知某连续 LTI 系统的单位阶跃响应为 $s(t) = e^{-t}u(t-1)$，当系统输入为 $x(t) = e^{-2t}u(t-1)$ 时，求系统的零状态响应。

解　单位阶跃响应为

$$s(t) = e^{-t}u(t-1)$$

则系统的冲激响应为

$$h(t) = s'(t) = e^{-1}\delta(t-1) - e^{-t}u(t-1)$$

当 $x(t) = e^{-2t}u(t-1)$ 时，系统的响应为

$$y_f(t) = x(t) * h(t) = [e^{-1}\delta(t-1) - e^{-t}u(t-1)] * e^{-2t}u(t-1)$$

$$y(t) = e^{-1}e^{-2(t-1)}u(t-2) - e^{-t}u(t-1) * e^{-2t}u(t-1)$$

$$e^{-t}u(t-1) * e^{-2t}u(t-1) = e^{-3}e^{-(t-1)}u(t-1) * e^{-2(t-1)}u(t-1) = e^{-t-1}u(t-2) - e^{-2t+1}u(t-2)$$

所以

$$y(t) = e^{-2t+1}u(t-2) - [e^{-t-1}u(t-2) - e^{-2t+1}u(t-2)] = -e^{-t-1}u(t-2) + 2e^{-2t+1}u(t-2)$$

例 2-21　已知系统输入为 $x_1(t)$ 时，系统零状态响应为 $y_1(t) = \int_{-\infty}^{t-1} x_1(\tau+2)\mathrm{d}\tau$。

（1）求系统的单位冲激响应。

（2）系统输入为 $x(t) = e^{-3t}u(t-2)$ 时，求系统的零状态响应 $y(t)$。

解　（1）因为

$$y_1(t) = x_1(t) * h(t)$$

$$y_1(t) = \int_{-\infty}^{t-1} x_1(\tau+2)\mathrm{d}\tau = \int_{-\infty}^{+\infty} x_1(\tau+2)u(-(\tau-t+1))\mathrm{d}\tau = \int_{-\infty}^{+\infty} x_1(\tau+2)u(t-\tau+1)\mathrm{d}\tau$$

$$= x_1(t+2) * u(t+1) = x_1(t) * u(t+3) = x_1(t) * h(t)$$

所以，系统的单位冲激响应为 $h(t) = u(t+3)$。

（2）

$$y(t) = x(t) * h(t) = \mathrm{e}^{-3t}u(t-2) * u(t+3) = \mathrm{e}^{-6}\mathrm{e}^{-3(t-2)}u(t-2) * u(t+3)$$

$$= \frac{\mathrm{e}^{-6}}{3}(u(t+1) - \mathrm{e}^{-3(t+1)}u(t+1)) = \frac{\mathrm{e}^{-6}}{3}u(t+1) - \frac{1}{3}\mathrm{e}^{-3t-9}u(t+1)$$

例 2-22　已知系统输入 $x(t)$ 和零状态响应 $y(t)$ 的波形如图 2-35 所示。

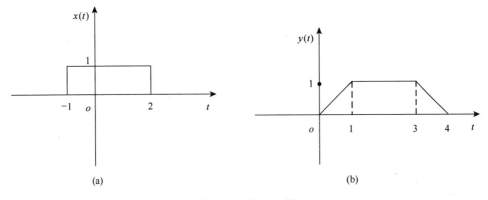

图 2-35　例 2-22 图

（1）求系统的单位冲激响应。

（2）当系统输入变为 $x_1(t) = u(t)$ 时，计算系统的响应 $y_1(t)$。

解　（1）根据 $y(t) = x(t) * h(t)$，利用卷积的微分性质，得到 $y'(t) = x'(t) * h(t)$。

观察两个波形的特点，利用微分的计算方法，得到 $x'(t)$ 和 $y'(t)$ 的波形，如图 2-36 所示。

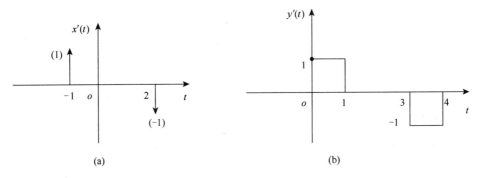

图 2-36　例 2-22 微分冲激法示意图

$$x'(t) = \delta(t+1) - \delta(t-2), \quad y'(t) = G_1(t-0.5) - G(t-3.5)$$

$$y'(t) = x'(t) * h(t) = [\delta(t+1) - \delta(t-2)] * h(t) = h(t+1) - h(t-2)$$

$$h(t+1) = G_1(t-0.5)$$

所以 $h(t) = G_1(t-1.5)$ ，单位冲激响应的波形如图 2-37（a）所示。

（2）

$$y_1(t) = x_1(t) * h(t) = u(t) * h(t) = h^{(-1)}(t)$$

$$h(t) = G_1(t-1.5) = u(t-1) - u(t-2)$$

利用

$$u(t) * u(t) = tu(t)$$

得到

$$y_1(t) = u(t) * h(t) = u(t) * (u(t-1) - u(t-2)) = (t-1)u(t-1) - (t-2)u(t-2)$$

其波形如图 2-37（b）所示。

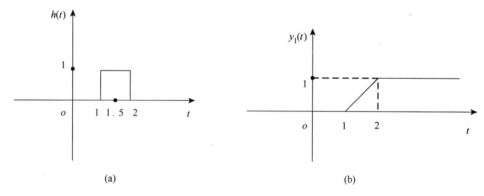

图 2-37　$h(t)$ 和 $y_1(t)$ 的波形

例 2-23　已知系统 $x(t) = \mathrm{e}^{-t}$ ，单位冲激响应为 $h(t) = \mathrm{e}^{-2t}u(t)$ ，求系统的响应。

解　系统零状态响应为

$$y_f(t) = \mathrm{e}^{-t} * \mathrm{e}^{-2t}u(t)$$

先分析普遍的连续无时限的指数信号通过 LTI 系统产生的响应，如图 2-38 所示。

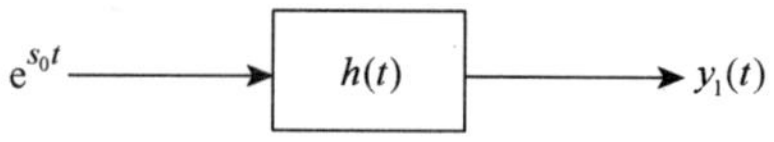

图 2-38　无时限指数信号通过连续系统模型

$$y_1(t) = \mathrm{e}^{s_0 t} * h(t) = \int_{-\infty}^{+\infty} h(\tau)\mathrm{e}^{s_0(t-\tau)}\mathrm{d}\tau = \mathrm{e}^{s_0 t}\int_{-\infty}^{+\infty} h(\tau)\mathrm{e}^{-s_0\tau}\mathrm{d}\tau$$

将连续系统的单位冲激响应 $h(t)$ 映射为 s 域中的 $H(s)$ ，其映射公式为

$$H(s) = \int_{-\infty}^{+\infty} h(\tau)\mathrm{e}^{-s\tau}\mathrm{d}\tau \tag{2-72}$$

在后面学习 LT 时，将 $H(s)$ 称为连续系统的传递函数。$h(t)$ 和 $H(s)$ 之间构造了一组 LT。观察 $y_1(t)$ 的积分定义式，有

$$H(s_0) = \int_{-\infty}^{+\infty} h(\tau) e^{-s_0 \tau} d\tau \qquad (2\text{-}73)$$

其中，s_0 是无时限指数信号的指数，$H(s)$ 表达式的极点也是系统的极点，记为 λ_i，当 $\text{Re}(s_0) > \text{Re}(\lambda_i)_{\max}$ 时（即无时限指数信号指数的实部大于每个极点的实部），$H(s_0)$ 存在有限表达式，将此条件称为主导条件。

所以满足主导条件时，系统零状态响应为

$$y_1(t) = e^{s_0 t} * h(t) = H(s_0) e^{s_0 t} \qquad (2\text{-}74)$$

对于本例，$h(t) = e^{-2t} u(t)$ 映射为 $H(s) = \dfrac{1}{s+2}, \text{Re}(s) > -2$，系统极点为 $\lambda = -2$，无时限指数信号的指数 $s_0 = -1$。s_0 满足主导条件，$H(s_0) = \dfrac{1}{s+2}\Big|_{s=s_0=-1} = 1$，所以

$$y_f(t) = e^{-t} * h(t) = H(s)\big|_{s=-s_0} e^{-t} = e^{-t}$$

由于 $|s_0| > |\lambda_i|_{\max}$，随着序号的增加，零状态响应相对于零输入响应占主导地位，所以有

$$y(t) = y_x(t) + y_f(t) \doteq y_f(t) = e^{-t}$$

例 2-24 在通信系统中，两个信号的相关性对于接收技术是很重要的。将连续信号 $x(t)$、$y(t)$ 的互相关函数定义为 $B_{xy}(t) = \int_{-\infty}^{+\infty} x(t+\tau) y(\tau) d\tau$，如果两个连续信号相同，互相关就变成了自相关，其定义为 $R_x(t) = \int_{-\infty}^{+\infty} x(t+\tau) x(\tau) d\tau$。对于离散信号 $x_1[n]$ 和 $x_2[n]$ 的互相关函数定义为 $B_{xy}[n] = \sum_{m=-\infty}^{+\infty} x[n+m] y[m]$，若两个离散信号相同，互相关就变成了自相关，其定义为 $R_x[n] = \sum_{m=-\infty}^{+\infty} x[n+m] x[m]$。

（1）讨论 $B_{xy}(t)$ 和 $B_{yx}(t)$ 的关系以及 $B_{xy}[n]$ 和 $B_{yx}[n]$ 的关系。

（2）用卷积积分来描述 $x(t)$ 的自相关函数，用卷和来描述 $x[n]$ 的自相关。

解（1）

$$B_{xy}(t) = \int_{-\infty}^{+\infty} x(t+\tau) y(\tau) d\tau = \int_{-\infty}^{+\infty} x(\lambda) y(\lambda - t) d\lambda = \int_{-\infty}^{+\infty} y(\tau - t) x(\tau) d\tau$$

$$B_{yx}(t) = \int_{-\infty}^{+\infty} y(t+\tau) x(\tau) d\tau$$

所以

$$B_{xy}(t) = B_{yx}(-t)$$

同理

$$B_{xy}[n] = \sum_{m=-\infty}^{+\infty} x[n+m] y[m] = \sum_{m=-\infty}^{+\infty} y[m-n] x[m]$$

$$B_{yx}[n] = \sum_{m=-\infty}^{+\infty} y[n+m] x[m]$$

所以

$$B_{xy}[n] = B_{yx}[-n]$$

（2）

$$R_x(t) = \int_{-\infty}^{+\infty} x(t+\tau)x(\tau)\mathrm{d}\tau = \int_{-\infty}^{+\infty} x(\tau)x(t+\tau)\mathrm{d}\tau = \int_{-\infty}^{+\infty} x(-\tau)x(t-\tau)\mathrm{d}\tau = x(-t)*x(t)$$

$$R_x[n] = \sum_{m=-\infty}^{+\infty} x[n+m]x[m] = \sum_{m=-\infty}^{+\infty} x[-m]x[n-m] = x[-n]*x[n]$$

上面我们分析了连续和离散系统零状态响应的研究方法。现在讨论关于全响应的时域计算。从严格意义来讲，计算响应一般是指求解全响应。当没有告诉初始条件时，一般可以看做计算零状态响应，但有些特殊情况需要考虑初始条件可能对系统全响应的影响。

在前面分别介绍了系统的零输入和零状态响应的计算方法，利用 $y[n] = y_x[n] + y_f[n]$ 和 $y(t) = y_x(t) + y_f(t)$，就可以得到系统的全响应的计算步骤。

（1）已知系统的数学模型和初始条件，可以求出零输入响应。

（2）已知系统的单位冲激响应和输入，利用卷和或者卷积可以求出零状态响应。

（3）将零输入响应和零状态响应相加就是系统的全响应。

例 2-25 已知离散系统差分方程为 $y[n] - \frac{1}{2}y[n-1] = x[n]$，初始条件为 $y_x[-1] = 1$，系统输入为 $x[n] = (\frac{1}{3})^n u[n-1]$，系统差分方程对应的单位冲激响应为 $h[n] = (\frac{1}{2})^n u[n]$，求系统的全响应。

解 （1）零输入响应。

系统数学模型为

$$y[n] - \frac{1}{2}y[n-1] = x[n]$$

系统的特征方程为 $1 - \frac{1}{2}v^{-1} = 0$，系统极点为 $v = \frac{1}{2}$，系统的零状态响应为

$$y_x[n] = c(\frac{1}{2})^n, \quad n \geqslant -1$$

根据初始条件 $y_x[-1] = 1$，得到 $c = \frac{1}{2}$，所以 $y_x[n] = (\frac{1}{2})^{n+1}(n \geqslant -1)$。

（2）零状态响应。

$$y_f[n] = x[n]*h[n] = (\frac{1}{2})^n u[n]*(\frac{1}{3})^n u[n-1] = (\frac{1}{2})^{n-1}u[n-1] - 2(\frac{1}{3})^n u[n-1]$$

（3）全响应。

$$y[n] = y_x[n] + y_f[n] = (\frac{1}{2})^{n+1} + (\frac{1}{2})^{n-1}u[n-1] - 2(\frac{1}{3})^n u[n-1], \quad n \geqslant -1$$

习　题

1. 将图 2-39 所示的离散信号描述为冲激序列的线性组合。

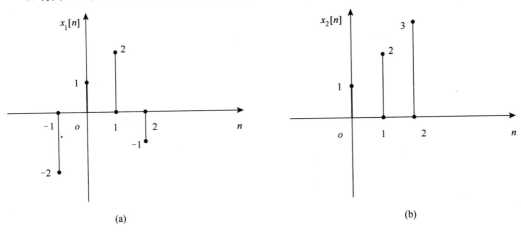

图 2-39

2. 已知图 2-40 所示的信号图形，请用阶跃信号作标识，写出其收敛的数学表达式。

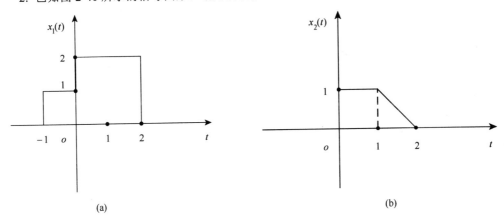

图 2-40

3. 计算题 1 中各信号的一次后向差分和一次累加信号。

4. 计算题 2 中各信号的微分和积分信号。

5. 已知信号 $x[n] = 2\delta[n-1] - \delta[n] + 3\delta[n+1]$，计算信号的一次差分和一次累加。

6. 计算下列关于冲激的运算。

（1）$\sin t \delta(t)$；

（2）$e^{-2t}\delta(-2t+1)$；

（3）$\int_{-1}^{0}\cos t\delta(t+0.5)\mathrm{d}t$；

（4）$\int_{-5}^{5}(e^{-2t}+\sin t)\delta(t-1)\mathrm{d}t$；

（5）$\int_{-\infty}^{+\infty}e^{-2t+1}\delta(2t+3)\mathrm{d}t$；

（6）$\int_{-3}^{3}e^{-t+1}\delta(-2t+2)\mathrm{d}t$；

（7）$\int_{-\infty}^{+\infty}e^{-t+1}\delta'(2t+3)\mathrm{d}t$；

（8）$\int_{-3}^{3}\sin \pi t\delta'(-2t+3)\mathrm{d}t$。

7. 计算下列离散信号的卷和。

（1）$x_1[n] = 2\delta[n-1] - \delta[n] + 3\delta[n+1]$, $x_2[n] = \delta[n] - \delta[n-1]$；（2）$u[n]*u[n]$；（3）$(0.5)^n u[n]*(0.5)^n u[n]$；

（4）$2^n u[n]*u[n]$；

（5）$\left(\dfrac{1}{2}\right)^n u[n]*\left(\dfrac{1}{5}\right)^n u[n]$；

（6）$3^{n+1} u[n-1]*u[n-1]$；

（7）$\left(\dfrac{1}{2}\right)^n u[n-1]*\left(\dfrac{1}{3}\right)^n u[n+2]$；

（8）$2^n*u[n]$；

（9）$\cos(2n)*(0.5)^n u[n]$；

（10）$\cos(2n)u[n]*u[n]$；

（11）$(0.5)^n u[-n]*(0.3)^n u[n-1]$。

8. 计算下列连续信号的卷积。

（1）$e^{-t}u(t)*e^{-t}u(t)$；

（2）$u(t)*u(t)$；

（3）$\delta(t)*\delta(t-2)$；

（4）$\delta(t-2)*2u(t-2)$；

（5）$e^{-t}u(t)*e^{-2t}u(t)$；

（6）$e^{-t}u(t-1)*e^{-2t+1}u(t-2)$；

（7）$e^{-t}u(t-1)*e^{-t-2}u(t+1)$；

（8）$e^{-t}u(t+1)*e^{-3t+3}u(t-2)$；

（9）$e^{-t}u(t)*e^{t}$；

（10）$e^{-t-1}u(t-1)*1$；

（11）$\cos t*e^{-t}u(t)$；

（12）$e^{t}u(-t)*e^{-t}u(t)$。

9. 已知下列两个信号的波形，计算卷和或者卷积。

（1）信号 $x_1[n]$ 和 $x_2[n]$ 的波形如图 2-41 所示，计算卷和。

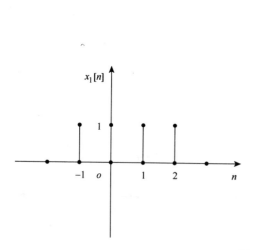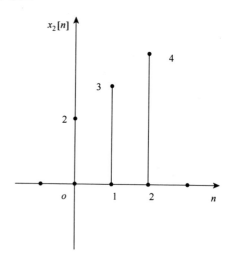

图 2-41

（2）信号 $x_1(t)$ 和 $x_2(t)$ 的波形如图 2-42 所示，计算卷积。

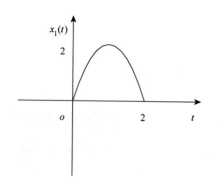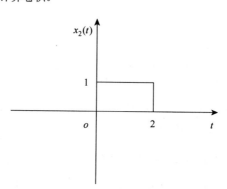

图 2-42

（3）信号 $x_3(t)$ 和 $x_4(t)$ 的波形如图 2-43 所示，计算卷积。

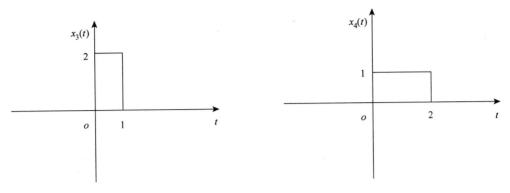

图 2-43

10. 已知 $x(t)$ 的波形如图 2-44 所示，计算下列卷积并画出波形。

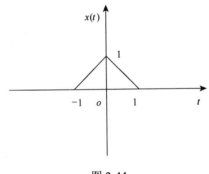

图 2-44

（1） $x(t)*\delta(t)$；

（2） $x(t)*[\delta(t)+\delta(t-1)]$；

（3） $x(t)*[\delta(t)+\delta(t-4)]$；

（4） $x(t)*\sum_{n=-\infty}^{+\infty}\delta(t-4n)$；

（5） $x(t)*\sum_{n=-\infty}^{+\infty}\delta(t-\frac{3}{2}n)$；

（6） $x(t)*\sum_{n=0}^{+\infty}\delta(t-4n)$。

11. 已知离散系统差分方程为 $y[n]-4y[n-1]+3y[n-2]=x[n]-2x[n-1]$，初始条件为 $y_x[-1]=1$，$y_x[0]=2$，求系统的零输入响应。

12. 已知连续系统微分方程为 $y''(t)+7y'(t)+12y(t)=x(t)-2x'(t)$，初始条件为 $y_x(0)=2, y_x'(0)=3$，求系统的零输入响应。

13. 已知离散系统的输入为 $x[n]=u[n-1]+\delta[n-2]$，单位冲激响应为 $h[n]=2^n u[n-1]$，求系统的零状态响应。

14. 已知连续系统的输入为 $x(t)=e^{-2t}u(t)$，单位冲激响应为 $h(t)=e^{-4t-1}u(t-1)$，求系统的零状态响应。

15. 已知离散系统的单位阶跃响应为 $s[n]=u[n-1]$，求系统的单位冲激响应 $h[n]$。

16. 已知连续系统的单位阶跃响应为 $s(t)=e^{-2t+1}u(t-1)$，求系统的单位冲激响应 $h(t)$。

17. 已知某离散 LTI 系统的单位阶跃响应为 $s[n]=\delta[n]+\delta[n-1]$，当系统输入为 $x[n]=\left(\frac{1}{2}\right)^n u[n]$ 时，求系统的零状态响应。

18. 已知系统的数学模型为 $y(t) = \int_{-\infty}^{t-1} e^{-2(t-\tau)} x(\tau-3) d\tau$ 。

（1）求系统的单位冲激响应。

（2）当系统的输入 $x(t)$ 的波形如图 2-45 所示，求系统的零状态响应。

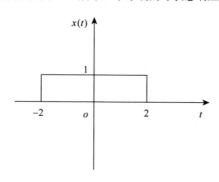

图 2-45

19. 已知系统框图如图 2-46 所示，建立系统的数学模型，求解系统的单位冲激响应。

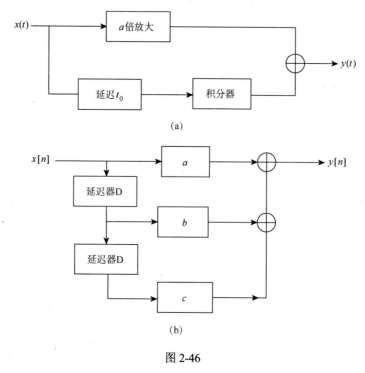

(a)

(b)

图 2-46

20. 计算下列信号的自相关函数。

（1） $x(t) = u(t) - u(t-2)$ ；　　　　（2） $x[n] = \delta[n+1] - 2\delta[n] + 2\delta[n-1] - \delta[n-2]$ 。

21. 考虑一个 LTI 系统，其零状态响应为

$$y(t) = \int_{-\infty}^{t} e^{-(t-\tau)} x(\tau-2) d\tau$$

（1）求该系统的单位冲激响应。

（2）当输入信号 $x(t) = u(t)$ 时，求输出信号。

22. 已知系统的单位冲激响应，判断下列系统的因果性、记忆性和稳定性。

（1）$h[n] = \delta[n+1] - \delta[n] + 2\delta[n-1]$；　（2）$h[n] = \delta[n] + 3\delta[n-1]$；

（3）$h(t) = e^{-t}u(t-1)$；　　　　　　（4）$h(t) = e^{2t}u(-t+1)$。

23. 已知信号 $x(t)$ 的波形如图 2-47 所示。

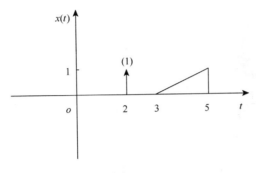

图 2-47

（1）画出 $x(2t-1)$ 的波形。

（2）假设 $x(t) = f(-3t+2)$，请画出 $f(t)$ 的波形。

第 3 章　连续周期信号的傅里叶级数分析

任何科学理论和科学方法的建立都是通过许多人不懈的努力而得来的。其中有争论，还有人为之献出了生命。历史的经验告诉我们，要想在科学的领域有所建树，必须倾心尽力为之奋斗。傅里叶级数和傅里叶变换分析法也经历了曲折而漫长的发展过程。

傅里叶（图 3-1）生平介绍——让·巴普蒂斯·约瑟夫·傅里叶男爵，1768 年 3 月 21 日生于法国中部欧塞尔一个裁缝家庭，8 岁时沦为孤儿，就读于地方军校。1795 年任巴黎综合工科大学助教，1798 年随拿破仑军队远征埃及，受到拿破仑器重，回国后被任命为格伦诺布尔省省长。傅里叶早在 1807 年就写成关于热传导的论文《热的传播》，向巴黎科学院呈交，但经拉格朗日、拉普拉斯和勒让德审阅后被巴黎科学院拒绝。1811 年又提交了经修改的论文，该文获巴黎科学院大奖，

图 3-1　傅里叶（1768.3～1830.5）

却未正式发表。傅里叶由于对传热理论的贡献于 1817 年当选为巴黎科学院院士。1822 年，傅里叶终于出版了专著《热的解析理论》，成为科学院的终身秘书。1830 年 5 月 16 日卒于巴黎。他是名字被刻在埃菲尔铁塔的 72 位法国科学家与工程师之一。

1807 年，傅里叶在《热的传播》论文中推导出著名的热传导方程，并在求解该方程时发现解函数可以由三角函数构成的级数形式表示，从而提出任意周期函数都可以展开成三角函数的无穷级数。傅里叶级数（即三角级数）、傅里叶变换等理论均由此创建。1822 年，傅里叶在《热的解析理论》的专著中，将欧拉、伯努利等在一些特殊情形下应用的三角级数方法发展成内容丰富的一般理论——三角形式的傅里叶级数。1829 年，Dirichlet 第一个给出收敛条件。傅里叶在《热的解析理论》里研究了有限长杆上的热传导方程的混合初边值问题的解，并用今天熟知的分离变量法把解写为级数，从而得到傅里叶级数。傅里叶在《热的解析理论》的最后一部分讨论无限长杆上的温度分析，从而得到傅里叶积分。后人为了纪念他，将这一系列理论概括为傅里叶级数和傅里叶变换的分析方法。这一切都极大地推动了偏微分方程边值问题的研究。然而傅里叶的工作意义远不止此，它迫使人们对函数概念作修正、推广，特别是引起了对不连续函数的探讨；三角级数收敛性问题更刺激了集合论的诞生。因此，《热的解析

理论》影响了整个 19 世纪分析严格化的进程，这一切数学问题统称为数学中的调和分析。调和分析是数学中一百多年为数不多的充满活力、向前发展、对科学产生重大影响的数学分支。

总之，对于数学和信号分析领域，傅里叶作出了两个重要的贡献。

（1）周期信号都可以表示为呈谐波关系的正弦信号的加权和，从而奠定了傅里叶级数的分析方法。

（2）非周期信号都可以用正弦信号的加权积分来表示，从而奠定了傅里叶变换的分析方法。

3.1　变换域分析概述

本章将讲解傅里叶级数的分析方法，它只能分析周期信号。因此，本章研究的信号用 $x_T(t)$ 来描述。第 4 章讲解傅里叶变换的分析方法，它既能分析周期信号也能分析非周期信号，从这一点来看，傅里叶级数是特殊的分析方法，傅里叶变换是普遍的分析方法。它们都属于频域分析法。傅里叶级数的英文为 Fourier Series，缩写为 FS。傅里叶变换的英文为 Fourier Transform，缩写为 FT。

在系统时域分析方法中，基本思想是选择 $\delta(t)$、$\delta[k]$ 为基本信号，寻找系统对基本信号产生的响应——单位冲激响应，然后利用线性时不变性，得到系统对任何输入产生的响应。此时在选择基本信号时，只要抓住两个特点：①基本信号简单；②系统对基本信号产生的响应容易计算。

在第 2 章分析了无时限的指数信号通过系统产生的响应，如图 3-2 所示。

图 3-2　无时限指数信号通过系统

首先将单位冲激响应作映射：

$$H(s)=\int_{-\infty}^{\infty}h(t)\mathrm{e}^{-st}\mathrm{d}t \quad 或 H(z)=\sum_{n=-\infty}^{\infty}h[n]z^{-n}$$

当满足主导条件 $\mathrm{Re}(s_0)>\mathrm{Re}(\lambda_i)_{\max}$ 时，有

$$y(t)=H(s_0)\mathrm{e}^{s_0 t}$$

当满足主导条件 $|z_0|>|v_i|_{\max}$ 时，有

$$y[n]=H(z_0)z_0^n$$

其中，λ_i 和 v_i 是分别是系统的极点，此时的系统相当于放大器。

根据选择基本信号的要求，$\mathrm{e}^{s_0 t}$、z_0^n 本身简单，$\mathrm{e}^{s_0 t}$、z_0^n 通过系统产生的响应也容易计算，所以 $\mathrm{e}^{s_0 t}$、z_0^n 也可以作为基本信号。将信号分解为基本信号 $\mathrm{e}^{s_0 t}$、z_0^n 的线性组合，研究系统对基本信号 $\mathrm{e}^{s_0 t}$、z_0^n 产生的响应，利用线性时不变性，得到系统对任何输入信号产生的响应，这种分析方法称为信号和系统的变换域分析。当把 $\mathrm{e}^{s_0 t}$、z_0^n 推广到

普遍的 e^{st}、z^n 时，这样的信号称为特征信号（或基本信号），$H(s)$、$H(z)$ 分别是 LTI 系统的传递函数。e^{st} 又可以特殊化到 $e^{j\omega t}$ 以及 $e^{jk\omega_0 t}$。$e^{jk\omega_0 t}$ 就是傅里叶级数所选的基本信号。$e^{j\omega t}$ 就是傅里叶变换所选的基本信号，e^{st} 就是拉普拉斯变换所选的基本信号，z^n 就是 Z 变换所选的基本信号。

例如，对时域的任何一个信号 $x(t)$ 或者 $x[n]$，若能将其表示为下列形式：

$$x(t) = a_1 e^{s_1 t} + a_2 e^{s_2 t} + a_3 e^{s_3 t}$$

$$x[n] = a_1 z_1^n + a_2 z_2^n + a_3 z_3^n$$

利用系统的齐次性与叠加性，有

$$e^{s_1 t} \to H(s_1)e^{s_1 t}, \quad e^{s_2 t} \to H(s_2)e^{s_2 t}, \quad e^{s_3 t} \to H(s_3)e^{s_3 t}$$

所以有

$$x(t) \to y(t) = a_1 H(s_1)e^{s_1 t} + a_2 H(s_2)e^{s_2 t} + a_3 H(s_3)e^{s_3 t}$$

即

$$x(t) = \sum_k a_k e^{s_k t} \to y(t) = \sum_k a_k H(s_k)e^{s_k t} \tag{3-1}$$

同理

$$x[n] = \sum_k a_k z_k^n \to y[n] = \sum_k a_k H(z_k)z_k^n \tag{3-2}$$

实际在进行上述分析过程中，利用线性性时，更多地体现为积分方式。

3.2 完备正交信号集合

3.2.1 矢量的正交

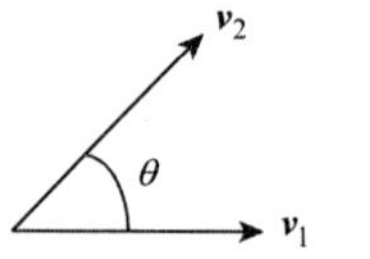

图 3-3 矢量正交图

在一个平面上，有两个矢量 v_1 和 v_2，如图 3-3 所示。其正交可以用下面的几种方法来定义：

（1）v_1 和 v_2 的夹角 $\theta = 90°$；

（2）$v_1 \cdot v_2 = |v_1| \cdot |v_1| \cos\theta = 0$；

（3）v_2 在 v_1 方向上作投影，分解系数为 0。

3.2.2 信号（函数）的正交

将矢量的正交定义推广到信号的定义，可以从下面内容来理解。矢量是有方向性的，所以矢量的分解容易理解。信号没有方向性，但两个信号有相同的时间变量，然后信号的正交加上时间的区间，也就是说，两个信号的正交需要考虑时间范围。

假设两个含相同时间自变量的信号 $x_1(t)$ 和 $x_2(t)$，在时间区间 $[t_1, t_2]$ 范围内，将信号 $x_2(t)$ 在信号 $x_1(t)$ 上作分解，分解系数记为 a_{21}，即 $x_2(t)$ 在 $x_1(t)$ 上分解为 $a_{21}x_1(t)$。当然，分解方法不同，分解系数 a_{21} 也将不一样。现在选择一种特定的分解，在时间范围 $[t_1, t_2]$ 内，该方法保证分解过程产生的误差信号的平方的平均值最小，将信号的这种分解方法和矢量的投影分解方法相对应。

$$e(t) = x_2(t) - a_{21}x_1(t)$$

$$E\left[e^2(t)\right] = E\left[(x_2(t) - a_{21}x_1(t))^2\right] = \frac{1}{t_2 - t_1}\int_{t_1}^{t_2}\left[x_2(t) - a_{21}x_1(t)\right]^2 \mathrm{d}t$$

$$= \frac{1}{t_2 - t_1}\int_{t_1}^{t_2}\left[x_2^2(t) - 2a_{21}x_1(t)x_2(t) + a_{21}^2 x_1^2(t)\right]\mathrm{d}t$$

若 $E\left[e^2(t)\right]_{\min}$，则

$$\frac{\mathrm{d}\left[E(e^2(t))\right]}{\mathrm{d}a_{21}} = 0$$

$$\frac{\mathrm{d}\left\{E\left[e^2(t)\right]\right\}}{\mathrm{d}a_{21}} = \int_{t_1}^{t_2}\left[2a_{21}x_1^2(t) - 2x_1(t)x_2(t)\right]\mathrm{d}t = 0$$

$$a_{21} = \frac{\int_{t_1}^{t_2}x_1(t)x_2(t)\mathrm{d}t}{\int_{t_1}^{t_2}x_1^2(t)\mathrm{d}t} \tag{3-3}$$

引用 $\boldsymbol{v}_2$ 在 $\boldsymbol{v}_1$ 方向上作分解，分解系数为 0，矢量正交，将此方法类推到信号 $x_2(t)$ 在信号 $x_1(t)$ 上作上述特定分解，分解系数 $a_{21} = 0$，则信号正交。

所以得到实数信号正交，则

$$\int_{t_1}^{t_2}x_1(t)x_2(t)\mathrm{d}t = 0 \tag{3-4}$$

若是复数信号，则正交的条件为

$$\int_{t_1}^{t_2}x_1(t)x^*_2(t)\mathrm{d}t = \int_{t_1}^{t_2}x^*_1(t)x_2(t)\mathrm{d}t = 0 \tag{3-5}$$

例 3-1　证明 $\cos t$ 和 $\sin 2t$ 在 $[0, 2\pi]$ 范围内是正交的。

解　$\int_0^{2\pi}\cos t\sin 2t\mathrm{d}t = \frac{1}{2}\int_0^{2\pi}(\sin 3t + \sin t)\mathrm{d}t = 0$，所以 $\cos t$ 和 $\sin 2t$ 在 $[0, 2\pi]$ 范围内是正交的。

3.2.3　正交信号集合

假设函数集合 $\{g_i(t)\}(i = 1, 2, 3, \cdots, N)$ 中任何两个信号在 $[t_1, t_2]$ 区间满足：

$$\int_{t_1}^{t_2}g_i(t)g^*_j(t)\mathrm{d}t = \begin{cases} K, & i = j \\ 0, & i \neq j \end{cases} \tag{3-6}$$

称 $\{g_i(t)\}$ 在 $[t_1, t_2]$ 区间内是正交函数集合。其中，K 为有限常数。

3.2.4　完备正交信号函数集合

假设 $\{\cdots, g_{-1}(t), g_0(t), g_1(t), \cdots\}$ 在 $[t_1, t_2]$ 区间有：①集合中任何两个信号相互正交，这样的性质称为正交性；②在集合外没有信号与集合中每个信号都正交，这样的性质称为完备性。当两个性质都满足，则这样的信号集合称为完备正交信号集合。

例如，$\{\cdots, \mathrm{e}^{-2\mathrm{j}\omega_0 t}, \mathrm{e}^{-\mathrm{j}\omega_0 t}, 1, \mathrm{e}^{\mathrm{j}\omega_0 t}, \mathrm{e}^{2\mathrm{j}\omega_0 t}, \cdots\}$ 和 $\{1, \cos\omega_0 t, \sin\omega_0 t, \cos 2\omega_0 t, \sin 2\omega_0 t, \cdots\}$ 在

$[0, \dfrac{2\pi}{\omega_0}]$ 都是完备的正交函数集合。这两个完备正交函数集合是傅里叶级数作信号分解时所选的完备正交函数集合，即信号空间。

3.2.5 周期信号的分解

任何周期信号 $x_T(t)$ 的基波周期为 T，在 $[0, T]$ 内选择 $\{\cdots, g_{-1}(t), g_0(t), g_1(t), \cdots\}$ 是完备正交函数集合。通过证明，$x_T(t)$ 可以描述为完备正交函数集合中每个函数的线性组合，即

$$x_T(t) = \sum_{k=-\infty}^{+\infty} a_k g_k(t) \qquad （3-7）$$

组合系数为

$$a_k = \frac{\displaystyle\int_0^T x_T(t) g^*_k(t) \mathrm{d}t}{\displaystyle\int_0^T g_k(t) g^*_k(t) \mathrm{d}t} \qquad （3-8）$$

证明 Dirichlet 对上面内容作了完整的证明。现在已知式（3-7）的前提下，来推导分解系数的计算公式。由式（3-7）可以得到

$$x_T(t) g_m^*(t) = \sum_{k=-\infty}^{+\infty} a_k g_k(t) g_m^*(t)$$

两边同时积分，有

$$\int_0^T x_T(t) g^*_m(t) \mathrm{d}t = \sum_{k=-\infty}^{+\infty} a_k \int_0^T g_k(t) g_m^*(t) \mathrm{d}t$$

利用正交性，得到组合系数为

$$a_k = \frac{\displaystyle\int_0^T x_T(t) g^*_k(t) \mathrm{d}t}{\displaystyle\int_0^T g_k(t) g^*_k(t) \mathrm{d}t}$$

3.3 连续周期信号的两种傅里叶级数

傅里叶级数谈的主要问题就是周期信号的分解问题。我们首先选择正交函数集合，然后寻找分解系数。根据选择完备正交函数集合的种类不同，傅里叶级数有不同的分类。若选择 $\{e^{jk\omega_0 t}\}(k = -\infty, \cdots, +\infty)$ 为完备的正交函数集合，这样的分解方法称为指数形式的傅里叶级数，若选择 $\{\cos k\omega_0 t, \sin \omega_0 t\}(k = 0, 1, 2, 3, \cdots)$ 为完备的正交函数集合，这样的分解方法称为三角形式的傅里叶级数，傅里叶级数可以简称为 FS。

3.3.1 指数形式的傅里叶级数

假设任何周期信号 $x_T(t)$ 的基波周期为 T，则基波角频率为 $\omega_0 = \dfrac{2\pi}{T}$。在 $[0, T]$ 内，选

择集合 $\left\{\mathrm{e}^{jk\omega_0 t}\right\}(k=-\infty,\cdots,+\infty)$ 是完备正交函数集合，以它们为基本信号对周期信号 $x_T(t)$ 进行分解，分解系数记为 a_k，则将 $x_T(t)=\sum\limits_{k=-\infty}^{+\infty}a_k\mathrm{e}^{jk\omega_0 t}$ 称为指数形式的傅里叶级数。

成谐波关系的复指数完备正交信号集 $\varPhi_k(t)=\{\mathrm{e}^{jk\omega_0 t}\}$ 的特点如下。

其中每个信号都是以 $\dfrac{2\pi}{|k\omega_0|}$ 为周期的，它们的基波周期（公共周期）为 $\dfrac{2\pi}{\omega_0}$，该集合中所有的信号都是彼此独立的，且该集合中所有的信号在任意一个周期范围内相互正交，即

$$\int_0^T \mathrm{e}^{jm\omega_0 t}(\mathrm{e}^{jn\omega_0 t})^*\mathrm{d}t=\begin{cases}0,&m\neq n\\T,&m=n\end{cases}\tag{3-9}$$

根据 3.2 节的知识，我们可以计算 $a_k=\dfrac{1}{T}\int_0^T x_T(t)\mathrm{e}^{-jk\omega_0 t}\mathrm{d}t=\dfrac{1}{T}\int_T x_T(t)\mathrm{e}^{-jk\omega_0 t}\mathrm{d}t$。

通过上述分析，我们可以将周期信号的指数型傅里叶级数和系数公式描述为

$$x_T(t)=\sum_{k=-\infty}^{+\infty}a_k\mathrm{e}^{jk\omega_0 t}\tag{3-10}$$

$$a_k=\frac{1}{T}\int_T x_T(t)\mathrm{e}^{-jk\omega_0 t}\mathrm{d}t\tag{3-11}$$

分解系数中 $a_0=\dfrac{1}{T}\int_T x(t)\mathrm{d}t$ 是信号在一个周期内的平均值，通常称为直流分量，a_1 和 a_{-1} 称为基波分量，a_k 和 a_{-k} 称为 k 次谐波分量。在计算分解系数时，只要积分区间是一个周期或者整数倍周期，对积分区间的起始时刻无特别要求。

指数形式的傅里叶级数表明，连续时间周期信号可以描述为无数多个成谐波关系的复指数信号的加权和，这是一种离散分解，基本信号发生改变的是 $k\omega_0$，是频率的范畴，所以这样的分解是频域的分解。

例 3-2　若 ω_0 为 $x(t)$ 的基波角频率，求 $x(t)=\cos 2\omega_0 t$ 的傅里叶级数。

解

$$x(t)=\cos 2\omega_0 t=\frac{1}{2}\mathrm{e}^{j2\omega_0 t}+\frac{1}{2}\mathrm{e}^{-j2\omega_0 t}$$

显然该信号中，只有二次谐波分量 $a_{\pm 2}=\dfrac{1}{2}$，其余分量为 0。

例 3-3　若 ω_0 为 $x(t)$ 的基波角频率，求 $x(t)=\cos\omega_0 t+2\cos 2\omega_0 t$ 的傅里叶级数。
解

$$x(t)=\cos\omega_0 t+2\cos 2\omega_0 t=\frac{1}{2}\left(\mathrm{e}^{j\omega_0 t}+\mathrm{e}^{-j\omega_0 t}\right)+\mathrm{e}^{j2\omega_0 t}+\mathrm{e}^{-j2\omega_0 t}$$

在该信号中，有两种谐波分量，即 $k=\pm 1,\pm 2$，其分解系数大小为 $a_{\pm 1}=\dfrac{1}{2}$，$a_{\pm 2}=1$，其余分量为 0。

3.3.2 周期信号的频谱

信号集 $\left\{e^{jk\omega_0 t}\right\}(k=-\infty,\cdots,+\infty)$ 中的每一个信号随时间 t 的变化规律都是相似的，差别仅仅是频率不同。在傅里叶级数中，各个信号分量之间的区别在于分解系数（可以是复数）和频率不同。可以用一根线段来表示某个分量的幅度，用线段的位置表示相应的频率。当把周期信号 $x_T(t)$ 表示为傅里叶级数 $x_T(t)=\sum_{k=-\infty}^{\infty}a_k e^{jk\omega_0 t}$ 时，就可以将 a_k 描述为图 3-4 所示的形状，这样的图形称为频谱图。

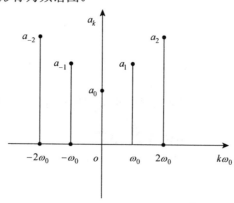

图 3-4　实数频谱图

普通情况下，a_k 为复数，在纵轴上用一根线段是无法完全描述清楚的，需要将其描述为

$$a_k=\left|a_k\right|e^{j\phi_k} \tag{3-12}$$

所以周期信号的频谱图应该分为两个分支，将 $\left|a_k\right|$ 与 ω 的关系描绘的图像称为振幅谱，将 ϕ_k 与 ω 的关系描绘的图像称为相位谱，如图 3-5 所示。

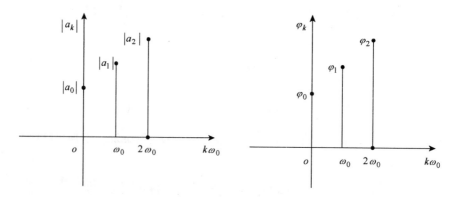

图 3-5　频谱的振幅谱和相位谱

频谱图实际上就是将振幅和相位随频率的分布描述清楚。由于信号的频谱完全代表了信号在频域的特点，研究它的频谱就等于研究信号本身。这种表示信号的方法是频域

表示法的一种，因此傅里叶级数分析法是一种频域分析方法。其中，振幅谱代表在某个离散频率点 $k\omega_0$ 处，信号分解后分量的大小，具有离散的特点，而且具有像质量这样的量纲，而不是密度的量纲。

3.3.3　三角形式傅里叶级数

假设周期信号 $x_T(t)$ 的基波周期为 T，基波角频率为 $\omega_0 = \dfrac{2\pi}{T}$。在 $[0,T]$ 内，若选函数集合 $\{\cos k\omega_0 t, \sin k\omega_0\}(k = 0,1,2,3,\cdots)$ 作为完备正交函数集合来表示周期信号 $x_T(t)$，这样得到的级数形式称为三角形式的傅里叶级数。

成谐波关系的复指数完备正交信号集 $\{\cos k\omega_0 t, \sin k\omega_0\}(k = 0,1,2,3,\cdots)$ 的特点如下。

其中每个信号都是以 $\dfrac{2\pi}{|k\omega_0|}$ 为周期的，它们的基波周期（公共周期）为 $\dfrac{2\pi}{\omega_0}$，该集合中所有的信号都是彼此独立的，在任意一个周期范围内任何两个不同的信号相互正交。

完备正交函数集合的特点为 $\int_{t_1}^{t_2} g_i(t)g_j^*(t)\mathrm{d}t = \begin{cases} 0, & i \neq j \\ K, & i = j \end{cases}$，对于三角形式的完备正交函数集合，此时 K 的情况为

$$K = \int_0^T \cos(k\omega_0 t)\cos(k\omega_0 t)\mathrm{d}t = \int_0^T \sin(k\omega_0 t)\sin(k_0 t)\mathrm{d}t = \frac{T}{2}, k \neq 0 \tag{3-13}$$

$$K = \int_0^T \mathrm{d}t = T, k = 0$$

根据以上分析，三角形式的傅里叶级数可以描述为

$$x(t) = \sum_{k=0}^{\infty}(b_k \cos k\omega_0 t + c_k \sin k\omega_0 t) \tag{3-14}$$

其分解系数为

$$b_0 = \frac{1}{T}\int_T x_T(t)\mathrm{d}t$$
$$b_k = \frac{2}{T}\int_0^T x_T(t)\cos k\omega_0 t\mathrm{d}t = \frac{2}{T}\int_T x_T(t)\cos k\omega_0 t\mathrm{d}t, k \neq 0 \tag{3-15}$$

$$c_0 = 0, k = 0$$
$$c_k = \frac{2}{T}\int_0^T x_T(t)\sin k\omega_0 t\mathrm{d}t = \frac{2}{T}\int_T x_T(t)\sin k\omega_0 t\mathrm{d}t, k \neq 0 \tag{3-16}$$

其中，b_0 为直流分量；b_k 和 c_k 分别称为 k 次谐波的余弦分量系数和正弦分量系数。对于式（3-14）还可以理解为 $x(t) = \sum_{k=0}^{\infty} A_k \cos(k\omega_0 t + \varphi_k)$。

对于同一个连续周期信号，既可以用指数形式的傅里叶级数来描述，也可以用三角形式的傅里叶级数来描述，现在来讨论二者之间的关系。

$$x_T(t) = \sum_{k=-\infty}^{\infty} a_k e^{jk\omega_0 t} = a_0 + \sum_{k \neq 0} a_k e^{jk\omega_0 t}$$

$$= a_0 + \sum_{k=1}^{\infty} (a_k + a_{-k})\cos k\omega_0 t + j\sum_{k=1}^{\infty} (a_k - a_{-k})\sin k\omega_0 t$$

将 a_k 的实部记为 B_k，a_k 的虚部记为 C_k，即

$$a_k = B_k + jC_k \tag{3-17}$$

当 $x_T(t)$ 为实数信号时，$a_k = a^*_{-k}$，所以三角形式傅里叶级数也可描述为

$$x_T(t) = a_0 + 2\sum_{k=1}^{\infty} (B_k \cos k\omega_0 t - C_k \sin k\omega_0 t) \tag{3-18}$$

比较上述两种三角形式傅里叶级数系数描述方法，有

$$b_0 = a_0, \quad b_k = 2B_k, \quad c_k = -2C_k \tag{3-19}$$

选择成谐波关系的三角函数对周期信号进行分解时，$b_0 = a_0$ 是直流分量，$b_k = 2B_k$ 是 k 次谐波的余弦分量，$c_k = -2C_k$ 是 k 次谐波的正弦分量，$\sqrt{b_k^2 + c_k^2}$ 是 k 次谐波的振幅谱。

通过上述分析，两者级数形式可以相互转换。因为指数形式的傅里叶级数的公式和性质容易计算，所以主要考虑指数形式。在绘制频谱图时，指数形式中 k 应该为 $-\infty \sim +\infty$，三角形式应该为 $0 \sim +\infty$。

当我们把傅里叶级数理解为时域和离散的频域之间建立的某种映射时，我们可以将傅里叶级数描述为

$$x_T(t) \leftrightarrow a_k \tag{3-20}$$

3.3.4 两个重要的周期信号的傅里叶级数

1. 周期门（矩形）信号的傅里叶级数

图 3-6 所示的周期门信号可以描述为 $x_T(t) = \sum_{m=-\infty}^{+\infty} G_\tau(t - mT)$，现在利用定义来计算其傅里叶级数系数。

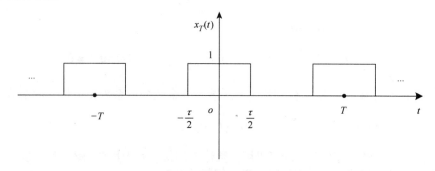

图 3-6　周期门信号

$$a_k = \frac{1}{T}\int_{-\frac{T}{2}}^{\frac{T}{2}} x_T(t)\mathrm{e}^{-\mathrm{j}k\omega_0 t}\mathrm{d}t = \frac{1}{T}\int_{-\frac{\tau}{2}}^{\frac{\tau}{2}} x_T(t)\mathrm{e}^{-\mathrm{j}k\omega_0 t}\mathrm{d}t = -\frac{1}{\mathrm{j}k\omega_0 T}\mathrm{e}^{-\mathrm{j}k\omega_0 t}\Big|_{-\frac{\tau}{2}}^{\frac{\tau}{2}} = \frac{2\sin\frac{k\omega_0 \tau}{2}}{k\omega_0 T}$$

$$= \frac{\tau}{T}\mathrm{Sa}(\frac{k\omega_0 \tau}{2}) = \frac{\tau}{T}\mathrm{sinc}(\frac{\tau}{T}k)$$

所以，周期门信号的傅里叶级数变换对为

$$x_T(t) = \sum_{m=-\infty}^{+\infty} G_\tau(t-mT) \leftrightarrow a_k = \frac{\tau}{T}\mathrm{Sa}(\frac{k\omega_0 \tau}{2}) \qquad (3\text{-}21)$$

根据式（3-21）可以绘制出周期门信号的频谱 a_k 的图形，应该是取样函数的离散化，如图 3-7 和图 3-8 所示。图 3-7 描述的是门宽 τ 不变，从上到下，周期 T 呈 2 倍增加的三幅频谱图。图 3-8 描述的是周期 T 不变，门宽 τ 依次减少一半后，频谱发生的改变情况。通过这两幅图，可以看到周期信号参数对频谱的影响。

（1）当门宽 τ 不变，周期 T 改变。τ 不变，主瓣宽度不变，旁瓣宽度不变，频谱包络的形状不变。随 T 增加，谱线间隔 ω_0 变小，幅度下降，包络主瓣内包含的谐波分量数增加。

（2）当周期 T 不变，门宽 τ 改变。周期不变，谱线间隔 ω_0 不变。τ 改变，主瓣宽度和旁瓣宽度改变。当 τ 减小，谱线幅度下降。频谱的包络改变，包络主瓣变宽。主瓣内包含的谐波数量也增加。

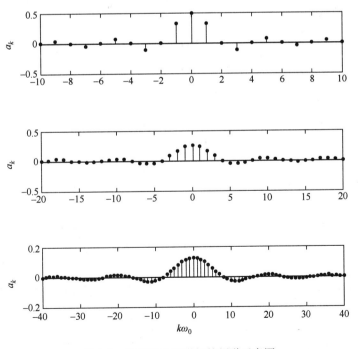

图 3-7　周期呈 2 倍增加的频谱示意图

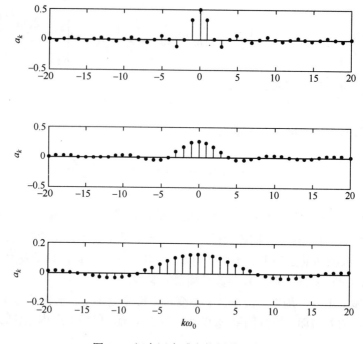

图 3-8　门宽逐步减半的频谱示意图

2. 周期冲激串的傅里叶级数

$x_T(t) = \delta_T(t) = \displaystyle\sum_{m=-\infty}^{+\infty} \delta(t-mT)$，其波形如图 3-9（a）所示，其傅里叶级数为

$$a_k = \frac{1}{T}\int_{-\frac{T}{2}}^{\frac{T}{2}} \sum_{m=-\infty}^{+\infty} \delta(t-mT)\mathrm{e}^{-jk\omega_0 t}\mathrm{d}t = \frac{1}{T}\int_{-\frac{T}{2}}^{\frac{T}{2}} \delta(t)\mathrm{d}t = \frac{1}{T}$$

所以，周期冲激串的傅里叶级数变换对为

$$\sum_{m=-\infty}^{\infty} \delta(t-mT) \leftrightarrow a_k = \frac{1}{T} \tag{3-22}$$

其频谱图如图 3-9（b）所示。

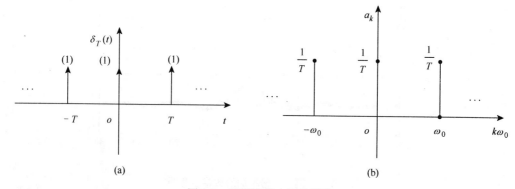

图 3-9　周期冲激串及其频谱

以上两个例子是根据傅里叶级数的定义来计算的，这种方法称为解析的方法。在该方法中注意任意一个周期来进行积分时需将周期信号转换成一个周期内的表达式来进行积分。在上面的两个例子中，我们得到的两个 FS 对以后其他 FS 的计算有很大的帮助。

3.3.5　连续周期信号频谱的特点

通过上述两个实际的例子，我们发现周期信号的频谱有下面三个特点。

（1）离散性。对于任何时域是周期的信号，在进行傅里叶级数分析时，都是在频域进行的离散分解，所以信号频谱结构具有离散的特性。

（2）谐波性。谐波性是对离散性特点的具体化。频谱结构不是随意的离散，而是只存在 $k\omega_0$ 这些频率点上，离散频谱结构中相邻谱线的间隔为基波角频率 ω_0。

（3）收敛性。对于功率有限的信号，其频谱结构应该具有收敛性，也就是随 k 趋于无穷时，振幅谱应该趋于 0。这一特点在周期门信号的频谱结构中很容易看到。

3.3.6　连续周期信号的带宽

严格意义来讲，从频域来看，若将周期信号的功率全部考虑，大多类型的周期信号的带宽一般为无穷。但是若要传输每一个周期信号，都用无穷大的带宽来传输，很浪费资源。我们可以用下面近似的方法来处理。

第一种方法，可以通过频谱的幅值来限制。若某个序号后频谱的振幅谱小于某个阈值，以后的振幅谱就不考虑了，这样就将带宽限制在某个有限的范围。

第二种方法，可以通过功率来限制。若某个序号以后的功率小于某个阈值，以后的功率就不考虑了，这样也可将带宽限制在某个有限的范围。

3.4　连续时间傅里叶级数的收敛性

本节来研究用傅里叶级数表示周期信号的存在性问题，即满足什么条件的周期信号存在傅里叶级数。

3.4.1　傅里叶级数是对信号的最佳近似

若 $x_T(t)$ 以 T 为周期，基波角频率 $\omega_0 = \dfrac{2\pi}{T}$，其 FS 形式为 $x_T(t) = \displaystyle\sum_{k=-\infty}^{+\infty} a_k \mathrm{e}^{jk\omega_0 t}$。用有限个谐波分量来近似描述 $x_T(t)$ 时，有

$$x_N(t) = \sum_{k=-N}^{N} a_k \mathrm{e}^{jk\omega_0 t} \tag{3-23}$$

其误差为

$$e_N(t) = x_T(t) - x_N(t) \tag{3-24}$$

以均方误差最小作为衡量的准则，其均方误差为

$$E_N(t) = \frac{1}{T}\int_T |e_N(t)|^2\, dt = \frac{1}{T}\int_T |x(t) - x_N(t)|^2\, dt$$

$$= \frac{1}{T}\int_T \left[x_T(t) - \sum_{k=-N}^{N} a_k e^{jk\omega_0 t} \right]\left[x_T(t) - \sum_{k=-N}^{N} a_k e^{jk\omega_0 t} \right]^* dt$$

令 $a_k = A_k e^{j\theta_k}$，假设 $b_k = \int_T x_T(t)e^{-jk\omega_0 t}\, dt = B_k e^{j\varphi_k}$，于是有

$$E_N = \frac{1}{T}\int_T |x_T(t)|^2\, dt + \sum_{k=-N}^{N} a_k a_k^* - \sum_{k=-N}^{N} a_k b_k^* - \sum_{k=-N}^{N} b_k a_k^*$$

$$= \frac{1}{T}\int_T |x_T(t)|^2\, dt + \sum_{k=-N}^{N} A_k^2 - 2\sum_{k=-N}^{N} A_k B_k \cos(\theta_k - \varphi_k)$$

现在考虑 $a_k = A_k e^{j\theta_k}$ 在什么情况下 E_N 最小。

根据 $\dfrac{\partial E_N}{\partial \theta_k} = 0$，得到 $\theta_k = \varphi_k$；根据 $\dfrac{\partial E_N}{\partial A_k} = 0$，得到 $A_k = B_k$。所以，当 $a_k = b_k = \int_T x_T(t)e^{-jk\omega_0 t}\, dt$ 时，E_N 最小。

在均方误差最小的准则下，此时 a_k 应满足：

$$a_k = \frac{1}{T}\int_T x_T(t)e^{-jk\omega_0 t}\, dt \tag{3-25}$$

结论：在均方误差最小的准则下，傅里叶级数是对周期信号的最佳近似。

3.4.2　傅里叶级数的收敛性

傅里叶级数收敛的两层含义：第一，已知时域周期信号 $x_T(t)$，傅里叶级数 a_k 是否存在；第二，傅里叶级数是否收敛于 $x_T(t)$。

对于第二个问题，我们在上面已经解决了。对于第一个问题，直到现在我们也没有找到傅里叶级数存在的充分必要条件，现在已有的都是充分条件，傅里叶级数的充分条件如下。

1. 平方可积条件

如果 $\int_T |x_T(t)|^2\, dt < \infty$，则 a_k 必存在，即 $x_T(t)$ 为功率有限，a_k 一定存在。

2. Dirichlet 条件

傅里叶级数能够得到学界的认可和推广，Dirichlet 做了很重要的工作。他首先给出了傅里叶级数的充分条件。

（1）$\int_T |x_T(t)|\, dt < \infty$，则 a_k 必存在，即在任何周期内信号绝对可积，a_k 一定存在。

因为 $|a_k| \leq \dfrac{1}{T}\int_T |x_T(t)e^{-jk\omega_0 t}|\, dt = \dfrac{1}{T}\int_T |x_T(t)|\, dt < \infty$，所以信号绝对可积就保证了 a_k 的存在。

（2）在任何有限区间内，只有有限个极值点，且极值为有限值，这样的周期信号存在傅里叶级数。

（3）在任何有限区间内，只有有限个第一类间断点，这样的周期信号存在傅里叶级数。

这些充分条件并不完全等价，它们都可以作为傅里叶级数收敛的充分条件。相当广泛的信号都能满足这两组条件中的一组，因而用傅里叶级数表示周期信号具有比较的普遍适用性。几个不满足 Dirichlet 条件的信号，如图 3-10 所示，这些信号的 FS 不存在。

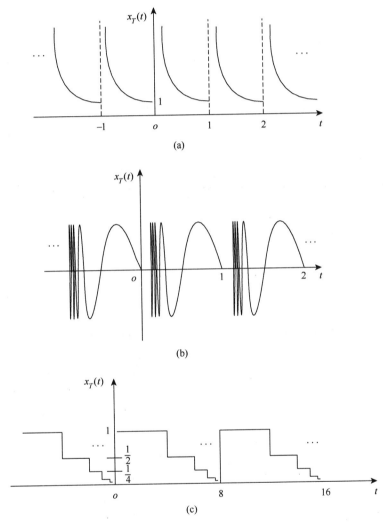

图 3-10　几种不存在傅里叶级数的信号

3.4.3　Gibbs 现象

满足 Dirichlet 条件的信号，其傅里叶级数是如何收敛于 $x_T(t)$ 的？当 $x_T(t)$ 具有间断点时，在间断点附近，收敛过程有何特点？1898 年，美国物理学家 Michelson 做了一台谐波分析仪。该仪器可以计算任何一个周期信号的傅里叶级数截断到 N 的近似式，其中，N 可以算到 80。然而当观察方波时，N 次叠加后不连续点附近部分呈现出起伏的现象，而且这个起伏的峰值大小似乎不随 N 的增大而下降！他将这一问题写了一封信给著名的数学物理学家 Gibbs，Gibbs 研究了这一结果，并于 1899 年发表了他的看法。Gibbs 证明，情况确实是这样，而且也应该这样。若不连续处的高度为 1，则部分和所呈现的峰值的最大值是的 1.09，即有 9%的超量。无论 N 取多大，这个超量不变。随着 N 的增加，部分和的起伏就向不连续点处压缩，但是对任何有限的 N，起伏的峰值大小保持不变，这就是 Gibbs 现象。现在关于该现象的证明可以借助于MATLAB 来仿真。

用有限次谐波分量来近似描述 $x_T(t)$ 时，有

$$x_N(t) = \sum_{k=-N}^{N} a_k e^{jk\omega_0 t} \tag{3-26}$$

下面通过计算机来仿真 N 分别等于 1、3、7、19、100 的叠加情况，如图 3-11 所示。

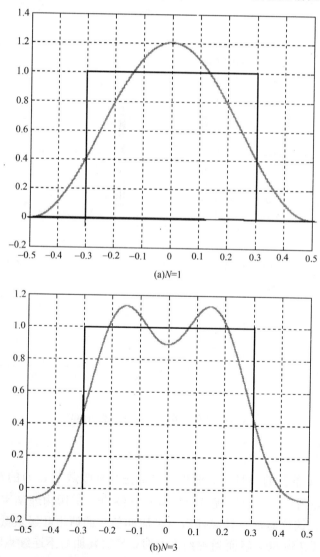

(a)$N=1$

(b)$N=3$

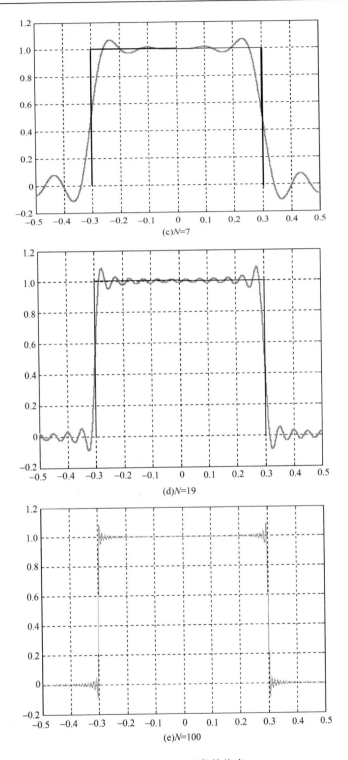

图 3-11　Gibbs 现象的仿真

在该仿真中，我们也能看到在数学上定义第一类间断点函数值的正确性。例如，对

于 $u(t)$ 在 0 时刻跳变，$u(0) = \frac{1}{2}[u(0^-) + u(0^+)] = \frac{1}{2}$。在上述仿真中，$t = 0.3$ 时刻正好具有这样的特点。

3.5 连续时间傅里叶级数的性质

在前面时域分析法中，学习卷积和卷和的时候，我们理解了性质和公式对计算带来的方便。从现在开始，我们将看到变换域分析法中，每种变换的性质和公式也会对分析问题带来方便。更重要的是要能灵活应用这些公式和性质。先假设 $x_T(t)$ 和 $y_T(t)$ 都是以 T 为周期的连续信号，基波角频率为 $\omega_0 = \frac{2\pi}{T}$，且 $x_T(t) \leftrightarrow a_k$，$y_T(t) \leftrightarrow b_k$。

1. 线性性

已知 $x_T(t) \leftrightarrow a_k, y_T(t) \leftrightarrow b_k$，则

$$Ax_T(t) + By_T(t) \leftrightarrow Aa_k + Bb_k \qquad (3-27)$$

即周期相同的时域信号线性组合，则傅里叶级数系数也发生相应的线性组合，只要组合系数和 t 无关。

2. 时移性

$$x_T(t \pm t_0) \leftrightarrow b_k = a_k \mathrm{e}^{\pm jk\omega_0 t_0} \qquad (3-28)$$

证明 $x_T(t)$ 是以 T 为周期，发生时移后，周期和基波角频率不会改变。

$$b_k = \frac{1}{T}\int_T x_T(t \pm t_0)\mathrm{e}^{-jk\omega_0 t}\mathrm{d}t = \frac{1}{T}\int_T x_T(\tau)\mathrm{e}^{-jk\omega_0\tau}\mathrm{e}^{\pm jk\omega_0 t_0}\mathrm{d}\tau = a_k \mathrm{e}^{\pm jk\omega_0 t_0}$$

3. 时域反折

$$x_T(-t) \leftrightarrow b_k = a_{-k} \qquad (3-29)$$

证明 $x_T(t)$ 是以 T 为周期，发生反折后，周期和基波角频率不会改变。

$$b_k = \frac{1}{T}\int_T x_T(-t)\mathrm{e}^{-jk\omega_0 t}\mathrm{d}t = \frac{1}{T}\int_T x_T(\tau)\mathrm{e}^{jk\omega_0\tau}\mathrm{d}\tau = a_{-k}$$

时域反折性质说明：时域反折后，从频域来看，级数系数反折。

4. 尺度变换

$x_T(t)$ 是以 T 为周期，发生尺度变换后得到 $x_{T'}(at)$。$x_{T'}(at)$ 仍为周期信号，其周期为 $T' = \frac{T}{|a|}$，基波角频率 $\omega_0' = |a|\omega_0$，则

$$x_{T'}(at) \leftrightarrow b_k = \begin{cases} a_k, & a > 0 \\ a_{-k}, & a < 0 \end{cases} \qquad (3-30)$$

证明

$$x_{T'}(at) \leftrightarrow b_k = \frac{|a|}{T} \int_{\frac{T}{|a|}} x_{T'}(at) e^{-jk|a|\omega_0 t} dt$$

令 $at = \tau$，在 $a<0$ 的条件下进行证明。$a<0$，则

$$b_k = \frac{-a}{T} \int_0^{\frac{T}{a}} x_{\frac{T}{a}}(at) e^{jka\omega_0 t} dt \stackrel{at=\tau}{=} \frac{-a}{T} \int_0^{-T} x_T(\tau) e^{jk\omega_0 \tau} \frac{1}{a} d\tau$$

$$= \frac{1}{T} \int_0^T x_T(\tau) e^{jk\omega_0 \tau} d\tau = a_{-k}$$

同理，在 $a>0$ 的条件下可以得到 $b_k = a_k$。

由于 $x_T(t)$ 和其尺度变换后的信号 $x_{T'}(at)$ 的周期不同，基波角频率不同，所以它们频谱间隔不同。也就是说，相同 k 序号时，频谱所在的位置是不一样的。所以在 $a>0$ 的条件下，时域尺度变换后频域特点为 $b_k = a_k$，只代表相同序号的频谱值一样，但每根谱线在横轴所处的位置是不同的。鉴于此，为了容易理解该性质，可以将 FS 描述为

$$x_T(t) \leftrightarrow X(k\omega_0) \tag{3-31}$$

这样，在频域以 $k\omega_0$ 为变量，就可以看到傅里叶级数既与 k 有关，也与 ω_0 有关。

另外，$a<0$ 时，时域有反折，所以频域也出现了反折，即 $b_k = a_{-k}$。

根据上述性质，可以得到信号分析的一个重要思想：时域压缩，频域扩张；时域扩张，频域压缩。

5. 时域相乘

若 $x_T(t)$ 和 $y_T(t)$ 有相同的周期，则 $x_T(t)y_T(t)$ 也是以 T 为周期，则

$$x_T(t)y_T(t) \leftrightarrow c_k = \sum_{m=-\infty}^{+\infty} a_m b_{k-m} = a_k * b_k \tag{3-32}$$

证明

$$x_T(t)y_T(t) \leftrightarrow c_k$$

$$c_k = \frac{1}{T} \int_T x_T(t) y_T(t) e^{-jk\omega_0 t} dt = \frac{1}{T} \int_T \sum_{m=-\infty}^{+\infty} a_m e^{jm\omega_0 t} y_T(t) e^{-jk\omega_0 t} dt$$

$$c_k = \frac{1}{T} \sum_{m=-\infty}^{\infty} a_m \int_T y_T(t) e^{-j(k-m)\omega_0 t} dt = \sum_{m=-\infty}^{\infty} a_m b_{k-m}$$

利用离散序列的卷和定义：

$$x_T(t).y_T(t) \leftrightarrow c_k = \sum_{m=-\infty}^{+\infty} a_m b_{k-m} = a_k * b_k$$

此性质蕴涵了信号分析的一个重要的思想：时域相乘，频域相卷；同理，时域相卷，频域相乘。

6. 共轭对称性

若 $x_T(t)$ 是以 T 为周期的信号，且 $x_T(t) \leftrightarrow a_k$，则

$$x_T^*(t) \leftrightarrow a_{-k}^* \qquad (3\text{-}33)$$

证明 由 $x_T(t) = \displaystyle\sum_{k=-\infty}^{+\infty} a_k \mathrm{e}^{jk\omega_0 t}$ 两边取共轭，则

$$x_T^*(t) = \sum_{k=-\infty}^{+\infty} a_k^* \mathrm{e}^{-jk\omega_0 t} = \sum_{k=-\infty}^{+\infty} a_{-k}^* \mathrm{e}^{jk\omega_0 t}.$$

根据傅里叶级数的思想，得到 $x_T^*(t)$ 。

根据上述结论，有下面一些特殊情况。

1）$x_T(t)$ 为实信号时，a_k 的特点

因为 $x_T(t)$ 为实信号，即 $x_T(t) = x_T^*(t)$ ，所以

$$a_k = a_{-k}^* \text{ 或 } a_k^* = a_{-k} \qquad (3\text{-}34)$$

令 $a_k = A_k \mathrm{e}^{j\varphi_k}$ ，有 $A_k = A_{-k}$ ，$\varphi_k = \varphi_{-k}$ ，说明 a_k 的模关于 k 偶对称，幅角关于 k 奇对称。

2）$x_T(t)$ 为实信号且具有某种对称性时，a_k 的特点

$$a_k = \frac{1}{T} \int_T x_T(t) \mathrm{e}^{-jk\omega_0 t} \mathrm{d}t = \frac{1}{T} \int_T x_T(t) \cos k\omega_0 t \mathrm{d}t - j \frac{1}{T} \int_T x_T(t) \sin k\omega_0 t \mathrm{d}t$$

（1）当 $x_T(t)$ 是实偶信号时，a_k 是实偶函数，则

$$a_k = \frac{1}{T} \int_{-\frac{T}{2}}^{\frac{T}{2}} x_T(t) \mathrm{e}^{-jk\omega_0 t} \mathrm{d}t = \frac{2}{T} \int_0^{\frac{T}{2}} x_T(t) \cos k\omega_0 t \mathrm{d}t$$

表明：偶实信号的 a_k 是实函数，利用式（3-34），有 $a_k = a_{-k}$ 。所以 a_k 是实偶函数。

（2）当 $x_T(t)$ 是奇实信号时，a_k 是虚奇函数，则

$$a_k = \frac{1}{T} \int_{-\frac{T}{2}}^{\frac{T}{2}} x_T(t) \mathrm{e}^{-jk\omega_0 t} \mathrm{d}t = \frac{-2j}{T} \int_0^{\frac{T}{2}} x_T(t) \sin k\omega_0 t \mathrm{d}t$$

表明：奇实信号的 a_k 是虚函数。利用式（3-34），有 $a_k = -a_{-k}$ 。所以 a_k 是虚奇函数。

（3）当 $x_T(t)$ 为实信号且是半波奇对称信号时，a_k 只存在奇数分量。从时域来看，半波奇对称信号的特点为

$$x_T(t) = -x_T\left(t \pm \frac{T}{2}\right) \qquad (3\text{-}35)$$

从频域来看，则 k 为偶数时 $a_k = 0$ ，频谱只存在奇次谐波分量，所以称为奇谐信号。

现在来证明当 $x_T(t)$ 为实信号时，时域的半波奇对称和频域的奇谐信号是等价的。

证明

$$x_T(t) \leftrightarrow a_k$$

$$x_T\left(t + \frac{T}{2}\right) \leftrightarrow b_k = a_k \mathrm{e}^{jk\omega_0 \frac{T}{2}} = a_k \mathrm{e}^{jk\pi} = (-1)^k a_k$$

$$x_T(t) = -x_T\left(t + \frac{T}{2}\right)$$

$$b_k = (-1)^k a_k = -a_k$$

所以，k 为偶数时，$a_k = 0$ 。

7. Parseval 功率定理

周期信号的能量无穷，功率有限。**Parseval** 功率定理指出：周期信号的功率可以从时域来定义，也可以从频域来定义，其内容如下：

$$P = \frac{1}{T} \int_T |x_T(t)|^2 \, dt = \sum_{k=-\infty}^{+\infty} |a_k|^2 \qquad (3\text{-}36)$$

证明 已知 $x_T(t) \leftrightarrow a_k$，有

$$x_T(t) = \sum_{k=-\infty}^{+\infty} a_k e^{jk\omega_0 t}$$

$$P = \frac{1}{T} \int_T |x_T(t)|^2 \, dt = \frac{1}{T} \int_T \left| \sum_{k=-\infty}^{+\infty} a_k e^{jk\omega_0 t} \right|^2 \, dt$$

利用 $\{e^{jk\omega_0 t}\}$（$k = -\infty, \cdots, +\infty$）的正交性，有 $n \neq m, \int_T e^{jm\omega_0 t} e^{jn\omega_0 t} \, dt = 0$，$\int_T e^{jk\omega_0 t} e^{jk\omega_0 t} \, dt = T$，所以

$$P = \frac{1}{T} \int_T |x_T(t)|^2 \, dt = \frac{1}{T} \int_T \sum a_k e^{jk\omega_0 t} \sum a_m^* e^{-jk\omega_0 t} \, dt = \frac{1}{T} \sum_{k=-\infty}^{\infty} a_k a_k^* \int_0^T dt = \sum |a_k|^2$$

表明：信号的功率从时域来看是信号模的平方在一个周期的平均值，从频域来看也等于它所有谐波分量模的平方的积累（和）。

8. 时域微积分性

$$x_T{}^{(m)}(t) \leftrightarrow (jk\omega_0)^m a_k \qquad (3\text{-}37)$$

证明 $x(t) = \sum_{k=-\infty}^{\infty} a_k e^{jk\omega_0 t}$，两边同时微分 m 次，有

$$x_T{}^{(m)}(t) = \sum_{k=-\infty}^{\infty} (jk\omega_0)^m a_k e^{jk\omega_0 t}$$

根据对应位置的物理意义相等的关系，得到

$$x_T{}^{(m)}(t) \leftrightarrow (jk\omega_0)^m a_k$$

上述一系列的性质主要研究时域发生某种变换，频域将发生怎样的影响，或者讨论频域发生某种变化，时域将发生怎样的影响，从而将时域和频域两个空间的特点联系起来。所以信号可以从时域和频域两个方面来认识和理解，当把这种思想用于系统分析时，系统即可以用时域分析，又可以用频域分析。

通过上述傅里叶级数性质的研究，可以类推出下述信号分析理论的结论。

（1）时域压缩，频域扩张；时域扩张，频域压缩。

（2）时域反折，频域反折；频域反折，时域反折。

（3）时域相乘，频域相卷；时域相卷，频域相乘。

（4）时域的周期化，频域的离散化；时域的离散化，频域的周期化。

这些结论,无论在离散信号的分析还是在连续信号的分析,都具有很重要的指导意义。

3.6 连续周期信号的傅里叶级数的计算

已知周期信号 $x_T(t)$,求解 a_k 的过程称为周期信号的傅里叶级数的计算。计算的方法有下面几种。

3.6.1 根据定义计算

已知 $x_T(t)$,代入

$$a_k = \frac{1}{T}\int_T x_T(t)\,\mathrm{e}^{-jk\omega_0 t}\mathrm{d}t$$

从而计算傅里叶级数。

在前面讲解 FS 两个重要公式时,就采用了这样的方法来计算。该方法可能面临较多的积分运算。

3.6.2 利用常用信号的傅里叶级数公式和性质来计算

利用已经建立的两个级数公式以及傅里叶级数的性质,可以完成很多周期信号的傅里叶级数系数的计算。其中,用到的性质主要有线性性和时移性,用到的两个主要公式为

$$\sum_{m=-\infty}^{\infty}\delta(t-mT)\leftrightarrow a_k=\frac{1}{T}$$

$$\sum_{m=-\infty}^{\infty}AP_\tau(t-mT)\leftrightarrow a_k=\frac{A\tau}{T}\mathrm{Sa}\left(\frac{k\omega_0\tau}{2}\right)$$

例 3-4 已知 $x_T(t)$ 的波形如图 3-12 所示,计算傅里叶级数。

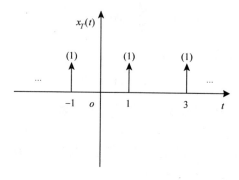

图 3-12 例 3-4 图

解 时域周期信号的周期 $T=2,\omega_0=\dfrac{2\pi}{T}=\pi$, $x_T(t)=\displaystyle\sum_{m=-\infty}^{\infty}\delta(t-2m-1)$,根据公式,有

$$\sum_{m=-\infty}^{\infty}\delta(t-2m)\leftrightarrow b_k=\frac{1}{2}$$

根据时间移动性，有

$$\sum_{m=-\infty}^{\infty}\delta(t-2m-1)\leftrightarrow a_k=b_k\mathrm{e}^{-jk\omega_0}=\frac{1}{2}\mathrm{e}^{-jk\pi}=\frac{1}{2}(-1)^k$$

例 3-5　已知 $x_T(t)$ 的波形如图 3-13 所示，计算傅里叶级数。

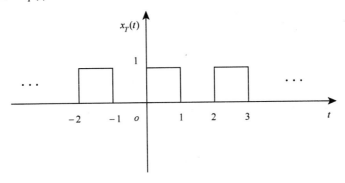

图 3-13　例 3-5 图

解

$$u(t)-u(t-1)=G_1\left(t-\frac{1}{2}\right)$$

$$x_T(t)=\sum_{m=-\infty}^{\infty}(u(t-2m)-u(t-1-2m))=\sum_{m=-\infty}^{+\infty}G_1\left(t-2m-\frac{1}{2}\right)$$

信号周期 $T=2,\omega_0=\dfrac{2\pi}{T}=\pi$，根据公式，有

$$x_T(t)\leftrightarrow a_k=\frac{1}{2}\mathrm{Sa}\left(\frac{k\pi}{2}\right)\mathrm{e}^{-jk\frac{\pi}{2}}$$

3.6.3　微分冲激法

若周期信号满足微分冲激法的条件，则可以利用傅里叶级数的微分性质来计算傅里叶级数系数。将这种方法称为用微分冲激法。其理论基础就是傅里叶级数的微积分性质。其思路如下。

若计算

$$x_T(t)\leftrightarrow a_k$$

先思考

$$x^{(m)}{}_T(t)\leftrightarrow b_k=(jk\omega_0)^m a_k$$

所以

$$a_k=\frac{b_k}{(jk\omega_0)^m}\qquad(3\text{-}38)$$

注意：有时需要补充直流等特殊分量的频谱大小。

例 3-6　周期性门信号的波形如图 3-14 所示，利用微分冲激法来计算其傅里叶级数系数。

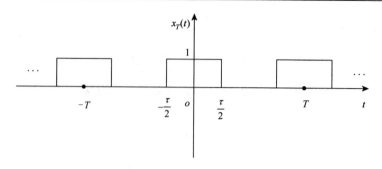

图 3-14 例 3-6 图

解 将 $x_T(t)$ 微分一次得到 $g(t)$，其波形如图 3-15 所示。$g(t)$ 的周期为 T，基波角频率 $\omega_0 = \dfrac{2\pi}{T}$。

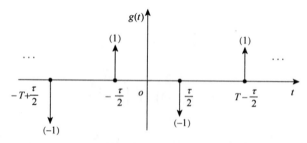

图 3-15 周期门信号的一次微分

$$g(t) = \sum_{m=-\infty}^{\infty} \delta\left(t + \frac{\tau}{2} - mT\right) - \sum_{m=-\infty}^{\infty} \delta\left(t - \frac{\tau}{2} - mT\right)$$

根据单位冲激串的 FS 以及时移性得到

$$g(t) \leftrightarrow b_k = \frac{1}{T}\left(\mathrm{e}^{\frac{\mathrm{j}k\omega_0\tau}{2}} - \mathrm{e}^{-\frac{\mathrm{j}k\omega_0\tau}{2}}\right) = \frac{2\mathrm{j}\sin\left(\dfrac{k\omega_0\tau}{2}\right)}{T}$$

根据微分冲激法的结论，有

$$x_T(t) \leftrightarrow a_k = \frac{b_k}{\mathrm{j}k\omega_0} = \frac{\tau}{T}\mathrm{Sa}\left(\frac{k\omega_0\tau}{2}\right)$$

例 3-7 计算半波余弦信号 $x_T(t)$ 的傅里叶级数，如图 3-16 所示。

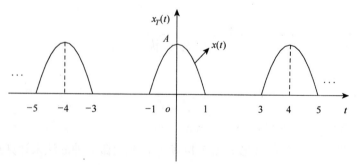

图 3-16 例 3-7 图

解　将 $x_T(t)$ 的中间这个单元记为

$$x(t) = A\cos\frac{\pi}{2}tG_2(t)$$

$$x_T(t) = \sum_{m=-\infty}^{+\infty} x(t-mT)，\quad T=4，\quad \omega_0 = \frac{\pi}{2}$$

先对中间这个单元 $x(t)$ 微分，然后周期拓展就得到 $x'_T(t)$，然后将 $x'_T(t)$ 再微分一次得到 $x''_T(t)$，出现了冲激和原来相似的波形，如图 3-17 所示。所以可以用微分冲激法进行傅里叶级数计算。

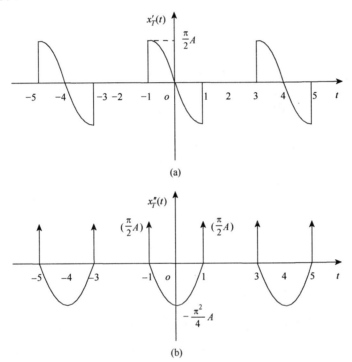

图 3-17　半波余弦信号的一次和二次微分

$$x''_T(t) = \sum_{m=-\infty}^{+\infty} \frac{\pi A}{2}\delta(t-2m-1) - \frac{\pi^2}{4}x_T(t)$$

由于等式右边第一项周期为 2，第二项周期为 4，无法直接用线性性。将右边第一项分解成周期为 4 的两项叠加，就解决了这个问题。

$$x''_T(t) = \sum_{m=-\infty}^{+\infty} \frac{\pi A}{2}\delta(t-4m-1) + \sum_{m=-\infty}^{+\infty} \frac{\pi A}{2}\delta(t-4m+1) - \frac{\pi^2}{4}x_T(t)$$

假设 $x_T(t) \leftrightarrow a_k$，利用冲激串的傅里叶级数公式，对上式两边取傅里叶级数，有

$$(\mathrm{j}k\omega_0)^2 a_k = \frac{\pi A}{2T}(\mathrm{e}^{-\mathrm{j}k\omega_0} + \mathrm{e}^{\mathrm{j}k\omega_0}) - \frac{\pi^2}{4}a_k = \frac{\pi A}{T}\cos k\omega_0 - \frac{\pi^2}{4}a_k$$

将 $T=4, \omega_0=\dfrac{\pi}{2}$ 代入上式，解得

$$a_k = \frac{A}{\pi(1-k^2)} \cos\frac{k\pi}{2}$$

其中，可以单独考虑，$a_1 = a_{-1} = \dfrac{A}{4}$。

3.7 连续周期信号通过 LTI 系统的傅里叶级数分析法

分析的时域模型如图 3-18 所示，系统为线性时不变系统，其单位冲激响应为 $h(t)$，输入为周期信号 $x_T(t)$，现在来求解系统的响应。

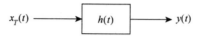

图 3-18 周期信号通过系统的示意图

首先前面学习了无时限的指数信号通过 LTI 系统产生的响应，如图 3-19 所示。

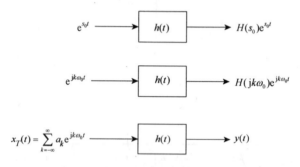

图 3-19 周期信号通过 LTI 系统的 FS 分析框图

已知 $h(t)$，通过第 4 章的 FT 映射为 $H(j\omega)$，或者通过 LT 映射为 $H(s)$。当满足主导条件 $\mathrm{Re}(s_0) > \mathrm{Re}(\lambda_i)$ 时，$\mathrm{e}^{s_0 t} \to y(t) = H(s_0)\mathrm{e}^{s_0 t}$。现在有了周期信号的级数描述方法，即 $x(t) \leftrightarrow a_k$。我们可以来求解响应。

令 $s_0 = jk\omega_0$，主导条件变为 $\mathrm{Re}(\lambda_i) < 0$，利用 FS 的知识有 $x_T(t) = \displaystyle\sum_{k=-\infty}^{+\infty} a_k \mathrm{e}^{jk\omega_0 t}$，FS 展开式中，每项都是时无限的指数信号，所以

$$\mathrm{e}^{jk\omega_0 t} \to H(jk\omega_0)\mathrm{e}^{jk\omega_0 t} \tag{3-39}$$

$$x_T(t) = \sum_{k=-\infty}^{+\infty} a_k \mathrm{e}^{jk\omega_0 t} \to y(t) = \sum_{k=-\infty}^{+\infty} a_k H(jk\omega_0)\mathrm{e}^{jk\omega_0 t} \tag{3-40}$$

$$y(t) \leftrightarrow b_k = a_k H(jk\omega_0) \tag{3-41}$$

结论：周期信号通过线性系统产生的响应仍然是周期信号，输出的周期和输入信号的周期是相同的。该结论正好是《电路理论》中相量法分析交流电路的理论基础。

如何计算产生的周期响应呢？通过上述分析，可以得到如下步骤：

（1）先对输入信号 $x_T(t)$ 进行指数形式的傅里叶级数分析得到 a_k；

（2）寻找系统的 $H(\mathrm{j}\omega)$ 或者 $H(s)$；

（3）通过公式 $b_k = a_k H(s)\big|_{s=\mathrm{j}k\omega_0} = a_k H(\mathrm{j}\omega)\big|_{\omega=k\omega_0}$ 得到输出的周期信号的傅里叶级数；

（4）代入 $y(t) = \displaystyle\sum_{k=-\infty}^{+\infty} a_k H(\mathrm{j}k\omega_0)\mathrm{e}^{\mathrm{j}k\omega_0 t}$，化简得到输出的周期信号。

例 3-8　已知连续系统单位冲激响应 $h(t)$ 映射的频率特性函数为 $H(\mathrm{j}\omega)$，如图 3-20 所示，系统输入为 $x_T(t) = \displaystyle\sum_{m=-\infty}^{+\infty} \delta(t-2m)$，求输出信号及其周期。

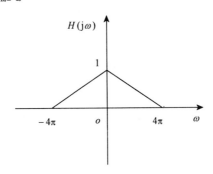

图 3-20　例 3-8 图

解　输入信号的 $T=2, \omega_0 = \pi$，$x_T(t) = \displaystyle\sum_{m=-\infty}^{+\infty} \delta(t-2m) \leftrightarrow a_k = \dfrac{1}{2}$，$H(\mathrm{j}\omega)$ 离散成 $H(\mathrm{j}k\omega_0)$，波形如图 3-21 所示。

$$b_k = a_k H(s)\big|_{s=\mathrm{j}k\omega_0}$$

$$= a_k H(\mathrm{j}\omega)\big|_{\omega=k\omega_0} = \begin{cases} \dfrac{1}{2}, & k=0 \\[2mm] \dfrac{3}{8}, & k=\pm 1 \\[2mm] \dfrac{1}{4}, & k=\pm 2 \\[2mm] \dfrac{1}{8}, & k=\pm 3 \end{cases}$$

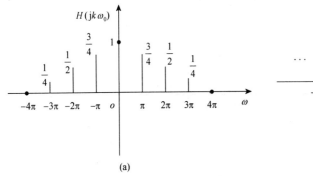

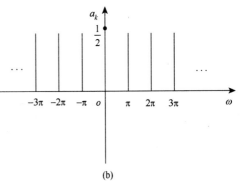

(a)　　　　　　　　　　　　　　　　(b)

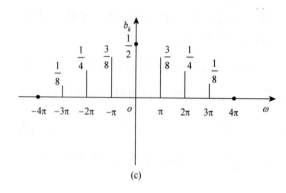

(c)

图 3-21　频谱示意图

$$y(t) = \sum_{k=-\infty}^{+\infty} b_k e^{jk\omega_0 t} = \frac{1}{2} + \frac{3}{8}(e^{j\omega_0 t} + e^{-j\omega_0 t}) + \frac{1}{4}(e^{j2\omega_0 t} + e^{-j2\omega_0 t}) + \frac{1}{8}(e^{j3\omega_0 t} + e^{-j3\omega_0 t})p$$

$$y(t) = \frac{1}{2} + \frac{3}{4}\cos \pi t + \frac{1}{2}\cos 2\pi t + \frac{1}{4}\cos 3\pi t$$

其中，$y(t)$ 是周期的，周期为 $T=2$。

习　题

1. 证明在 $t \in [0,1]$ 范围内，$\cos 3\pi t$ 和 $\sin 4\pi t$ 相互正交。

2. 已知 $x_T(t) = 1 + \cos\frac{\pi}{2}t + \sin\frac{\pi}{6}t$，求基波周期和指数形式傅里叶级数系数，并将 $x_T(t)$ 表示为指数形式的 FS。

3. 已知一实周期信号 $x_T(t)$，基波周期 $T=8$，其指数形式级数正序号非零取值的情况有 $a_0 = 2, a_1 = 1 + j$，$a_2 = -2j$，求信号的指数形式和三角形式傅里叶级数系数。

4. 已知信号 $x(t)$ 的基波周期为 T，基波角频率为 ω_0，$x(t) \leftrightarrow a_k$。计算下列信号的基波周期、基波角频率和指数形式傅里叶级数系数。

（1）$x_1(t) = x(1-t)$；　　　　　（2）$x_2(t) = x(t-1)$；　　　　（3）$x_3(t) = x(1-t) - x(t-1)$；

（4）$x_4(t) = x(1-t)x(t-1)$；　　（5）$x_5(t) = x_2'(t)$；　　　　　（6）$x_6(t) = x(1-2t) + x(2t-1)$。

5. 计算信号的波形如图 3-22 所示，计算各自的傅里叶级数系数 a_k，并单独计算 a_0。

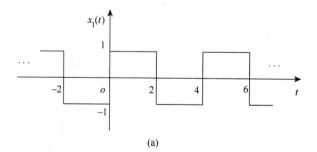

(a)

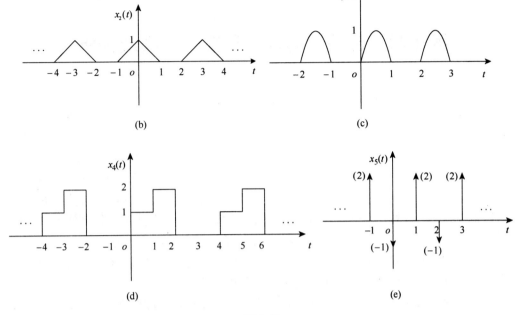

图 3-22

6. 已知 $x_T(t)$ 的傅里叶级数系数为 a_k，并且信号有下列信息，请求出 $x_T(t)$ 的表达式。

（1）$x_T(t)$ 为实信号且周期 $T = 4$；　　　（2）对于 $k = 0$ 和 $k > 2$ 时，$a_k = 0$；

（3）a_k 为实数；　　　　　　　　　　（4）$\int_0^4 \left| x_T(t) \right|^2 \mathrm{d}t = 2$。

7. 已知信号 $x_T(t)$ 有下列信息，请求出 $x_T(t)$ 的表达式。

（1）$x_T(t)$ 为实偶信号，基波角频率 $\omega_0 = 2$；　　（2）$a_k = a_{k+1}$；　　（3）$a_{-1} = 2$。

8. 已知连续 LTI 系统的频率特性函数 $H(\mathrm{j}\omega) = \dfrac{1}{\mathrm{j}\omega + 1}$，试计算下列周期信号通过该系统所产生的零状态响应。

（1）$x_T(t) = \displaystyle\sum_{m=-\infty}^{+\infty} 2\delta(t - 4m)$；　（2）$x_T(t) = \displaystyle\sum_{m=-\infty}^{+\infty} G_2(t - 4m)$；　（3）$x_T(t) = \cos t$；

（4）$x_T(t) = 2$；　　　　　　　（5）$x_T(t) = \cos t + 2\cos 2t$。

9. 连续 LTI 系统的单位冲激响应映射为频率特性函数为 $H(\mathrm{j}\omega) = \begin{cases} 1, & |\omega| \leqslant 130 \\ 0, & |\omega| > 130 \end{cases}$，当系统输入 $x_T(t)$ 为周期信号，其周期 $T = \dfrac{\pi}{3}$ 时，傅里叶级数系数为 a_k，此时系统输出 $y(t) = x_T(t)$，请问 a_k 应该满足怎样的条件，才能保证上面的输入输出关系。

第4章 连续时间信号和系统的频域分析

在第3章，我们从傅里叶的第一个贡献出发，学习了傅里叶级数的相关知识，其分析对象为周期信号。在工程应用中有相当广泛的信号是非周期信号，如何进行变换域分析呢？本章将从傅里叶的第二个贡献——非周期信号的傅里叶变换出发，来分析信号的和系统的频域分析。由于第3章分析的对象是周期信号，本章分析的对象没有约束，可以为任意信号，所以本章的分析方法更普遍，适用的范围更广。当然，周期信号既可以采用傅里叶级数的分析，又可以采用傅里叶变换的分析。傅里叶级数分析的变量是 $k\omega_0$，选用的基本信号是 $e^{jk\omega_0 t}$。傅里叶变换分析的变量是角频率 ω，选用的基本信号为 $e^{j\omega t}$。鉴于此，傅里叶级数是离散的频域分析，傅里叶变换是连续的频域分析。在电子通信专业中，傅里叶变换分析方法是最重要的变换域分析方法。

本章学习的思路是先从傅里叶级数推广到傅里叶变换，从而建立傅里叶正反变换的定义，从定义出发建立傅里叶变换的常用公式和性质，然后将傅里叶分析方法应用于信号和系统的分析。最后用傅里叶变换来分析电子通信中一些特殊的系统和重要的技术。

4.1 傅里叶正反变换的定义

4.1.1 从傅里叶级数推广到傅里叶变换

在时域可以看到，如果一个周期信号的周期趋于无穷大，则周期信号将演变成一个非周期信号；反过来，任何非周期信号如果进行周期性延拓，就一定能形成周期信号。我们把非周期信号看做周期信号在周期趋于无穷大时的极限，从而考查连续时间傅里叶级数在周期趋于无穷大时的变化，就可以得到非周期信号的频域表示方法。

前面学习了图 4-1(a)所示的周期门信号 $\sum_{m=-\infty}^{+\infty} G_\tau(t-mT)$ 的傅里叶级数系数为 $a_k = \dfrac{\tau}{T}$ $\mathrm{Sa}(\dfrac{k\omega_0\tau}{2})$，再次考察其频谱，在图 4-1（b）所示的频谱中，第一个图周期为 T_0，第二个图周期为 $2T_0$，第三个图周期为 $4T_0$，其余参数不变。可以看到，当周期 T_0 增大时，频谱的幅度随 T_0 的增大而下降；谱线间隔 ω_0 随 T_0 的增大而减小，但频谱的包络不变。

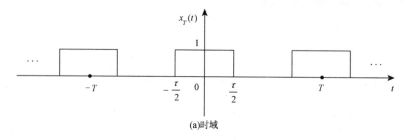

(a)时域

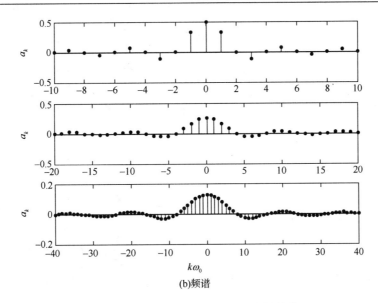

(b)频谱

图 4-1　周期门信号及其周期增大的频谱

现在考虑极限情况，当 $T_0 \to \infty$ 时，由于 $a_k = \dfrac{\tau}{T_0}\dfrac{\sin k\omega_0\tau}{k\omega_0\tau}$ 随 T_0 增大而减小，并最终趋于 0，所以单独考察 a_k 没有意义了。现在考查 $T_0 a_k$ 的变化，它在 $T_0 \to \infty$ 时应该是有限的。于是，我们推断出，当 $T_0 \to \infty$，即 $\omega_0 \to 0$ 时，周期性矩形脉冲信号将演变为非周期的单个矩形脉冲信号，离散的频谱将演变为连续的频谱。

现在以任意信号 $x(t)$ 为研究对象，构成周期为 T 的周期信号 $x_T(t)$，即 $x_T(t) = \displaystyle\sum_{m=-\infty}^{\infty} x(t-mT)$，如图 4-2 所示。

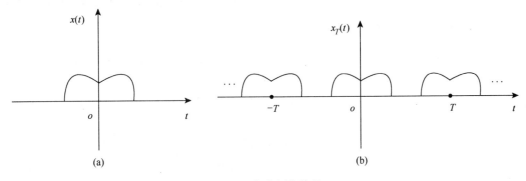

图 4-2　任意周期信号

利用第 3 章的傅里叶级数的定义式：

$$x_T(t) = \sum_{k=-\infty}^{\infty} a_k \mathrm{e}^{jk\omega_0 t}$$

$$a_k = \frac{1}{T}\int_{T_0} x_T(t)\mathrm{e}^{-jk\omega_0 t}\mathrm{d}t$$

$$(4\text{-}1)$$

两边同时取 $T_0 \to \infty$ 的极限，有 $\omega_0 = \dfrac{2\pi}{T_0} \to \mathrm{d}\omega$，$k\omega_0 \to \omega$，$\sum \to \int$，并且引入：

$$X(\mathrm{j}\omega) = \lim_{T_0 \to \infty} T_0 a_k \tag{4-2}$$

根据傅里叶级数系数公式有 $T_0 a_k = \displaystyle\int_{-T_0/2}^{T_0/2} x_T(t)\mathrm{e}^{-\mathrm{j}k\omega_0 t}\mathrm{d}t$，取 $T_0 \to \infty$ 的极限，推出 $X(\mathrm{j}\omega) = \displaystyle\int_{-\infty}^{\infty} x(t)\mathrm{e}^{-\mathrm{j}\omega t}\mathrm{d}t$。

根据傅里叶级数表示

$$x_T(t) = \sum_{k=-\infty}^{\infty} a_k \mathrm{e}^{\mathrm{j}k\omega_0 t} = \sum_{k=-\infty}^{\infty} T_0 a_k \mathrm{e}^{\mathrm{j}k\omega_0 t}\frac{1}{T_0} = \frac{1}{2\pi}\sum_{k=-\infty}^{\infty} T_0 a_k \mathrm{e}^{\mathrm{j}k\omega_0 t}\omega_0$$

两边同时取 $T_0 \to \infty$ 的极限，$\displaystyle\lim_{T \to \infty} x_T(t) = x(t)$，得到 $x(t) = \dfrac{1}{2\pi}\displaystyle\int_{-\infty}^{\infty} X(\mathrm{j}\omega)\mathrm{e}^{\mathrm{j}\omega t}\mathrm{d}\omega$。

通过上面的推导，得到了 $x(t)$ 和 $X(\mathrm{j}\omega)$ 的相互描述，其关系如下：

$$x(t) = \frac{1}{2\pi}\int_{-\infty}^{\infty} X(\mathrm{j}\omega)\mathrm{e}^{\mathrm{j}\omega t}\mathrm{d}\omega \tag{4-3}$$

$$X(\mathrm{j}\omega) = \int_{-\infty}^{\infty} x(t)\mathrm{e}^{-\mathrm{j}\omega t}\mathrm{d}t \tag{4-4}$$

利用数学知识，在上述关系中，将 $x(t)$ 理解为原函数，$X(\mathrm{j}\omega)$ 理解为象函数。上述两个公式建立了二者之间的某种一一映射关系，将这种映射关系称为傅里叶变换关系。

式（4-3）称为傅里叶反变换。此式表明，以虚指数信号 $\mathrm{e}^{\mathrm{j}\omega t}$ 为基本信号，非周期信号可以描述为无数多个频率连续分布、振幅为 $\dfrac{1}{2\pi}X(\mathrm{j}\omega)\mathrm{d}\omega$ 的虚指数信号之和，这种和是一种积分方式，或者看做以虚指数信号 $\mathrm{e}^{\mathrm{j}\omega t}$ 为基本信号对 $x(t)$ 进行的连续分解，分解系数为 $\dfrac{1}{2\pi}X(\mathrm{j}\omega)\mathrm{d}\omega$。这种分解是频域进行的信号分解，而且是连续的分解。

式（4-4）称为傅里叶正变换，其中，$x(t)$ 以时间做变量，属于时域函数，$X(\mathrm{j}\omega)$ 以角频率做变量，属于频域函数。

式（4-3）和式（4-4）组成一组傅里叶变换对，有时为了简化，可以用下面的方法来描述：

$$x(t) \leftrightarrow X(\mathrm{j}\omega)$$
$$X(\mathrm{j}\omega) = \mathscr{F}[x(t)] \tag{4-5}$$
$$x(t) = \mathscr{F}^{-1}[X(\mathrm{j}\omega)]$$

4.1.2 频谱密度

傅里叶变换建立了时域和频域相互之间的映射或转换。所以，我们研究信号时，既可以从时域，又可以从频域。例如，我们可以在时域用示波器来观察信号，也可以在频域用频谱分析仪来观察信号。

在式（4-2）中，$X(\mathrm{j}\omega) = \lim\limits_{T_0 \to \infty} T_0 a_k = \lim\limits_{T_0 \to \infty, f_0 \to 0} \dfrac{a_k}{f_0}$，$X(\mathrm{j}\omega)$ 代表单位频率范围内分解系数的大小，具有频谱随频率分布的物理含义。从而把 $X(\mathrm{j}\omega)$ 称为频谱密度函数，简称频谱密度。a_k 是离散谱，具有质量的单位，$X(\mathrm{j}\omega)$ 是连续谱，具有密度的单位。所以从物理意义来看，a_k 和 $X(\mathrm{j}\omega)$ 是不一样的，具有不同的物理量纲。

将 $x(t)$ 的频谱密度和周期信号 $x_T(t)$ 的傅里叶级数进行对比，有

$$a_k = \left. \frac{X(\mathrm{j}\omega)}{T} \right|_{\omega = k\omega_0} \tag{4-6}$$

表明：周期信号的频谱就是与它相对应的非周期信号频谱密度的样本，同理，非周期信号 $x(t)$ 的频谱就是它所对应的周期信号 $x_T(t)$ 的包络。

一般而言，$X(\mathrm{j}\omega)$ 是复数，可以描述为 $X(\mathrm{j}\omega) = |X(\mathrm{j}\omega)| \mathrm{e}^{\mathrm{j}\varphi(\omega)}$，将振幅 $|X(\mathrm{j}\omega)|$ 和角频率的关系描绘为曲线得到频谱密度的振幅谱，将相位 $\varphi(\omega)$ 和角频率的关系描绘为曲线得到频谱密度的相位谱。

4.1.3 傅里叶变换的收敛性

关于傅里叶变换的存在性同傅里叶级数一样，Dirichlet 也作出了很大的贡献，但是也只寻找到了一些充分条件。既然傅里叶变换的引出是从周期信号的傅里叶级数出发，讨论周期趋于无穷大时的极限得来的，所以傅里叶变换的收敛问题和傅里叶级数的收敛问题是相似的，关于充分条件也有下面的一系列描述方法。

（1）若 $\displaystyle\int_{-\infty}^{\infty} |x(t)|^2 \mathrm{d}t < +\infty$，则 $X(\mathrm{j}\omega)$ 存在。这表明所有能量有限的信号其傅里叶变换一定存在。

（2）Dirichlet 条件。① $x(t)$ 满足绝对可积条件，即 $\displaystyle\int_{-\infty}^{\infty} |x(t)| \mathrm{d}t < +\infty$，则 $X(\mathrm{j}\omega)$ 存在。②在任何有限区间内，$x(t)$ 只有有限个极值点，且极值有限，则 $X(\mathrm{j}\omega)$ 存在。③在任何有限区间内，$x(t)$ 只有有限个第一类间断点，则 $X(\mathrm{j}\omega)$ 存在。

应该指出，这些条件只是傅里叶变换存在的充分条件，这两组条件并不等价。例如，$\dfrac{\sin t}{t}$ 是平方可积的，但是并不绝对可积。

和周期信号的情况一样，当 $x(t)$ 的傅里叶变换存在时，其傅里叶变换在 $x(t)$ 的连续处收敛于信号本身，在间断点处收敛于左右极限的平均值，在间断点附近会产生 Gibbs 现象。

4.2 常用信号的傅里叶变换

现在，假设 $x(t)$ 已知，利用式（4-4）来推导常用一些信号的傅里叶变换，从而得到一系列变换对。这些变换对对我们计算傅里叶正变换和反变换是有帮助的。

4.2.1 常用信号的傅里叶变换

1. $\mathrm{Re}(a)>0$ ，$\mathrm{e}^{-at}u(t)$ 的傅里叶变换

$$\mathrm{Re}(a)>0, \quad X(\mathrm{j}\omega)=\int_{-\infty}^{\infty}\mathrm{e}^{-at}u(t)\mathrm{e}^{-\mathrm{j}\omega t}\mathrm{d}t=\int_{0}^{\infty}\mathrm{e}^{-(\mathrm{j}\omega+a)t}\mathrm{d}t=\frac{1}{\mathrm{j}\omega+a}$$

$$\mathrm{Re}(a)>0, \quad \mathrm{e}^{-at}u(t)\leftrightarrow\frac{1}{\mathrm{j}\omega+a} \tag{4-7}$$

当 $\mathrm{Re}(a)<0$ 时，$x(t)=\mathrm{e}^{-at}u(t)$ 的傅里叶变换不存在。

将其频谱密度描述为 $X(\mathrm{j}\omega)=\dfrac{1}{\mathrm{j}\omega+a}=\left|X(\mathrm{j}\omega)\right|\mathrm{e}^{\mathrm{j}\angle X(\mathrm{j}\omega)}$

则

$$\left|X(\mathrm{j}\omega)\right|=\frac{1}{\sqrt{a^2+\omega^2}}$$

$$\angle X(\mathrm{j}\omega)=-\arctan\frac{\omega}{a}$$

在图 4-3 中，分别给出了 $a>0$ 的时域波形、频域的振幅谱和相位谱图像。

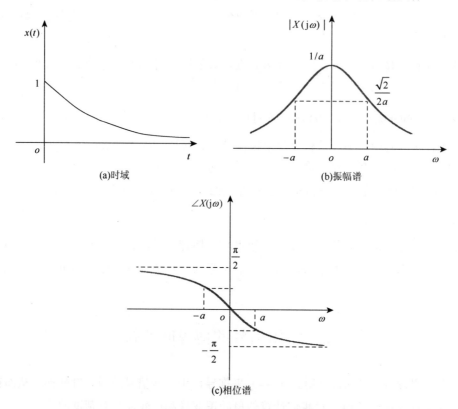

(a)时域   (b)振幅谱

(c)相位谱

图 4-3　因果指数信号及其频谱密度

2. $\mathrm{Re}(a) > 0$, $\mathrm{e}^{-a|t|}$ 的傅里叶变换

$$X(\mathrm{j}\omega) = \int_{-\infty}^{0} \mathrm{e}^{at}\mathrm{e}^{-\mathrm{j}\omega t}\mathrm{d}t + \int_{0}^{\infty} \mathrm{e}^{-at}\mathrm{e}^{-\mathrm{j}\omega t}\mathrm{d}t = \frac{1}{a-\mathrm{j}\omega} + \frac{1}{a+\mathrm{j}\omega} = \frac{2a}{\omega^2 + a^2}$$

所以 $\mathrm{Re}(a) > 0$ 时，有

$$\mathrm{e}^{-a|t|} \leftrightarrow \frac{2a}{\omega^2 + a^2} \tag{4-8}$$

$a > 0$ 时，$|X(\mathrm{j}\omega)| = X(\mathrm{j}\omega)$，$\varphi_X(\omega) = \angle X(\mathrm{j}\omega) = 0$。

在图 4-4 中，分别给出了 $a > 0$ 的时域波形、频域的振幅谱和相位谱。

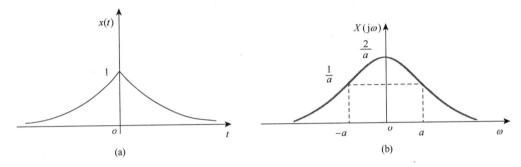

图 4-4　双边指数信号及其频谱密度

3. 单位冲激信号 $\delta(t)$ 的傅里叶变换

$$X(\mathrm{j}\omega) = \int_{-\infty}^{\infty} \delta(t)\mathrm{e}^{-\mathrm{j}\omega t}\mathrm{d}t = 1$$

所以

$$\delta(t) \leftrightarrow 1 \tag{4-9}$$

其时域和频域如图 4-5 所示。这表明 $\delta(t)$ 中包括了所有的频率成分，且所有频率分量的幅度、相位都相同。可以认为 $\delta(t)$ 作为系统的测试信号具有全面性和平等性，所以，系统的单位冲激响应 $h(t)$ 能够完全描述一个 LTI 系统的特性。因此，$\delta(t)$ 在信号与系统分析中具有如此重要的地位和作用。

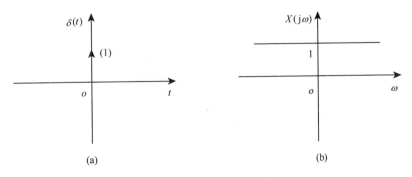

图 4-5　单位冲激信号及其频谱密度

4. 门信号 $G_\tau(t)$ 的傅里叶变换

$$X(\mathrm{j}\omega) = \int_{-\frac{\tau}{2}}^{\frac{\tau}{2}} \mathrm{e}^{-\mathrm{j}\omega t}\mathrm{d}t = \frac{2\sin\dfrac{\omega\tau}{2}}{\omega} = \tau\mathrm{Sa}\left(\frac{\omega\tau}{2}\right) = \tau\mathrm{Sinc}\left(\frac{\omega\tau}{2\pi}\right)$$

所以

$$G_\tau(t) \leftrightarrow \tau\mathrm{Sa}\left(\frac{\omega\tau}{2}\right) \tag{4-10}$$

其时域和频域的波形如图 4-6 所示。

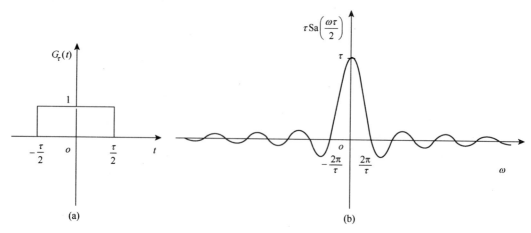

图 4-6 门信号及其频谱密度

5. 常数信号的傅立叶变换

在常规的方法计算傅里叶变换遇到困难时,可以采用极限傅里叶变换的方法来解决问题。例如,在计算 1 的傅里叶变换时,需要思考 $\int_{-\infty}^{+\infty}\mathrm{e}^{-\mathrm{j}\omega t}\mathrm{d}t$ 的结果,这样的问题用以前的数学知识无法解决。现在可以采用极限傅里叶变换的思想来计算。极限 FT 的思想可以描述为如下。

当 $x(t) \leftrightarrow X(\mathrm{j}\omega)$,可以在上述变换对两边同时取一个参量的极限,将得到一组新的 FT 对,只要该参量与时域的 t 和频域的 ω 无关,则新的 FT 对也是成立的。

根据

$$G_\tau(t) \leftrightarrow \tau\mathrm{Sa}\left(\frac{\omega\tau}{2}\right)$$

$$1 = \lim_{\tau\to+\infty} G_\tau(t) \leftrightarrow \lim_{\tau\to+\infty} \tau\mathrm{Sa}\left(\frac{\omega\tau}{2}\right)$$

利用冲激的极限定义:

$$\lim_{k\to+\infty} \frac{k}{\pi}\mathrm{Sa}(kt) = \delta(t)$$

所以

$$1 \leftrightarrow 2\pi\delta(\omega) \tag{4-11}$$

其时域和频域的图形如图 4-7 所示。

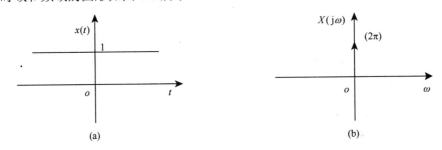

图 4-7 常数 1 及其频谱密度

根据 $\delta(t) \leftrightarrow 1$ 和 $1 \leftrightarrow 2\pi\delta(\omega)$，我们发现一个特点：已知时域是冲激，频域是常数；时域是常数，频域是冲激。这种对应关系可以类推。以后在学习傅里叶变换的性质，将信号在时域和频域之间的这种关系描述为对偶性。

6. $\mathrm{e}^{\mathrm{j}\omega_0 t}$、$\mathrm{e}^{-\mathrm{j}\omega_0 t}$、$\cos\omega_0 t$、$\sin\omega_0 t$ 的傅里叶变换

根据 $1 \leftrightarrow 2\pi\delta(\omega)$，得到

$$\int_{-\infty}^{+\infty} \mathrm{e}^{-\mathrm{j}\omega t}\mathrm{d}t = 2\pi\delta(\omega)$$

所以

$$\int_{-\infty}^{+\infty} \mathrm{e}^{-\mathrm{j}\omega_0 t}\mathrm{e}^{-\mathrm{j}\omega t}\mathrm{d}t = 2\pi\delta(\omega+\omega_0)$$

即

$$\mathrm{e}^{\mathrm{j}\omega_0 t} \leftrightarrow 2\pi\delta(\omega-\omega_0) \tag{4-12}$$

$$\mathrm{e}^{-\mathrm{j}\omega_0 t} \leftrightarrow 2\pi\delta(\omega+\omega_0) \tag{4-13}$$

根据傅里叶变换满足线性性得到

$$\cos\omega_0 t \leftrightarrow \pi[\delta(\omega+\omega_0)+\delta(\omega-\omega_0)] \tag{4-14}$$

$$\sin\omega_0 t \leftrightarrow \pi\mathrm{j}[\delta(\omega+\omega_0)-\delta(\omega-\omega_0)] \tag{4-15}$$

余弦信号及其频谱图如图 4-8 所示，余弦信号从频域来看，只在 $-\omega_0$ 和 ω_0 有两个冲激，所以把单个正弦或余弦信号称为单频信号或点频信号。

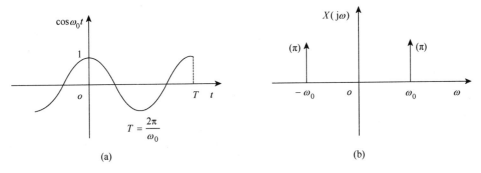

图 4-8 余弦信号及其频谱密度

7. 符号函数 $\operatorname{sgn}(t)$ 的傅里叶变换

根据

$$\operatorname{Re}(a) > 0 , \quad x(t) = e^{-at}u(t) \leftrightarrow \frac{1}{j\omega + a}$$

根据定义可以得到

$$\operatorname{Re}(a) > 0 , \quad x(-t) = e^{at}u(-t) \leftrightarrow \frac{1}{-j\omega + a}$$

所以

$$\operatorname{Re}(a) > 0 , \quad -e^{at}u(-t) + e^{-at}u(t) \leftrightarrow \frac{-1}{-j\omega + a} + \frac{1}{j\omega + a}$$

$$\operatorname{Re}(a) > 0 , \quad \lim_{a \to 0^+}[-e^{at}u(-t) + e^{-at}u(t)] \leftrightarrow \lim_{a \to 0^+}[\frac{-1}{-j\omega + a} + \frac{1}{j\omega + a}]$$

所以

$$\operatorname{sgn}(t) \leftrightarrow \frac{2}{j\omega} \tag{4-16}$$

8. 单位阶跃信号 $u(t)$ 的博里叶变换

因为 $1 \leftrightarrow 2\pi\delta(\omega)$ ，$\operatorname{sgn}(t) \leftrightarrow \frac{2}{j\omega}$ 以及 $u(t) = \frac{1}{2}[\operatorname{sgn}(t) + 1]$ ，利用线性性，有

$$u(t) \leftrightarrow \pi\delta(\omega) + \frac{1}{j\omega} \tag{4-17}$$

4.2.2 周期信号的傅里叶变换

我们对周期信号可以用傅里叶级数表示，对非周期信号可以用傅里叶变换表示。在涉及研究对象为周期信号时，能否既可以用傅里叶级数又可以用傅里叶变换来分析问题呢？因为周期信号不满足 Dirichlet 条件，所以直接从定义出发会遇到困难。在前边已经用极限傅里叶变换思想得到了虚指数信号的傅里叶变换，现在利用该结论来推导周期信号的 FT。

根据 FS，有

$$x_T(t) \leftrightarrow a_k , \quad x_T(t) = \sum_{k=-\infty}^{\infty} a_k e^{jk\omega_0 t}$$

利用

$$e^{j\omega_0 t} \leftrightarrow 2\pi\delta(\omega - \omega_0) ,$$

有

$$e^{jk\omega_0 t} \leftrightarrow 2\pi\delta(\omega - k\omega_0)$$

利用线性性，有

$$x_T(t) \leftrightarrow X_T(j\omega) = \sum_{k=-\infty}^{\infty} 2\pi a_k \delta(\omega - k\omega_0) \tag{4-18}$$

表明：周期信号存在 FT，而且频谱是由一系列冲激组成。每一个冲激分别位于信号

的各次谐波频率 $k\omega_0$ 处，其冲激强度正比于对应的傅里叶级数的系数 a_k，比例系数为 2π。所以，若研究对象为周期信号，既可以采用 FS，又可以采用 FT 来进行信号的分析。在实际应用中一定要区分采用的分析方法以及书写方法。

例 4-1　计算 $x(t)=\sin\omega_0 t$ 的 FT。

解

$$x(t)=\sin\omega_0 t=\frac{1}{2\mathrm{j}}[\mathrm{e}^{\mathrm{j}\omega_0 t}-\mathrm{e}^{-\mathrm{j}\omega_0 t}]，\quad a_k=\begin{cases}\dfrac{1}{2\mathrm{j}}，&k=1\\[3mm]\dfrac{-1}{2\mathrm{j}}，&k=-1\end{cases}$$

所以

$$X(\mathrm{j}\omega)=\frac{\pi}{\mathrm{j}}[\delta(\omega-\omega_0)-\delta(\omega+\omega_0)]=\pi\mathrm{j}[\delta(\omega+\omega_0)-\delta(\omega-\omega_0)]$$

例 4-2　计算冲激串 $x(t)=\displaystyle\sum_{n=-\infty}^{\infty}\delta(t-nT)$ 的 FT。

解

$$x(t)\xleftrightarrow{\ \mathrm{FS}\ }a_k=\frac{1}{T}，\quad \omega_0=\frac{2\pi}{T}$$

所以

$$x(t)\leftrightarrow X(\mathrm{j}\omega)=\frac{2\pi}{T}\sum_{k=-\infty}^{\infty}\delta\left(\omega-k\frac{2\pi}{T}\right)=\omega_0\sum_{k=-\infty}^{\infty}\delta(\omega-k\omega_0)$$

现在以该信号为例，来区别周期信号的频谱和频谱密度。将 a_k 称为频谱，将 $X(\mathrm{j}\omega)$ 称为频谱密度。各自的波形如图 4-9 所示。

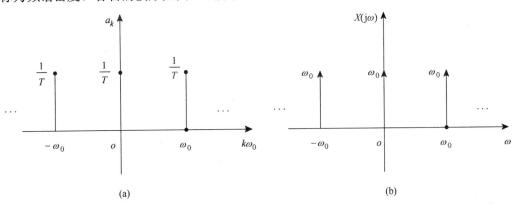

(a)　　　　　　　　　　　　　　　　(b)

图 4-9　$x(t)$ 的频谱及频谱密度

例 4-3　计算周期门信号 $x(t)=\displaystyle\sum_{m=-\infty}^{\infty}G_{\tau}(t-mT)$ 的 FT。

解

$$x(t)=\sum_{m=-\infty}^{\infty}G_{\tau}(t-mT)\leftrightarrow a_k=\frac{\tau}{T}\mathrm{Sa}\left(\frac{k\omega_0\tau}{2}\right)，\quad \omega_0=\frac{2\pi}{T}$$

$$x(t) = \sum_{m=-\infty}^{\infty} G_{\tau}(t - mT) \leftrightarrow X(j\omega) = \sum_{k=-\infty}^{\infty} \tau\omega_0 \mathrm{Sa}\left(\frac{k\omega_0\tau}{2}\right)\delta(\omega - k\omega_0)$$

4.2.3 傅里叶变换和傅里叶级数的关系

在前边从 FS 推导 FT 的过程中我们已经知道，周期信号的周期趋于无穷时，FS 就转变为 FT 了。所以可以用 $x(t)$ 的频谱密度的样本得到 $x_T(t)$ 的频谱，由 $x_T(t)$ 的频谱包络得到 $x(t)$ 的频谱密度。现在我们将这些知识应用于周期信号的 FS 和 FT 的计算方法。

假设任意非周期信号为 $x(t)$，以它构成周期为 T 的周期信号为 $x_T(t)$，或者说 $x(t)$ 是 $x_T(t)$ 中间这个单元。它们之间的关系如图 4-10 所示。$x(t)$ 的傅里叶分析和 $x_T(t)$ 的傅里叶级数分析如下。

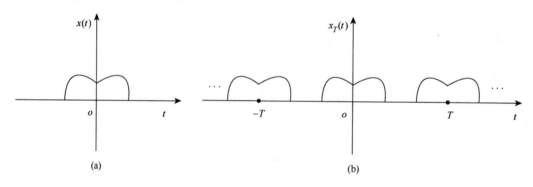

图 4-10   任意信号及其周期化

$$x(t) \leftrightarrow X(j\omega) , \quad x_T(t) \leftrightarrow a_k$$

（1）已知 $x_T(t)$ 的傅里叶级数 a_k，求解 $x_T(t)$ 的傅里叶变换。

$$x_T(t) \leftrightarrow X_T(j\omega) = \sum_{k=-\infty}^{\infty} 2\pi a_k \delta(\omega - k\omega_0)$$

（2）已知 $x(t)$ 的 FT 来计算 $x_T(t)$ 的 FS 和 FT。

$x(t)$ 到 $x_T(t)$ 是时域周期化，所以频域将离散化，其联系的公式为 $a_k = \dfrac{X(j\omega)}{T}\bigg|_{\omega=k\omega_0}$。

利用该公式可以借助于 $x(t)$ 的 FT 来计算 $x_T(t)$ 的 FS，这也是一种 FS 的计算方法。

当计算出 $x_T(t)$ 的 FS 系数 a_k 后，再代入 $X_T(j\omega) = \sum_{k=-\infty}^{\infty} 2\pi a_k \delta(\omega - k\omega_0)$ 得到 $x_T(t)$ 的 FT。

例 4-4   计算 $x_T(t) = \sum_{m=-\infty}^{+\infty} \delta(t - 4m)$ 的傅里叶级数和傅里叶变换。

解 $x_T(t)$ 的基波周期 $T = 4$，基波角频率 $\omega_0 = \dfrac{\pi}{2}$。选择 $x_T(t)$ 中间的一个单元 $x(t) = \delta(t)$ 为研究对象。

$$x(t) = \delta(t) \leftrightarrow X(j\omega) = 1$$

$$x_T(t) \leftrightarrow a_k = \left.\frac{X(j\omega)}{T}\right|_{\omega=k\omega_0} = \frac{1}{T} = \frac{1}{4}$$

$$x_T(t) \leftrightarrow X_T(j\omega) = \sum_{k=-\infty}^{\infty} 2\pi a_k \delta(\omega - k\omega_0) = \sum_{k=-\infty}^{\infty} \frac{\pi}{2}\delta\left(\omega - k\frac{\pi}{2}\right)$$

4.2.4 信号的带宽

带宽是电子通信专业分析问题时一个重要的概念，它既可以用于信号，又可以用于系统。带宽是频域的概念或范畴。信号或系统的带宽是在$[0, +\infty)$范围内来思考的，所有的负频率都只是理论研究的需要而引入的。从理论上讲，信号的带宽定义为在信号的频谱图中最高频率f_H和最低频率f_L的差值，即

$$B = f_H - f_L \tag{4-19}$$

由信号的频谱可以看出，原始信号的主要能量总是集中于低频分量。另一方面，传输信号的系统都具有自己的频率特性。因而，工程中在传输信号时，没有必要一定要把信号的所有频率分量都有效传输，而只要保证将占据信号能量主要部分的频率分量有效传输即可。为此，工程上常常有下面几种近似的方法来估算带宽。

1. −3dB 带宽

例如，$a > 0$，$x(t) = e^{-at}u(t) \leftrightarrow X(j\omega) = \frac{1}{j\omega + a}$，其频谱图如图 4-11 所示。$|X(j\omega)|$ 从最大值下降到最大值的 0.707 倍时，−3dB 带宽为 $B = \frac{a}{2\pi}$。

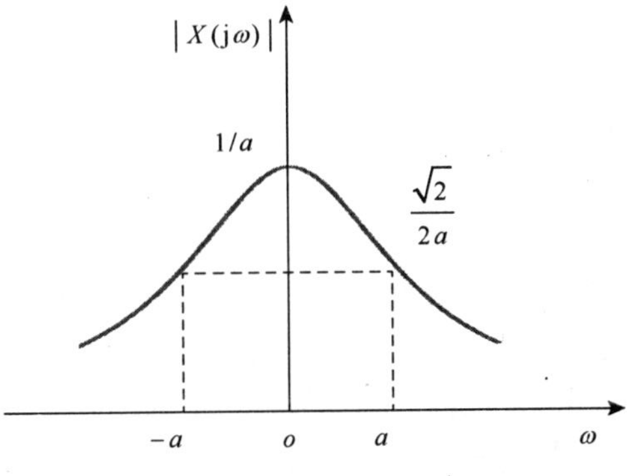

图 4-11 因果指数信号的振幅谱

2. 第一零点带宽

例如，门信号 $G_\tau(t) \leftrightarrow \tau\mathrm{Sa}\left(\frac{\omega\tau}{2}\right)$，其频谱为取样函数形式，如图 4-12 所示。

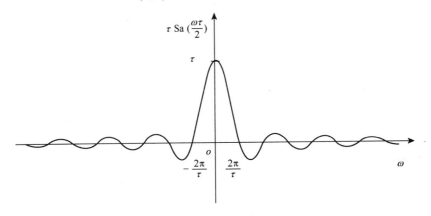

图 4-12 门信号的频谱

对包络是 Sa(·) 形状的频谱，通常定义主瓣宽度（即频谱第一个零点内的范围）为信号带宽，所以 $B_{\text{null}} = \dfrac{1}{\tau}$。

3. 周期信号工程意义的带宽

例如，$\displaystyle\sum_{m=-\infty}^{+\infty} G_\tau(t-mT) \leftrightarrow a_k = \dfrac{\tau}{T}\text{Sa}\left(\dfrac{k\omega_0\tau}{2}\right)$，其频谱如图 4-13 所示。

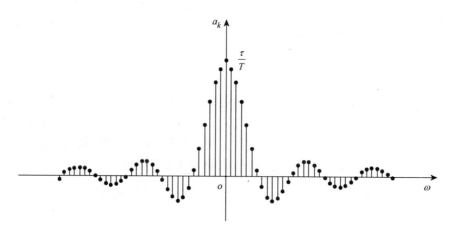

图 4-13　周期门信号的频谱

从功率的角度来看，信号在每次谐波上都可能有功率，根据收敛性，在谐波次数越大的地方，功率越小。从严格意义来讲，带宽为无穷大。在工程中往往近似定义。其方法有：第一，频谱的幅值降为最大值的百分比来约束，后面小分量就不考虑了；第二，在考虑范围内的功率为总功率的百分比来约束，后面的功率不考虑。这里的百分比根据实际情况来界定。通过这些方法，将周期信号的带宽限制在有限范围内。

若考虑系统的带宽，则先找到系统的单位冲激响应 $h(t)$ 的傅里叶变换 $H(\text{j}\omega)$，然后利用上面信号带宽相似的定义方法来确定。

4.3　连续时间傅里叶变换的性质

讨论傅里叶变换的性质，旨在通过这些性质揭示信号时域特性与频域特性之间的关系，同时掌握和运用这些性质可以简化傅里叶变换对的求取。

1. 线性性

若 $x(t) \leftrightarrow X(\text{j}\omega)$，$y(t) \leftrightarrow Y(\text{j}\omega)$，则

$$ax(t) + by(t) \leftrightarrow aX(\text{j}\omega) + bY(\text{j}\omega) \tag{4-20}$$

即时域线性、频域线性，只要组合系数与时间 t 无关即可。

2. 时移性

若 $x(t) \leftrightarrow X(j\omega)$，则

$$x(t \pm t_0) \leftrightarrow X(j\omega)e^{\pm j\omega t_0} \tag{4-21}$$

证明

$$x(t \pm t_0) \leftrightarrow \int_{-\infty}^{+\infty} x(t \pm t_0)e^{-j\omega t}dt = \int_{-\infty}^{+\infty} x(\tau)e^{-j\omega\tau}e^{\pm j\omega t_0}d\tau = X(j\omega)e^{\pm j\omega t_0}$$

这表明信号时域的移动对频域造成的影响为：频域振幅谱不变，只影响它的相频特性，其相频特性会叠加一个线性相移。在通信中，传输的信号在发送端通过变换发送出去，到接收端通过反变换恢复出来。恢复出来的信号和发送的信号至少有时间延时，延时不会改变信号中各个频率成分分量的大小，所以实现了信号的传输。

例 4-5 计算 $e^{-2t-2}u(t-1)$ 的傅里叶变换。

解

$$e^{-2t-2}u(t-1) = e^{-4}e^{-2(t-1)}u(t-1) \leftrightarrow \frac{e^{-4-j\omega}}{j\omega+2}$$

3. 频移性

若 $x(t) \leftrightarrow X(j\omega)$，则

$$x(t)e^{\mp j\omega_0 t} \leftrightarrow X(j(\omega \pm \omega_0)) \tag{4-22}$$

证明

$$x(t)e^{\mp j\omega_0 t} \leftrightarrow \int_{-\infty}^{+\infty} x(t)e^{\mp j\omega_0 t}e^{-j\omega t}dt = \int_{-\infty}^{+\infty} x(t)e^{-j(\omega \pm \omega_0)t}dt = X(j(\omega \pm \omega_0))$$

例 4-6 计算 $X(j\omega) = \dfrac{1}{j\omega - 2j + 1}$ 的傅里叶反变换。

解 假设

$$x(t) \leftrightarrow X(j\omega) = \frac{1}{j\omega - 2j + 1} = \frac{1}{j(\omega-2)+1}$$

根据公式有

$$e^{-t}u(t) \leftrightarrow \frac{1}{j\omega+1}$$

利用频域的移动性得到

$$x(t) = e^{(-1+2j)t}u(t) \leftrightarrow X(j\omega) = \frac{1}{j\omega - 2j + 1}$$

4. 共轭对称性

若 $x(t) \leftrightarrow X(j\omega)$，则

$$x^*(t) \leftrightarrow X^*(-j\omega) \tag{4-23}$$

证明 由 $X(j\omega) = \int_{-\infty}^{\infty} x(t)e^{-j\omega t}dt$ 可得

$$X^*(j\omega) = \int_{-\infty}^{\infty} x^*(t)e^{j\omega t}dt$$

两边进行变量代换，$-\omega$ 代替 ω，所以

$$X^*(-j\omega) = \int_{-\infty}^{\infty} x^*(t)e^{-j\omega t}dt$$

即

$$x^*(t) \leftrightarrow X^*(-j\omega)$$

下面分析在不同时域条件下，共轭对称性的不同特点。

（1）若 $x(t)$ 是实信号，则 $x(t) = x^*(t)$，于是有

$$X(j\omega) = X^*(-j\omega) \tag{4-24}$$

若

$$X(j\omega) = \text{Re}[X(j\omega)] + j\text{Im}[X(j\omega)] = X_R(j\omega) + jX_I(j\omega)$$

则可得

$$X(-j\omega) = \text{Re}[X(-j\omega)] + j\text{Im}[X(-j\omega)]$$

$$X^*(-j\omega) = \text{Re}[X(-j\omega)] - j\text{Im}[X(-j\omega)]$$

根据 $X(j\omega) = X^*(-j\omega)$，得到实部是关于 ω 的偶函数，虚部是关于 ω 的奇偶函数，即

$$X_R(j\omega) = X_R(-j\omega)$$
$$X_I(j\omega) = -X_I(-j\omega) \tag{4-25}$$

若 $X(j\omega) = |X(j\omega)|e^{j\angle X(j\omega)}$，则可推出

$$X(-j\omega) = |X(-j\omega)|e^{j\angle X(-j\omega)}$$

$$X^*(-j\omega) = |X^*(-j\omega)|e^{j\angle X^*(-j\omega)} = |X(-j\omega)|e^{-j\angle X(-j\omega)}$$

根据 $X(j\omega) = X^*(-j\omega)$，得到模是关于 ω 的偶函数，相位是关于 ω 的奇偶函数，即

$$|X(j\omega)| = |X(-j\omega)|$$
$$\angle X(j\omega) = -\angle X(-j\omega) \tag{4-26}$$

（2）如果 $x(t)$ 是实偶信号，则 $X(j\omega)$ 是定偶函数。

$$X(j\omega) = \int_{-\infty}^{\infty} x(t)e^{-j\omega t}dt = \int_{-\infty}^{\infty} x(t)\cos\omega t dt - j\int_{-\infty}^{\infty} x(t)\sin\omega t dt$$

若 $x(t)$ 是实信号，则

因为

$$X_R(j\omega) = \int_{-\infty}^{\infty} x(t)\cos\omega t dt, \quad X_I(j\omega) = -\int_{-\infty}^{\infty} x(t)\sin\omega t dt \tag{4-27}$$

若 $x(t) = x(-t)$，根据式（4-27），则 $X(j\omega)$ 为实函数，即 $X(j\omega) = X_R(j\omega)$。再根据式（4-25），有 $X_R(j\omega)$ 是关于 ω 的偶函数。所以，若 $x(t)$ 是实偶信号，则 $X(j\omega)$ 是实偶函数。

（3）如果 $x(t)$ 是实奇信号，则 $X(j\omega)$ 是虚奇函数。

若 $x(t) = -x(-t)$，根据式（4-27），则 $X(j\omega)$ 为虚函数，即 $X(j\omega) = jX_I(j\omega)$。再根据式（4-25），有 $X_I(j\omega)$ 是关于 ω 的奇函数。所以，若 $x(t)$ 是实奇信号，则 $X(j\omega)$ 是虚奇函数。

（4）奇偶虚实性。

若实信号 $x(t)$，进行奇偶分解 $x(t) = x_e(t) + x_o(t)$，则

$$x(t) \leftrightarrow X(j\omega) = X_R(j\omega) + jX_I(j\omega)$$

$$x(t) = x_e(t) + x_o(t)，\quad x_e(t) \leftrightarrow X_e(j\omega)，\quad x_o(t) \leftrightarrow X_o(j\omega)$$

所以

$$X(j\omega) = X_e(j\omega) + X_o(j\omega)$$

根据上面性质，$X_e(j\omega)$ 是实函数，$X_o(j\omega)$ 是虚函数。所以

$$X_e(j\omega) = X_R(j\omega)，\quad X_o(j\omega) = jX_I(j\omega)$$

$$x_e(t) \leftrightarrow X_R(j\omega)$$

$$x_o(t) \leftrightarrow jX_I(j\omega) \tag{4-28}$$

将该性质称为奇偶虚实性，即偶信号分量的傅里叶变换是实数，奇信号分量的傅里叶变换是虚数。

例 4-7 研究 $u(t)$ 的奇偶虚实性。

解

$$u(t) = u_e(t) + u_o(t)$$

将 $u(t)$ 进行奇偶分解，有

$$u_e(t) = \frac{1}{2}$$

$$u_o(t) = \frac{1}{2}\mathrm{sgn}(t)$$

$$u_e(t) \leftrightarrow \pi\delta(\omega)$$

$$\mathrm{sgn}(t) \leftrightarrow \frac{2}{j\omega}$$

$$u_o(t) = \frac{1}{2}\mathrm{sgn}(t) \leftrightarrow \frac{1}{j\omega}$$

$$u(t) \leftrightarrow \pi\delta(\omega) + \frac{1}{j\omega}$$

5. 时域微积分性

1）时域微分性质

若 $x(t) \leftrightarrow X(j\omega)$，则

$$\frac{\mathrm{d}x(t)}{\mathrm{d}t} \leftrightarrow j\omega X(j\omega) \tag{4-29}$$

证明 已知 $x(t) = \dfrac{1}{2\pi}\displaystyle\int_{-\infty}^{\infty} X(j\omega)\mathrm{e}^{j\omega t}\mathrm{d}\omega$，两边关于 t 微分一次，得到

$$x'(t) = \frac{1}{2\pi}\int_{-\infty}^{\infty} j\omega X(j\omega)\mathrm{e}^{j\omega t}\mathrm{d}\omega$$

利用对应位置物理含义一致的思想，得到一组新的变换对：$\dfrac{\mathrm{d}x(t)}{\mathrm{d}t} \leftrightarrow \mathrm{j}\omega X(\mathrm{j}\omega)$。

该性质从数学意义上可以理解为将时域的微分运算转变为频域的代数运算，该性质也是微分冲激法计算傅里叶变换的理论基础。其推广形式为

$$\frac{\mathrm{d}^n x(t)}{\mathrm{d}t^n} \leftrightarrow (\mathrm{j}\omega)^n X(\mathrm{j}\omega) \tag{4-30}$$

2）时域积分性质

若 $x(t) \leftrightarrow X(\mathrm{j}\omega)$，则

$$\int_{-\infty}^{t} x(\tau)\mathrm{d}\tau \leftrightarrow \frac{1}{\mathrm{j}\omega} X(\mathrm{j}\omega) + \pi X(0\mathrm{j})\delta(\omega) \tag{4-31}$$

其中，$X(0\mathrm{j}) = X(\mathrm{j}\omega)\big|_{\omega=0}$。该性质的证明可以根据 $\int_{-\infty}^{t} x(\tau)\mathrm{d}\tau = x(t) * u(t)$，然后利用后面的时域相卷、频域相乘的性质来证明。

例如，$\delta(t) \leftrightarrow 1$，利用时域的积分性质可得到

$$u(t) \leftrightarrow \frac{1}{\mathrm{j}\omega} + \pi\delta(\omega)$$

6. 时域和频域的尺度变换

若 $x(t) \leftrightarrow X(\mathrm{j}\omega)$，则

$$x(at) \leftrightarrow \frac{1}{|a|} X\left(\mathrm{j}\frac{\omega}{a}\right) \tag{4-32}$$

特例　当 $a = -1$ 时，有

$$x(-t) \leftrightarrow X(-\mathrm{j}\omega) \tag{4-33}$$

证明　已知 $X(\mathrm{j}\omega) = \int_{-\infty}^{\infty} x(t)\mathrm{e}^{-\mathrm{j}\omega t}\mathrm{d}t$，令

$$x(at) \leftrightarrow G(\mathrm{j}\omega)$$

$$G(\mathrm{j}\omega) = \int_{-\infty}^{\infty} x(at)\mathrm{e}^{-\mathrm{j}\omega t}\mathrm{d}t$$

$a > 0$ 时，有

$$G(\mathrm{j}\omega) = \int_{-\infty}^{+\infty} x(at)\mathrm{e}^{-\mathrm{j}\omega t}\mathrm{d}t = \frac{1}{a}\int_{-\infty}^{+\infty} x(\tau)\mathrm{e}^{-\mathrm{j}\frac{\omega\tau}{a}}\mathrm{d}\tau = \frac{1}{a} X\left(\mathrm{j}\frac{\omega}{a}\right)$$

$a < 0$ 时，有

$$G(\mathrm{j}\omega) = \int_{-\infty}^{\infty} x(at)\mathrm{e}^{-\mathrm{j}\omega t}\mathrm{d}t = \frac{1}{a}\int_{+\infty}^{-\infty} x(\tau)\mathrm{e}^{-\mathrm{j}\frac{\omega\tau}{a}}\mathrm{d}\tau$$

$$= \frac{-1}{a}\int_{-\infty}^{+\infty} x(\tau)\mathrm{e}^{-\mathrm{j}\frac{\omega\tau}{a}}\mathrm{d}\tau = \frac{-1}{a} X\left(\mathrm{j}\frac{\omega}{a}\right)$$

综上所述，有

$$x(at) \leftrightarrow \frac{1}{|a|} X\left(\mathrm{j}\frac{\omega}{a}\right)$$

尺度变换特性表明，如果信号在时域进行扩展，则频域进行压缩；时域进行压缩，则频域进行扩张，这说明时域与频域有相反的特性。

特例情况下，当 $a=-1$ 时，有 $x(-t) \leftrightarrow X(-\mathrm{j}\omega)$，即时域反折，频域也反折。可以借助于该性质来解决反因果信号或者无始有终信号的傅里叶变换。

下面利用门信号的傅里叶变换来理解尺度变换的特性。

因为 $G_\tau(t) \leftrightarrow \tau \mathrm{Sa}\left(\dfrac{\omega\tau}{2}\right)$，将时域扩张 2 倍得到 $G_{2\tau}(t)$，再次利用门信号的傅里叶变换公式得到 $G_{2\tau}(t) \leftrightarrow 2\tau \mathrm{Sa}(\omega\tau)$。这两种情况的时域和频域图如图 4-14 所示。

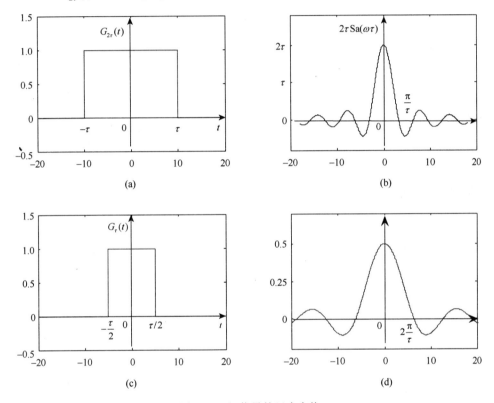

图 4-14　门信号的尺度变换

从图 4-14 中可以看出，时域门宽压缩 2 倍，频域第一零点为位置扩张了 2 倍，即信号在时域脉冲越窄，则其频谱主瓣越宽。所以时域压缩，频域扩张；时域扩张，频域压缩。

例 4-8　计算 $\mathrm{e}^{2t}u(-t)$ 的傅里叶变换。

解　已知

$$\mathrm{e}^{-2t}u(t) \leftrightarrow \frac{1}{\mathrm{j}\omega+2}$$

利用时域反折、频域反折的性质，可以得到

$$\mathrm{e}^{2t}u(-t) \leftrightarrow \frac{1}{2-\mathrm{j}\omega}$$

7. 对偶性

若 $x(t) \leftrightarrow X(j\omega)$，则

$$X(jt) \leftrightarrow 2\pi x(-\omega) \qquad (4\text{-}34)$$

证明 已知

$$x(t) = \frac{1}{2\pi} \int_{-\infty}^{+\infty} X(j\omega) e^{j\omega t} d\omega$$

两边进行变量交换，也就是空间的互换，得到

$$2\pi x(\omega) = \int_{-\infty}^{+\infty} X(jt) e^{j\omega t} dt$$

用 $-\omega$ 代替 ω，则有

$$2\pi x(-\omega) = \int_{-\infty}^{+\infty} X(jt) e^{-j\omega t} dt$$

利用对应位置物理意义相同得到

$$X(jt) \leftrightarrow 2\pi x(-\omega)$$

利用该性质，可以方便地将时域的某些特性对偶到频域，也可以解决某些傅里叶变换的计算。

例 4-9 计算 $\mathrm{Sa}(t)$ 的傅里叶变换。

解 利用公式：

$$G_\tau(t) \leftrightarrow \tau \mathrm{Sa}\left(\frac{\omega\tau}{2}\right)$$

根据对偶性得到

$$\omega_0 \mathrm{Sa}\left(\frac{\omega_0 t}{2}\right) \leftrightarrow 2\pi G_{\omega_0}(-\omega) = 2\pi G_{\omega_0}(\omega)$$

令 $\omega_0 = 2$，则

$$\mathrm{Sa}(t) \leftrightarrow \pi G_2(\omega)$$

8. 频域微分性

若 $x(t) \leftrightarrow X(j\omega)$，则

$$-jtx(t) \leftrightarrow \frac{dX(j\omega)}{d\omega}$$
$$tx(t) \leftrightarrow j\frac{dX(j\omega)}{d\omega} \qquad (4\text{-}35)$$

证明 已知 $X(j\omega) = \int_{-\infty}^{\infty} x(t) e^{-j\omega t} dt$，两边关于 ω 微分一次，则

$$\frac{dX(j\omega)}{d\omega} = \int_{-\infty}^{\infty} -jtx(t) e^{-j\omega t} dt$$

根据对应位置物理含义相等得到 $-jtx(t) \leftrightarrow \dfrac{dX(j\omega)}{d\omega}$

例 4-10 求 $te^{-3t}u(t)$ 的傅里叶变换。

解 根据公式：

$$e^{-3t}u(t) \leftrightarrow \frac{1}{j\omega+3}$$

利用频域微分性质，有

$$te^{-3t}u(t) \leftrightarrow \frac{1}{(j\omega+3)^2}$$

同理，可以推出

$$\text{Re}(a) > 0, \quad t^n e^{-at}u(t) \leftrightarrow \frac{n!}{(j\omega+a)^{n+1}} \tag{4-36}$$

9. Parseval 能量定理

若 $x(t) \leftrightarrow X(j\omega)$，则信号的能量可以描述为

$$W = \int_{-\infty}^{\infty} |x(t)|^2 \, dt = \frac{1}{2\pi} \int_{-\infty}^{\infty} |X(j\omega)|^2 d\omega \tag{4-37}$$

证明

$$W = \int_{-\infty}^{+\infty} |x(t)|^2 \, dt = \int_{-\infty}^{\infty} x(t)x^*(t) dt = \int_{-\infty}^{\infty} x(t) \frac{1}{2\pi} \int_{-\infty}^{\infty} X^*(j\omega)e^{-j\omega t} d\omega dt$$

$$= \frac{1}{2\pi} \int_{-\infty}^{\infty} X^*(j\omega) \int_{-\infty}^{\infty} x(t)e^{-j\omega t} dt d\omega = \frac{1}{2\pi} \int_{-\infty}^{\infty} X^*(j\omega)X(j\omega) d\omega = \frac{1}{2\pi} \int_{-\infty}^{+\infty} |X(j\omega)|^2 d\omega$$

表明：信号的能量既可以在时域获取，也可以在频域获取。由于 $|X(j\omega)|^2$ 表示了信号能量在频域的分布情况，所以将其称为能量谱密度函数。

10. 卷积性质

1）时域卷积性质

若 $x_1(t) \leftrightarrow X_1(j\omega)$，$x_2(t) \leftrightarrow X_2(j\omega)$，则

$$x_1(t) * x_2(t) \leftrightarrow X_1(j\omega)X_2(j\omega) \tag{4-38}$$

证明　若令两信号时域卷积结果为 $g(t)$，则

$$g(t) = x_1(t) * x_2(t) \leftrightarrow G(j\omega) = \int_{-\infty}^{+\infty} (x_1(t) * x_2(t))e^{-j\omega t} dt = \int_{-\infty}^{+\infty} \int_{-\infty}^{+\infty} x_1(\tau)x_2(t-\tau) d\tau e^{-j\omega t} dt$$

$$= \int_{-\infty}^{+\infty} x_1(\tau) \int_{-\infty}^{+\infty} x_2(t-\tau)e^{-j\omega t} dt d\tau = X_2(j\omega) \int_{-\infty}^{+\infty} x_1(\tau)e^{-j\omega\tau} d\tau = X_1(j\omega)X_2(j\omega)$$

上述性质表明，时域相卷、频域相乘。该性质是信号分析的重要结论，将时域很难理解的卷积运算转变成频域容易理解和计算的乘法运算。同时该性质也是频域分析系统的理论基础。在第 2 章，时域分析系统时有 $y(t) = x(t) * h(t)$，从频域来看，利用傅里叶变换时域卷积的性质有 $Y(j\omega) = X(j\omega)H(j\omega)$，从频域可以更容易地对系统进行分析。另外，利用该性质还可以计算时域的卷积。

2）频域卷积性质

若 $x_1(t) \leftrightarrow X_1(j\omega)$，$x_2(t) \leftrightarrow X_2(j\omega)$，则

$$x_1(t)x_2(t) \leftrightarrow \frac{1}{2\pi} X_1(j\omega) * X_2(j\omega) \tag{4-39}$$

证明

$$\frac{1}{2\pi}X_1(\mathrm{j}\omega) * X_2(\mathrm{j}\omega) = \frac{1}{2\pi}\int_{-\infty}^{+\infty}X_1(\mathrm{j}\lambda)X_2(\mathrm{j}(\omega-\lambda))\mathrm{d}\lambda$$

假设 $g(t) \leftrightarrow \dfrac{1}{2\pi}X_1(\mathrm{j}\omega) * X_2(\mathrm{j}\omega)$ ，则

$$g(t) = \frac{1}{2\pi}\int_{-\infty}^{+\infty}(\frac{1}{2\pi}X_1(\mathrm{j}\omega) * X_2(\mathrm{j}\omega))\mathrm{e}^{\mathrm{j}\omega t}\mathrm{d}\omega = \frac{1}{2\pi}\int_{-\infty}^{+\infty}\frac{1}{2\pi}\int_{-\infty}^{+\infty}X_1(\mathrm{j}\lambda)X_2(\mathrm{j}(\omega-\lambda))\mathrm{d}\lambda\mathrm{e}^{\mathrm{j}\omega t}\mathrm{d}\omega$$

$$= \frac{1}{2\pi}\int_{-\infty}^{+\infty}X_1(\mathrm{j}\lambda)\frac{1}{2\pi}\int_{-\infty}^{+\infty}X_2(\mathrm{j}(\omega-\lambda))\mathrm{e}^{\mathrm{j}\omega t}\mathrm{d}\omega\mathrm{d}\lambda = \frac{1}{2\pi}\int_{-\infty}^{+\infty}x_2(t)X_1(\mathrm{j}\lambda)\mathrm{e}^{\mathrm{j}\lambda t}\mathrm{d}\lambda = x_1(t)x_2(t)$$

上述性质表明，时域相乘，频域相卷。该性质在用频域方法来分析和理解通信中抽样和调制解调技术时有很大的帮助。

例 4-11 若因果实信号 $x(t)$ 的傅里叶变换为 $X(\mathrm{j}\omega)$，证明 $X(\mathrm{j}\omega)$ 的实部和虚部相互不独立，并寻找二者之间相互转换的表达式。

解 假设一个实因果信号：

$$x(t) \leftrightarrow X(\mathrm{j}\omega) = X_\mathrm{R}(\mathrm{j}\omega) + \mathrm{j}X_\mathrm{I}(\mathrm{j}\omega)$$

$$x(t) = x_\mathrm{e}(t) + x_\mathrm{o}(t)$$

$$x_\mathrm{e}(t) \leftrightarrow X_\mathrm{R}(\mathrm{j}\omega), \quad x_\mathrm{o}(t) \leftrightarrow \mathrm{j}X_\mathrm{I}(\mathrm{j}\omega)$$

因果信号有 $x(t) = 2x_\mathrm{e}(t)u(t)$，所以

$$x(t) = 2\mathscr{F}^{-1}[X_\mathrm{R}(\mathrm{j}\omega)]u(t) \tag{4-40}$$

即 $x(t)$ 完全由 $X(\mathrm{j}\omega)$ 的实部确定，称为实部自满性。当然，当 $x(t)$ 在 0 时刻有奇异特性时，在 0 时刻的特点无法用其奇函数在 0 时刻的特点来确定。只有当 $x(t)$ 在 0 时刻无奇异特性时，$x(t)$ 也可以完全由 $X(\mathrm{j}\omega)$ 的虚部来确定，即 $x(t) = 2\mathscr{F}^{-1}[\mathrm{j}X_\mathrm{I}(\mathrm{j}\omega)]u(t)$。

当 $x(t)$ 在 0 时刻无奇异特性时，现在来研究 $X(\mathrm{j}\omega)$ 的实部和虚部之间的关系。

$$x(t) \leftrightarrow X(\mathrm{j}\omega) = X_\mathrm{R}(\mathrm{j}\omega) + \mathrm{j}X_\mathrm{I}(\mathrm{j}\omega)$$

$$x(t) = x(t)u(t), \quad u(t) \leftrightarrow \pi\delta(\omega) + \frac{1}{\mathrm{j}\omega}$$

利用时域相乘、频域相卷的特性，有

$$x(t) = x(t)u(t) \leftrightarrow X(\mathrm{j}\omega) = X_\mathrm{R}(\mathrm{j}\omega) + \mathrm{j}X_\mathrm{I}(\mathrm{j}\omega) = \frac{1}{2\pi}[X_\mathrm{R}(\mathrm{j}\omega) + \mathrm{j}X_\mathrm{I}(\mathrm{j}\omega)] * [\pi\delta(\omega) + \frac{1}{\mathrm{j}\omega}]$$

得到

$$X_\mathrm{R}(\mathrm{j}\omega) = \frac{1}{\pi\omega} * X_\mathrm{I}(\mathrm{j}\omega) = \frac{1}{\pi}\int_{-\infty}^{+\infty}\frac{X_\mathrm{I}(\mathrm{j}\lambda)}{\omega-\lambda}\mathrm{d}\lambda$$

$$X_\mathrm{I}(\mathrm{j}\omega) = -\frac{1}{\pi\omega} * X_\mathrm{R}(\mathrm{j}\omega) = -\frac{1}{\pi}\int_{-\infty}^{+\infty}\frac{X_\mathrm{R}(\mathrm{j}\lambda)}{\omega-\lambda}\mathrm{d}\lambda \tag{4-41}$$

数学上将 $\dfrac{1}{\pi t} * x(t) = \dfrac{1}{\pi}\displaystyle\int_{-\infty}^{+\infty}\dfrac{x(\tau)}{t-\tau}\mathrm{d}\tau$ 称为 $x(t)$ 的希尔伯特变换，记为

$$\hat{x}(t) = \mathscr{H}[x(t)] = \frac{1}{\pi}\int_{-\infty}^{+\infty}\frac{x(\tau)}{t-\tau}\mathrm{d}\tau \tag{4-42}$$

所以，因果信号 $x(t)$ 的傅里叶变换 $X(\mathrm{j}\omega)$ 的实部和虚部之间是一组希尔伯特变换，相互

之间不独立，相互之间可以描述。

在常用信号中，正弦信号和余弦信号互为希尔伯特变换，其关系为

$$\mathcal{H}[\cos\omega_c t]=\sin\omega_c t,\quad \mathcal{H}[\sin\omega_c t]=-\cos\omega_c t$$

例 4-12 利用 FT 的知识计算下列积分。

（1）$\int_{-\infty}^{+\infty}\mathrm{Sa}(t)\mathrm{Sa}(2t)\mathrm{d}t$；

（2）$\int_{-\infty}^{+\infty}\mathrm{Sa}^2(t)\mathrm{d}t$。

解（1）

因为

$$G_\tau(t)\leftrightarrow\tau\mathrm{Sa}(\frac{\omega\tau}{2})$$

$$\omega_0\mathrm{Sa}(\frac{\omega_0 t}{2})\leftrightarrow 2\pi G_{\omega_0}(\omega)$$

利用对偶性得到

令 $\omega_0=2$，$\mathrm{Sa}(t)\leftrightarrow\pi G_2(\omega)$，$\omega_0=4$，$\mathrm{Sa}(2t)\leftrightarrow\frac{\pi}{2}G_4(\omega)$，所以

$$y(t)=\mathrm{Sa}(t)\mathrm{Sa}(2t)\leftrightarrow Y(\mathrm{j}\omega)=\frac{1}{2\pi}\pi G_2(\omega)*\frac{\pi}{2}G_4(\omega)=\frac{\pi}{4}G_2(\omega)*G_4(\omega)$$

$$Y(\mathrm{j}\omega)=\frac{\pi}{4}G_2(\omega)*[G_2(\omega+1)+G_2(\omega-1)]=\frac{\pi}{2}Q_4(\omega+1)+\frac{\pi}{2}Q_4(\omega-1)$$

$$\int_{-\infty}^{+\infty}\mathrm{Sa}(t)\mathrm{Sa}(2t)\mathrm{e}^{-\mathrm{j}\omega t}\mathrm{d}t=Y(\mathrm{j}\omega)$$

所以

$$\int_{-\infty}^{+\infty}\mathrm{Sa}(t)\mathrm{Sa}(2t)\mathrm{d}t=Y(0\mathrm{j})=\frac{\pi}{2}$$

（2）因为 $\mathrm{Sa}(t)\leftrightarrow\pi G_2(\omega)$，利用 Passerval 定理，有

$$\int_{-\infty}^{+\infty}\mathrm{Sa}^2(t)\mathrm{d}t=\frac{1}{2\pi}\int_{-\infty}^{+\infty}[\pi G_2(\omega)]^2\mathrm{d}t=\pi$$

4.4 傅里叶变换的计算

在信号的频域分析和系统的频域分析时，都会用到傅里叶正反变换的计算。现在，我们将傅里叶变换的公式和性质应用于傅里叶正反变换的计算中。

若已知时间信号 $x(t)$，计算频域函数 $X(\mathrm{j}\omega)$ 的过程称为 FT 的计算。计算的方法有解析法、利用公式和性质的方法以及微分冲激法。

4.4.1 傅里叶正变换计算

1. 解析法

利用定义 $X(\mathrm{j}\omega)=\int_{-\infty}^{\infty}x(t)\mathrm{e}^{-\mathrm{j}\omega t}\mathrm{d}t$ 来计算，在傅里叶变换的公式推导过程中，多次用

到该方法。此种计算将面临很多数学积分知识，较复杂。

2. 利用常用的公式和性质进行计算

利用公式和性质时，其思路是根据时域发生的变化来思考频域产生的结果。

例 4-13 已知 $x(t) \leftrightarrow X(j\omega)$，计算 $x(at+b)$ 的傅里叶正变换。

解 下面分两种方法来求解。从时域来看，有时域和尺度变换两种运算。根据时域运算的先后顺序，分下面两种情况。

（1）先时移后尺度变换：

$$x(t) \rightarrow x(t+b) \rightarrow x(at+b)$$

$$x(t+b) \leftrightarrow X(j\omega)e^{j\omega b}$$

$$x(at+b) \leftrightarrow \frac{1}{|a|} X(j\frac{\omega}{a})e^{j\frac{b}{a}\omega}$$

（2）先尺度变换后时移：

$$x(t) \rightarrow x(at) \rightarrow x(at+b) = x\left[a(t+\frac{b}{a})\right]$$

$$x(at) \leftrightarrow \frac{1}{|a|} X(j\frac{\omega}{a})$$

$$x(at+b) = x\left[a(t+\frac{b}{a})\right] \leftrightarrow \frac{1}{|a|} X(j\frac{\omega}{a})e^{j\frac{b}{a}\omega}$$

例 4-14 求 $e^{-2t+1}u(t-1)$ 的频谱密度。

解 根据公式得到

$$e^{-2t}u(t) \leftrightarrow \frac{1}{j\omega+2}$$

利用时移性，进行构造：

$$e^{-2t+1}u(t-1) = e^{-1}e^{-2(t-1)}u(t-1) \leftrightarrow \frac{e^{-1-j\omega}}{j\omega+2}$$

例 4-15 求 $e^{2t-1}u(-t+3)$ 的傅里叶正变换。

解 该信号是无始有终信号，无法直接用公式。先利用反折的性质进行分析。

假设：

$$x(t) = e^{2t-1}u(-t+3) \leftrightarrow X(j\omega)$$

时域反折：

$$x(-t) = e^{-2t-1}u(t+3) \leftrightarrow X(-j\omega)$$

利用公式和时移性：

$$x(-t) = e^{-2t-1}u(t+3) = e^5 e^{-2(t+3)}u(t+3) \leftrightarrow X(-j\omega) = \frac{e^{5+3j\omega}}{j\omega+2}$$

利用时域反折、频域反折的性质，所以

$$x(t) \leftrightarrow X(j\omega) = \frac{e^{5-3j\omega}}{2-j\omega}$$

例 4-16 求 $x(t) = te^{-t}\cos 2tu(t+1)$ 的傅里叶正变换。

解

$$s(t) = e^{-t}\cos 2tu(t+1) = \frac{1}{2}e^{-(1-2j)t}u(t+1) + \frac{1}{2}e^{-(1+2j)t}u(t+1)$$

$$= \frac{1}{2}e^{1-2j}e^{-(1-2j)(t+1)}u(t+1) + \frac{1}{2}e^{1+2j}e^{-(1+2j)(t+1)}u(t+1)$$

$$e^{-t}\cos 2tu(t+1) \leftrightarrow S(j\omega) = \frac{1}{2}\frac{e^{1-2j+j\omega}}{j\omega+1-2j} + \frac{1}{2}\frac{e^{1+2j+j\omega}}{j\omega+1+2j}$$

利用时域微分性质，所以

$$x(t) = te^{-t}\cos 2tu(t+1) \leftrightarrow X(j\omega) = j\frac{dS(j\omega)}{d\omega}$$

3. 微分冲激法

当已知时域信号满足微分冲激法的条件时，利用傅里叶变换的微积分性质，可以得到

$$x(t) \leftrightarrow X(j\omega)$$

$$x^{(m)}(t) \leftrightarrow X_m(j\omega)$$

$$X(j\omega) = \frac{X_m(j\omega)}{(j\omega)^m} + \pi[x(-\infty) + x(+\infty)]\delta(\omega) \qquad (4\text{-}43)$$

证明 先证明 $m=1$ 的情况。

$$\int_{-\infty}^{t} x'(\tau)d\tau = x(t) - x(-\infty)$$

利用时域的积分性质，对上式取 FT，有

$$\frac{X_1(j\omega)}{j\omega} + \pi X_1(0j)\delta(\omega) = X(j\omega) - 2\pi x(-\infty)\delta(\omega)$$

因为

$$X_1(0j) = \int_{-\infty}^{\infty} x'(\tau)e^{-j\omega\tau}d\tau\big|_{\omega=0} = x(+\infty) - x(-\infty)$$

所以

$$X(j\omega) = \frac{X_1(j\omega)}{j\omega} + \pi[x(-\infty) + x(+\infty)]\delta(\omega)$$

其中，$\pi[x(-\infty) + x(+\infty)]\delta(\omega)$ 是补充的 $x(t)$ 中直流分量的 FT，该分量与微分次数无关，所以对于任意次微分，都会出现该分量。

例 4-17 计算图 4-15 所示的信号的傅里叶正变换。

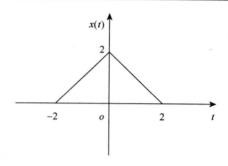

图 4-15　例 4-17 图

解　利用微分冲激法，将信号微分两次得到图 4-16 所示的波形。

$$x(t) \leftrightarrow X(j\omega)$$

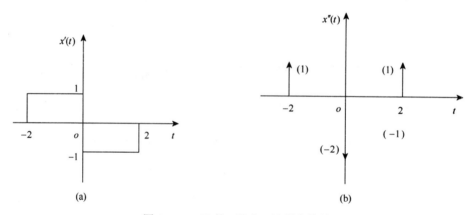

图 4-16　$x(t)$ 的一次和二次微分信号

$$x''(t) = \delta(t+2) - 2\delta(t) + \delta(t-2)$$

$$x''(t) \leftrightarrow e^{2j\omega} - 2 + e^{-2j\omega} = 2(\cos 2\omega - 1)$$

$$x(t) \leftrightarrow X(j\omega) = \frac{2(\cos 2\omega - 1)}{(j\omega)^2} + \pi[x(-\infty) + x(+\infty)]\delta(\omega) = \frac{2(1 - \cos 2\omega)}{\omega^2}$$

4.4.2　傅里叶反变换计算

1. 有理分式的部分分式展开

在中学阶段，将 $\dfrac{1}{s+1} + \dfrac{1}{s+2} = \dfrac{2s+3}{(s+1)(s+2)}$ 这样的计算过程称为有理分式的通分。现在将 $\dfrac{2s+3}{(s+1)(s+2)}$ 展开为 $\dfrac{1}{s+1} + \dfrac{1}{s+2}$，即 $\dfrac{2s+3}{(s+1)(s+2)} = \dfrac{1}{s+1} + \dfrac{1}{s+2}$，将这个过程称为有理分式的部分分式展开。所以，部分分式展开可以理解为将一个复杂的分式展开为几个简单分式的相加。

若 $X(s) = \dfrac{B(s)}{D(s)}$ 是以 s 为变量的有理分式，$B(s) = 0$ 的解称为零点，$D(s) = 0$ 的解称

为极点。现在分三种情况来完成有理分式的部分分式展开。

1）$X(s)$ 为真分式且所有极点为单一极点

$$X(s) = \frac{B(s)}{(s-\lambda_1)(s-\lambda_2)\cdots(s-\lambda_n)} = \sum_{i=1}^{n} \frac{k_i}{s-\lambda_i}$$

其中

$$k_i = X(s)(s-\lambda_i)\big|_{s=\lambda_i} \qquad (4\text{-}44)$$

例 4-18 将 $X(s) = \dfrac{s+2}{s^2+4s+3}$ 进行部分分式展开。

解

$$X(s) = \frac{s+2}{s^2+4s+3} = \frac{s+2}{(s+1)(s+3)} = \frac{k_1}{s+1} + \frac{k_2}{s+3}$$

$$k_1 = 0.5, \quad k_2 = 0.5$$

所以

$$X(s) = \frac{s+2}{s^2+4s+3} == \frac{0.5}{s+1} + \frac{0.5}{s+3}$$

2）$X(s)$ 为真分式且有重极点

$$X(s) = \frac{B(s)}{(s-\lambda_1)^m(s-\lambda_2)\cdots(s-\lambda_{n-m})} = \sum_{j=1}^{m} \frac{k_j}{(s-\lambda_1)^j} + \sum_{i=2}^{n-m+1} \frac{k_i}{s-\lambda_i}$$

$$k_i = X(s)(s-\lambda_i)\big|_{s=\lambda_i} \qquad (4\text{-}45)$$

$$k_j = \frac{1}{(m-j)!} \frac{\mathrm{d}^{(m-j)}[X(s)(s-\lambda_1)^m]}{\mathrm{d}s^{(m-j)}}\bigg|_{s=\lambda_1}$$

例 4-19 对 $X(s) = \dfrac{s+3}{(s+1)^2(s+2)}$ 进行部分分式展开。

解

$$X(s) = \frac{s+3}{(s+1)^2(s+2)} = \frac{k_1}{s+1} + \frac{k_2}{(s+1)^2} + \frac{k_3}{s+2}$$

$$k_1 = \frac{\mathrm{d}[X(s)(s+1)^2]}{\mathrm{d}s}\bigg|_{s=-1} = -1$$

$$k_2 = X(s)(s+1)^2\big|_{s=-1} = 2$$

$$k_3 = X(s)(s+2)\big|_{s=-2} = 1$$

3）$X(s)$ 为假分式

先将 $X(s)$ 利用分式相除的方法展开为

$$X(s) = \frac{B(s)}{D(s)} = (\cdots + a_2 s^2 + a_1 s + a_0) + X^{/}(s) \qquad (4\text{-}46)$$

其中，$X^{/}(s)$ 为真分式，然后再将 $X^{/}(s)$ 按照真分式部分分式展开的方法进行分解。

例 4-20　对 $X(s) = \dfrac{s^3 + 2s^2 + 3s + 4}{s^2 + 3s + 2}$ 进行部分分式展开。

$$X(s) = \frac{s^3 + 2s^2 + 3s + 4}{s^2 + 3s + 2} = s - 1 + \frac{4s + 6}{s^2 + 3s + 2}$$

$$\frac{4s + 6}{s^2 + 3s + 2} = \frac{2}{s + 1} + \frac{2}{s + 2}, \quad X(s) = s - 1 + \frac{2}{s + 1} + \frac{2}{s + 2}$$

以上讨论有理分式的部分分式展开在任何反变换计算时都有很大的帮助，是本书中很重要的数学手段。

2. 傅里叶反变换的计算

已知频域函数 $X(j\omega)$，计算时间信号 $x(t)$ 的过程称为傅里叶反变换（$\mathscr{F}^{-1}$）的计算。计算的方法有下面几种。

（1）根据傅里叶反变换的定义 $x(t) = \dfrac{1}{2\pi} \displaystyle\int_{-\infty}^{+\infty} X(j\omega) \mathrm{e}^{j\omega t} \mathrm{d}t$ 来计算积分，这样的方法称为傅里叶反变换的解析计算方法。

（2）根据傅里叶变换的性质和公式，结合部分分式展开来计算。往往在利用性质时，已知频域发生的变化，来寻求时域产生的相应结果。

例 4-21　已知 $X(j\omega) = \dfrac{\mathrm{e}^{-j\omega}}{j\omega + 2}$，求其傅里叶反变换。

解　根据公式得到

$$\mathrm{e}^{-2t} u(t) \leftrightarrow \frac{1}{j\omega + 2}$$

根据时移性，有

$$\mathrm{e}^{-2(t-1)} u(t - 1) \leftrightarrow \frac{\mathrm{e}^{-j\omega}}{j\omega + 2}$$

所以

$$x(t) = \mathrm{e}^{-2(t-1)} u(t - 1)$$

例 4-22　已知 $X(j\omega) = \dfrac{1}{j\omega - 1}$，求其傅里叶反变换。

解　因为在公式 $\mathrm{Re}(a) > 0$，$\mathrm{e}^{-at} u(t) \leftrightarrow \dfrac{1}{j\omega + a}$ 中，要求 $\mathrm{Re}(a) > 0$。$X(j\omega) = \dfrac{1}{j\omega - 1}$ 中 $X(j\omega)$ 的极点为 1，实部大于 0，不能直接利用公式，利用反折可以解决这一矛盾。

$$x(t) \leftrightarrow \frac{1}{j\omega - 1}$$

反折：

$$x(-t) \leftrightarrow \frac{1}{-j\omega - 1} = \frac{-1}{j\omega + 1}$$

利用公式得到

$$x(-t) = -e^{-t}u(t)$$

所以

$$x(t) = -e^{t}u(-t)$$

例 4-23　已知 $X(j\omega) = u(\omega)$，计算傅里叶反变换。

解　利用

$$u(t) \leftrightarrow \pi\delta(\omega) + \frac{1}{j\omega}$$

利用对偶性得到

$$\pi\delta(t) + \frac{1}{jt} \leftrightarrow 2\pi u(-\omega)$$

利用反折特性得到

$$\pi\delta(-t) - \frac{1}{jt} = \pi\delta(t) - \frac{1}{jt} \leftrightarrow 2\pi u(\omega)$$

所以

$$x(t) = \frac{1}{2}\delta(t) - \frac{1}{2\pi jt}$$

例 4-24　已知 $X(j\omega) = G_{200}(\omega)$，计算傅里叶反变换。

解　利用

$$G_{\tau}(t) \leftrightarrow \tau\text{Sa}(\frac{\omega\tau}{2})$$

根据对偶性得到

$$\omega_0\text{Sa}(\frac{\omega_0 t}{2}) \leftrightarrow 2\pi G_{\omega_0}(-\omega) = 2\pi G_{\omega_0}(\omega)$$

令 $\omega_0 = 200$，得到

$$\frac{100}{\pi}\text{Sa}(100t) \leftrightarrow G_{200}(\omega)$$

所以

$$x(t) = \frac{100}{\pi}\text{Sa}(100t)$$

例 4-25　已知 $X(j\omega) = \dfrac{j\omega + 3}{(j\omega + 1)(j\omega + 2)}$，计算傅里叶反变换。

解　将 $X(j\omega)$ 中的 $j\omega$ 理解为一个整体，看做一个变量，进行部分分式展开：

$$\frac{j\omega + 3}{(j\omega + 1)(j\omega + 2)} = \frac{2}{j\omega + 1} + \frac{-1}{j\omega + 2}$$

利用公式得到

$$e^{-t}u(t) \leftrightarrow \frac{1}{j\omega + 1}$$

$$e^{-2t}u(t) \leftrightarrow \frac{1}{j\omega+2}$$

利用线性性得到

$$2e^{-t}u(t) - e^{-2t}u(t) \leftrightarrow \frac{2}{j\omega+1} + \frac{-1}{j\omega+2} = \frac{j\omega+3}{(j\omega+1)(j\omega+2)}$$

所以

$$x(t) = 2e^{-t}u(t) - e^{-2t}u(t)$$

例 4-26 已知 $X(j\omega) = \dfrac{j\omega+3}{(j\omega+1)^2(j\omega+2)}$ ，求傅里叶反变换。

解

$$X(j\omega) = \frac{j\omega+3}{(j\omega+1)^2(j\omega+2)} = \frac{-1}{j\omega+1} + \frac{2}{(j\omega+1)^2} + \frac{1}{j\omega+2}$$

$$x(t) = -e^{-t}u(t) + 2te^{-t}u(t) + e^{-2t}u(t)$$

4.4.3 傅里叶变换用于卷积积分的计算

在前面学习了时域的计算方法，同时卷积积分也可以在变换域中计算。在频域来思考卷积的计算，其理论基础是时域卷积、频域相乘的性质。

例如，计算 $y(t) = x_1(t) * x_2(t)$ ，利用傅里叶变换知识，可以按照下面的思路来进行：

$$x_1(t) \leftrightarrow X_1(j\omega) \quad x_2(t) \leftrightarrow X_2(j\omega)$$

$$Y(j\omega) = X_1(j\omega)X_2(j\omega)$$

$$y(t) = \mathcal{F}^{-1}[X_1(j\omega)X_2(j\omega)] \tag{4-47}$$

例 4-27 若 $a>0$ ， $b>0$ ，利用傅里叶变换计算 $e^{-at}u(t) * e^{-bt}u(t)$ 。

解

$$a>0 ， \ e^{-at}u(t) \leftrightarrow \frac{1}{j\omega+a} ； \ b>0 ， \ e^{-bt}u(t) \leftrightarrow \frac{1}{j\omega+b}$$

$$e^{-at}u(t) * e^{-bt}u(t) \leftrightarrow \frac{1}{(j\omega+a)(j\omega+b)}$$

$$\frac{1}{(j\omega+a)(j\omega+b)} = \frac{\frac{1}{b-a}}{j\omega+a} + \frac{\frac{1}{a-b}}{j\omega+b} = \frac{1}{b-a}\left(\frac{1}{j\omega+a} - \frac{1}{j\omega+b}\right)$$

所以

$$e^{-at}u(t) * e^{-bt}u(t) = \frac{1}{b-a}e^{-at}u(t) - \frac{1}{b-a}e^{-bt}u(t)$$

例 4-28 若 $a>0$ ，利用傅里叶变换计算 $e^{-at}u(t) * e^{-at}u(t)$ 。

解

$$a>0 ， \ e^{-at}u(t) \leftrightarrow \frac{1}{j\omega+a}$$

$$\mathrm{e}^{-at}u(t)*\mathrm{e}^{-at}u(t)\leftrightarrow\frac{1}{(\mathrm{j}\omega+a)^2}$$

根据

$$\mathrm{Re}(a)>0,\quad t^n\mathrm{e}^{-at}u(t)\leftrightarrow\frac{n!}{(\mathrm{j}\omega+a)^{n+1}}$$

所以

$$\mathrm{e}^{-at}u(t)*\mathrm{e}^{-at}u(t)=t\mathrm{e}^{-ast}u(t)$$

例 4-29　计算 $\mathrm{Sa}(t)*\mathrm{Sa}(2t)$。

解　$G_\tau(t)\leftrightarrow\tau\mathrm{Sa}(\frac{\omega\tau}{2})$，根据对偶性得到 $\mathrm{Sa}(\frac{\omega_0 t}{2})\leftrightarrow\frac{2\pi}{\omega_0}G_{\omega_0}(\omega)$。

令 $\omega_0=2$，$\mathrm{Sa}(t)\leftrightarrow\pi G_2(\omega)$；$\omega_0=4$，$\mathrm{Sa}(2t)\leftrightarrow\frac{\pi}{2}G_4(\omega)$，则

$$\mathrm{Sa}(t)*\mathrm{Sa}(2t)\leftrightarrow\frac{\pi^2}{2}G_2(\omega)G_4(\omega)=\frac{\pi^2}{2}G_2(\omega)$$

所以

$$\mathrm{Sa}(t)*\mathrm{Sa}(2t)=\frac{\pi}{2}\mathrm{Sa}(t)$$

4.5　连续系统频域分析方法

4.5.1　系统频率分析的理论基础

频域分析的理论基础是时域卷积、频域乘积。如图 4-17 所示，模型中假设系统是松弛的。

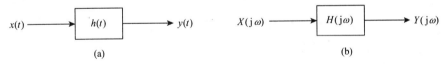

图 4-17　连续系统的时域和频域模型

已知

$$y(t)=x(t)*h(t)$$

假设

$$x(t)\leftrightarrow X(\mathrm{j}\omega),\quad h(t)\leftrightarrow H(\mathrm{j}\omega),\quad y(t)\leftrightarrow Y(\mathrm{j}\omega)$$

两边同时取傅里叶变换，得到

$$Y(\mathrm{j}\omega)=X(\mathrm{j}\omega)H(\mathrm{j}\omega)\qquad(4\text{-}48)$$

其中，$H(\mathrm{j}\omega)$ 称为系统的频率特性函数。

由式（4-48）可知，将时域很难理解和计算的卷积转变为频域中很容易计算和理解的乘积。这就是有了时域分析方法，我们还要学习频域分析的重要原因。

4.5.2 系统的频率特性的定义

从虚指数信号通过系统的特点来看，信号通过系统还可以这样理解：首先时域信号 $x(t)=\dfrac{1}{2\pi}\displaystyle\int_{-\infty}^{\infty}X(\mathrm{j}\omega)\mathrm{e}^{\mathrm{j}\omega t}\mathrm{d}\omega$ 可以理解为将 $x(t)$ 分解成虚指数信号 $\mathrm{e}^{\mathrm{j}\omega t}$ 分量的线性组合。当把系统的单位冲激响应通过傅里叶变换映射为 $H(\mathrm{j}\omega)$ 后，$\mathrm{e}^{\mathrm{j}\omega_0 t}$ 通过 LTI 系统产生的响应为 $y_1(t)=H(\mathrm{j}\omega_0)\mathrm{e}^{\mathrm{j}\omega_0 t}$，因此普遍而言，$\mathrm{e}^{\mathrm{j}\omega t}$ 通过 LTI 系统产生的响应为 $y_2(t)=H(\mathrm{j}\omega)$ $\mathrm{e}^{\mathrm{j}\omega t}$，$\dfrac{1}{2\pi}X(\mathrm{j}\omega)\mathrm{e}^{\mathrm{j}\omega t}$ 通过 LTI 系统产生的响应为 $y_3(t)=\dfrac{1}{2\pi}X(\mathrm{j}\omega)H(\mathrm{j}\omega)\mathrm{e}^{\mathrm{j}\omega t}$，所以 $x(t)=\dfrac{1}{2\pi}$ $\displaystyle\int_{-\infty}^{\infty}X(\mathrm{j}\omega)\mathrm{e}^{\mathrm{j}\omega t}\mathrm{d}\omega$ 通过 LTI 系统产生的响应为

$$y(t)=\frac{1}{2\pi}\int_{-\infty}^{\infty}X(\mathrm{j}\omega)H(\mathrm{j}\omega)\mathrm{e}^{\mathrm{j}\omega t}\mathrm{d}\omega \tag{4-49}$$

对式（4-49）用傅里叶变换的知识，也可以得到式（4-48）的结论。

通过上面分析 $H(\mathrm{j}\omega)$ 就是频率为 ω 的复指数信号 $\mathrm{e}^{\mathrm{j}\omega t}$ 通过 LTI 系统时，得到的响应相对于输入信号的放大倍数，称为系统的频域特性函数，其定义为系统的单位冲激响应的傅里叶变换，即

$$h(t)\leftrightarrow H(\mathrm{j}\omega), \quad H(\mathrm{j}\omega)=\int_{-\infty}^{\infty}h(t)\mathrm{e}^{-\mathrm{j}\omega t}\mathrm{d}t \tag{4-50}$$

鉴于 $h(t)$ 与 $H(\mathrm{j}\omega)$ 是一一映射关系，因而 LTI 系统可以由其频率响应完全表征。$H(\mathrm{j}\omega)$ 是系统本质的一种本质描述，和系统本质的其他描述方法如数学模型、单位冲激响应、传递函数可以相互转换。因为傅里叶变换存在的局限性，所以只有稳定的系统才存在频率特性响应 $H(\mathrm{j}\omega)$，因此用频率响应表征系统时，一般都限于对稳定系统。

4.5.3 系统频率特性函数以及单位冲激响应的计算方法

有了频域分析法，就可以考虑系统本质的不同描述方法相互之间的转换问题，特别是如何求解系统的 $H(\mathrm{j}\omega)$ 或者 $h(t)$。

（1）已知 $h(t)$，可以根据定义对系统的 $h(t)$ 进行傅里叶变换得到 $H(\mathrm{j}\omega)$。

（2）已知微分方程，可以对微分方程两边同时取傅里叶变换，根据 $Y(\mathrm{j}\omega)=X(\mathrm{j}\omega)H(\mathrm{j}\omega)$ 的桥梁作用，得到 $H(\mathrm{j}\omega)=\dfrac{Y(\mathrm{j}\omega)}{X(\mathrm{j}\omega)}$。

例 4-30 已知因果系统的微分方程为 $y''(t)+3y'(t)+2y(t)=x'(t)+4x(t)$，求系统的 $H(\mathrm{j}\omega)$ 和 $h(t)$。

解 $y''(t)+3y'(t)+2y(t)=x'(t)+4x(t)$，两边同时取傅里叶变换。

假设

$$x(t)\leftrightarrow X(\mathrm{j}\omega), \quad h(t)\leftrightarrow H(\mathrm{j}\omega), \quad y(t)\leftrightarrow Y(\mathrm{j}\omega)$$

利用傅里叶变换的微分性质得到

$$(\mathrm{j}\omega)^2 Y(\mathrm{j}\omega)+3\mathrm{j}\omega Y(\mathrm{j}\omega)+2Y(\mathrm{j}\omega)=\mathrm{j}\omega X(\mathrm{j}\omega)+4X(\mathrm{j}\omega)$$

$$\left[(j\omega)^2 + 3j\omega + 2 \right] Y(j\omega) = (j\omega + 4) X(j\omega)$$

$$Y(j\omega) = \frac{j\omega + 4}{(j\omega)^2 + 3j\omega + 2} X(j\omega) = \frac{j\omega + 4}{(j\omega + 1)(j\omega + 2)} X(j\omega)$$

所以，系统的频率特性函数为

$$H(j\omega) = \frac{j\omega + 4}{(j\omega + 1)(j\omega + 2)}$$

$$H(j\omega) = \frac{j\omega + 4}{(j\omega + 1)(j\omega + 2)} = \frac{3}{j\omega + 1} + \frac{-2}{j\omega + 2}$$

根据公式得到

$$e^{-t}u(t) \leftrightarrow \frac{1}{j\omega + 1}, \quad e^{-2t}u(t) \leftrightarrow \frac{1}{j\omega + 2}$$

所以

$$h(t) = 3e^{-t}u(t) - 2e^{-2t}u(t)$$

（3）已知特定输入 $x(t)$，通过系统产生特定响应 $y(t)$，可以对二者进行傅里叶变换，得到

$$H(j\omega) = \frac{Y(j\omega)}{X(j\omega)}$$

例 4-31　某线性时不变系统，输入为 $x(t) = e^{-t}u(t)$，产生的零状态响应为 $y(t) = e^{-3t}u(t)$，求系统的 $H(j\omega)$ 和 $h(t)$。

　　解

$$x(t) = e^{-t}u(t) \leftrightarrow X(j\omega) = \frac{1}{j\omega + 1} \quad y(t) = e^{-3t}u(t) \leftrightarrow Y(j\omega) = \frac{1}{j\omega + 3}$$

$$H(j\omega) = \frac{Y(j\omega)}{X(j\omega)} = \frac{j\omega + 1}{j\omega + 3} = 1 + \frac{-2}{j\omega + 3}$$

$$h(t) = \delta(t) - 2e^{-3t}u(t)$$

（4）已知实际的电路图，利用电路分析中的 KCL、KVL、网孔分析、节点分析、复阻抗、复导纳等知识，将相量的概念用信号的 FT 来代替，进行列方程（组）求出 $H(j\omega)$。

例 4-32　计算图 4-18 所示的高通滤波器的频率特性函数。

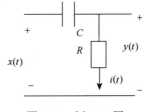

图 4-18　例 4-32 图

　　解　先利用时域分析建立模型：

$$y(t) = Ri(t), \quad u_c(t) = \frac{1}{c}\int_{-\infty}^{t} i(\tau)d\tau, \quad x(t) = u_c(t) + y(t)$$

所以

$$y'(t) + \frac{1}{RC}y(t) = x'(t)$$

两边同时取傅里叶变换，则

$$j\omega Y(j\omega) + \frac{1}{RC}Y(j\omega) = j\omega X(j\omega)$$

$$H(j\omega) = \frac{Y(j\omega)}{X(j\omega)} = \frac{j\omega}{j\omega + \frac{1}{RC}} = \frac{j\omega RC}{j\omega RC + 1}$$

例 4-33 图 4-19 所示的电路，计算系统的频率特性函数。

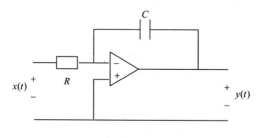

图 4-19 例 4-33 图

解 将系统的时域模型转换为频域模型，如图 4-20 所示。
利用理想运算放大器的特点：

$$\frac{X(j\omega)}{R} = -j\omega C Y(j\omega)$$

$$H(j\omega) = \frac{Y(j\omega)}{X(j\omega)} = -\frac{1}{j\omega RC}$$

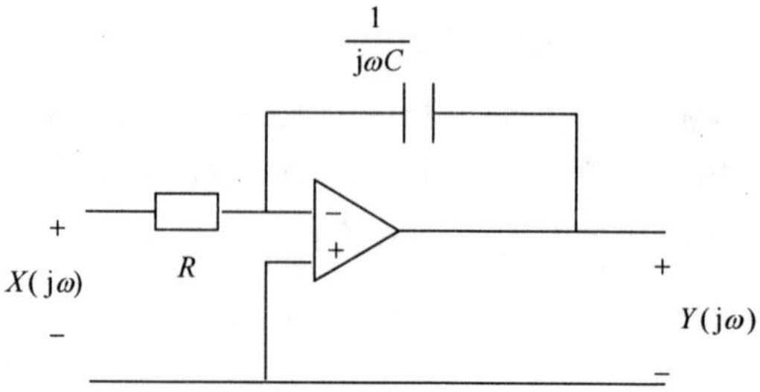

图 4-20 系统的频域模型

（5）已知简单系统的方框图，求 $H(j\omega)$。最基本的连接有串联、并联和反馈，现在分别计算其频率特性函数。

在图 4-21（a）中，子系统之间是串联关系，其等价的频率特性为

$$H(j\omega) = H_1(j\omega)H_2(j\omega) \tag{4-51}$$

即将串联各子系统的频率特性函数相乘得到等价系统的频率特性函数。

在图 4-21（b）中，子系统之间是并联关系，其等价的频率特性为

$$H(j\omega) = H_1(j\omega) + H_2(j\omega) \qquad (4\text{-}52)$$

即将并联各子系统的频率特性函数相加得到等价系统的频率特性函数。

在图 4-21（c）中，子系统连接构成了负反馈关系，信号之间满足的方程组如下

$$B(j\omega) = Y(j\omega)H_2(j\omega)$$
$$E(j\omega) = X(j\omega) - B(j\omega)$$
$$Y(j\omega) = E(j\omega)H_1(j\omega)$$

消元后得到系统的频率特性函数：

$$H(j\omega) = \frac{H_1(j\omega)}{1 + H_1(j\omega)H_2(j\omega)} \qquad (4\text{-}53)$$

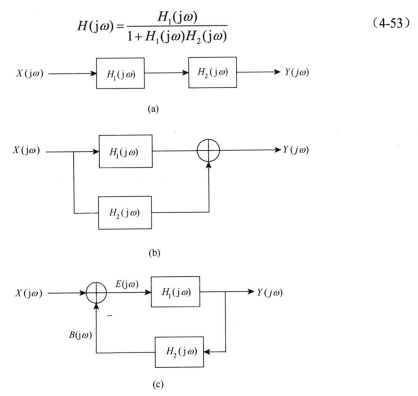

图 4-21　系统基本连接的频域模型

　　关于复杂的框图，可以根据拓扑约束关系来列出方程组，然后消元得到系统的频率特性或者传递函数。这种方法是比较麻烦的，在讲解梅森公式时再来研究该类问题。

4.5.4　系统的频率特性曲线

　　工程中设计系统时，往往会对系统的特性从时域角度或频域角度提出某些要求。在 LTI 系统分析中，由于时域中的微分方程和卷积运算在频域都变成了代数运算，所以利用频域分析往往特别方便。系统的时域特性与频域特性是相互制约的。在进行系统的分

析与设计时，要权衡考虑系统的时域要求和频域要求。

将系统的频率特性函数 $H(j\omega) = |H(j\omega)|e^{j\varphi_H(\omega)}$ 中将放大倍数 $|H(j\omega)|$ 和角频率的关系描绘成曲线得到系统的振幅谱，将相位 $\varphi_H(\omega)$ 和角频率的关系描绘成曲线得到系统的相位谱，一起称为系统的频率特性曲线。绘制图形时，在工程上更多的选择对数坐标，这样得到的图形称为系统的 Bode 图。

Bode 图在系统的设计和校正中起到了很重要的作用。把横轴由线性坐标的 ω 变为对数坐标 $\lg\omega$，从而将系统的幅频特性和相频特性的横轴都采用对数坐标来描述。横轴上从 ω_0 到 $10\omega_0$ 的距离称为一个十倍频程，其横轴增加单位 1 的数值。相频特性的纵轴为线性坐标，而幅频特性的纵轴选择对数坐标，其形式有两种：一种是 ln 的形式，一种是 lg 的形式。用 ln 的形式，单位为分贝，缩写为 dB。分贝在电子和通信专业中是很重要的概念，属于功率的范畴。如果以功率 P 为研究对象，P 的单位为瓦特（W），其分贝的数学描述方法为

$$P(\text{dB}) = 10\lg^P \tag{4-54}$$

另一种方法采用 $P(\text{Np}) = 10\ln^P$，单位为奈培，缩写为 Np。常常采用第一种对数方法。

若分析对象为电压或电流，以电压为例，用 $20\lg^U$ 来描述，单位为 dB。

当研究系统时，对象为 $H(j\omega)$，采用 $20\lg^{|H(j\omega)|}$，单位为 dB。

幅度在对数坐标下，采用对数模，可以给频率特性的表示带来一些方便。这是因为：

（1）可以将模特性的相乘关系变为相加关系；

（2）可以利用对数坐标的非线性，展示更宽范围的频率特性，并使低频段更详细而高频段相对粗略；

（3）对连续时间系统，可以方便地建立模特性和相位特性的直线型渐近线。

例 4-34 绘制一阶系统 $H(j\omega) = \dfrac{1}{j\omega\tau + 1}$ 的 Bode 图。

解

$$H(j\omega) = \frac{1}{j\omega\tau + 1} = \frac{1}{\sqrt{(\omega\tau)^2 + 1}}e^{-j\arctan(\omega\tau)}$$

（1）幅频特性：$|H(j\omega)| = \dfrac{1}{\sqrt{(\omega\tau)^2 + 1}}$。

$\omega\tau \ll 1$，$20\lg|H(j\omega)| \approx 0\text{dB}$，斜率为 0 的水平线。

$\omega\tau \gg 1$，$20\lg|H(j\omega)| \approx -20\lg\omega\tau = -20\lg\omega - 20\lg\tau$，在对数坐标系下，是一条直线，斜率为 $-20\text{dB}/$十倍频程。

可见，一阶系统的 Bode 图幅频分支有两条直线型渐近线。$\omega = \dfrac{1}{\tau}$ 称为转折频率，从转折频率开始，向左右两边的 10 倍频程以外的范围分别属于 $\omega\tau \ll 1$ 和 $\omega\tau \gg 1$。根据上述分析，可以画出 Bode 图幅频分支如图 4-22 所示。虚线为渐近线，常常称为手工画出

的 Bode 图，实线是实际的 Bode 图。二者已经很近似了。

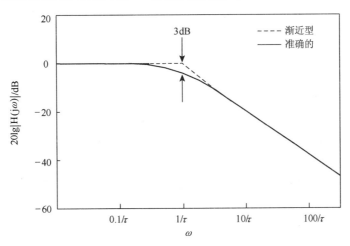

图 4-22　一阶系统 Bode 图的振幅谱

当 $\omega = \dfrac{1}{\tau}$ 时，准确的对数模为 $20\lg\left|H(\mathrm{j}\dfrac{1}{\tau})\right| = -10\lg 2 = -3\mathrm{dB}$，该点是用渐近线描述时

误差最大的点。

（2）相频特性：$\varphi_H(\omega) = -\arctan(\omega\tau)$。

$\omega\tau \ll 1$，$\varphi_H(\omega) \approx 0$；$\omega\tau \gg 1$，$\varphi_H(\omega) \approx -\dfrac{\pi}{2}$；$\omega\tau = 1$，$\varphi_H(\omega) \approx -\dfrac{\pi}{4}$。

根据幅频特性分支的思想，同样可以得到相频特性的分支，如图 4-23 所示。

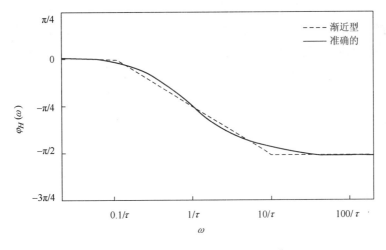

图 4-23　一阶系统 Bode 图的相位谱

4.5.5　LTI 系统的频域分析法步骤

　　根据卷积特性，可以对 LTI 系统进行频域分析。假设已知系统的输入和系统的本质描述，求解系统的响应。系统的时域和频域模型如图 4-24 所示。假设系统是松弛的。

图 4-24　连续系统的时域和频域模型

求解思路可以描述如下。

（1）由 $x(t) \leftrightarrow X(j\omega)$；

（2）根据系统的描述，求出 $H(j\omega)$；

（3）$Y(j\omega) = X(j\omega)H(j\omega)$；

（4）$y(t) = \mathcal{F}^{-1}[Y(j\omega)]$。

对于其他情况，可以先将已知的两个时域量进行傅里叶正变换，借助于 $Y(j\omega) = X(j\omega)$ $H(j\omega)$ 这个桥梁作用，找到第三个频域函数，利用傅里叶反变换，求解第三个时间信号。

在上述问题分析和计算过程中，涉及最重要的问题就是傅里叶正反变换的计算。

现在，我们可以将系统对信号的传输、处理以及交换的这些功能用频域分析法来研究，从频谱来看，输入、输出和系统频谱之间满足：

$$Y(j\omega) = X(j\omega)H(j\omega)$$

$$\left|Y(j\omega)\right|e^{j\varphi_Y(\omega)} = \left|X(j\omega)\right|e^{j\varphi_X(\omega)}\left|H(j\omega)\right|e^{j\varphi_H(\omega)} \tag{4-55}$$

$$\begin{cases} \left|Y(j\omega)\right| = \left|X(j\omega)\right|\left|H(j\omega)\right| \\ \varphi_Y(\omega) = \varphi_X(\omega) + \varphi_H(\omega) \end{cases} \tag{4-56}$$

由前面可知，从频域来看，系统将输入的模乘以系统频率特性函数的模得到输出的模，将输入的相位加上系统频率特性函数的相位得到输出的相位。从频域来看，信号通过系统，在频谱的模上进行相乘，在相位上进行相加，从而将信号通过系统的这种很难理解的时域卷积的运算转变为频域的幅度相乘和相位相加的运算。这样在系统的分析和设计上会带来很大的方便。所以，用频域的方法来分析电子通信系统比时域分析更简单，更容易理解。

4.5.6　系统频域分析法举例

1. 非周期信号通过 LTI 系统

例 4-35　已知系统 $H(j\omega) = \dfrac{1}{(j\omega+1)(j\omega+2)}$，系统输入 $x(t) = e^{-t}u(t)$，求系统零状态响应。

解

$$x(t) = e^{-t}u(t) \leftrightarrow X(j\omega) = \frac{1}{j\omega+1}$$

$$y(t) \leftrightarrow Y(j\omega) = X(j\omega)H(j\omega) = \frac{1}{(j\omega+1)^2(j\omega+2)} = \frac{-1}{j\omega+1} + \frac{1}{(j\omega+1)^2} + \frac{1}{j\omega+2}$$

$$e^{-t}u(t) \leftrightarrow \frac{1}{j\omega+1}$$

$$te^{-t}u(t) \leftrightarrow \frac{1}{(j\omega+1)^2}$$

$$e^{-2t}u(t) \leftrightarrow \frac{1}{j\omega+2}$$

$$y(t) = -e^{-t}u(t) + te^{-t}u(t) + e^{-2t}u(t)$$

例 4-36　已知因果系统微分方程为 $y''(t) + 3y'(t) + 2y(t) = x(t)$，系统初始条件为 $y(0^-) = 1$，$y'(0^-) = 2$，系统的输入为 $x(t) = u(t)$，求系统全响应。

解　$y''(t) + 3y'(t) + 2y(t) = x(t)$，两边取傅里叶变换，得到

$$((j\omega)^2 + 3j\omega + 2)Y(j\omega) = X(j\omega)$$

系统频率特性函数为

$$H(j\omega) = \frac{1}{(j\omega)^2 + 3j\omega + 2} = \frac{1}{(j\omega+1)(j\omega+2)}$$

系统极点为 $\lambda_1 = -1$，$\lambda_2 = -2$，系统零输入响应为

$$y_x(t) = c_1 e^{-t} + c_2 e^{-2t}, \quad t \geqslant 0^-$$

系统和输入都是因果的，所以

$$y_x(0^-) = y(0^-) = 1$$

$$y_x'(0^-) = y'(0^-) = 2$$

代入初始条件得到

$$\begin{cases} c_1 + c_2 = 1 \\ -c_1 - 2c_2 = 2 \end{cases} \Rightarrow c_1 = 4, \quad c_2 = -3, \quad y_x(t) = 4e^{-t} - 3e^{-2t}, \quad t \geqslant 0^-$$

$$x(t) = u(t) \leftrightarrow X(j\omega) = \pi\delta(\omega) + \frac{1}{j\omega}$$

$$y_f(t) \leftrightarrow Y_f(j\omega) = X(j\omega)H(j\omega) = \left[\pi\delta(\omega) + \frac{1}{j\omega}\right] \frac{1}{(j\omega+1)(j\omega+2)}$$

$$Y_f(j\omega) = \frac{\pi}{2}\delta(\omega) + \frac{1}{j\omega(j\omega+1)(j\omega+2)} = \frac{\pi}{2}\delta(\omega) + \frac{0.5}{j\omega} + \frac{-1}{j\omega+1} + \frac{0.5}{j\omega+2}$$

$$1 \leftrightarrow 2\pi\delta(\omega)$$

$$\operatorname{sgn}(t) \leftrightarrow \frac{2}{j\omega}$$

$$e^{-t}u(t) \leftrightarrow \frac{1}{j\omega+1}$$

$$e^{-2t}u(t) \leftrightarrow \frac{1}{j\omega+2}$$

$$y_x(t) = \frac{1}{4} + \frac{1}{4}\operatorname{sgn}(t) - e^{-t}u(t) + \frac{1}{2}e^{-2t}u(t) = \frac{1}{2}u(t) - e^{-t}u(t) + \frac{1}{2}e^{-2t}u(t)$$

$$y(t) = 4\mathrm{e}^{-t} - 3\mathrm{e}^{-2t} + \frac{1}{2}u(t) - \mathrm{e}^{-t}u(t) + \frac{1}{2}\mathrm{e}^{-2t}u(t), \quad t \geqslant 0^-$$

例 4-37　图 4-25 所示的系统，$x(t) = \mathrm{Sa}(2t)$。

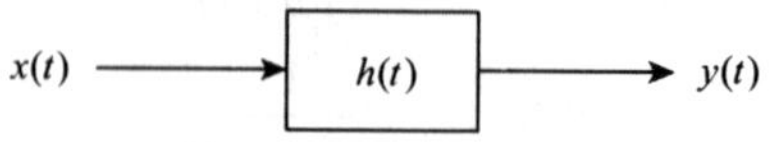

图 4-25　例 4-37 图

（1）当 $h(t) = \mathrm{Sa}(t)$ 时，计算零状态响应。

（2）当 $h(t) = \mathrm{Sa}(2t)$ 时，计算零状态响应。

（3）当 $h(t) = \mathrm{Sa}(2t) * \mathrm{Sa}(2t)$ 时，计算零状态响应。

解　利用 $G_\tau(t) \leftrightarrow \tau\mathrm{Sa}(\frac{\omega\tau}{2})$ 和对偶性得到

$$\mathrm{Sa}(\frac{\omega_0 t}{2}) \leftrightarrow \frac{2\pi}{\omega_0} G_{\omega_0}(\omega)$$

令 $\omega_0 = 4$，$x(t) = \mathrm{Sa}(2t) \leftrightarrow X(\mathrm{j}\omega) = \frac{\pi}{2}G_4(\omega)$，则有如下。

（1）因为

$$h(t) = \mathrm{Sa}(t) \leftrightarrow H(\mathrm{j}\omega) = \pi G_2(\omega)$$

$$Y(\mathrm{j}\omega) = X(\mathrm{j}\omega)H(\mathrm{j}\omega) = \frac{\pi^2}{2}G_4(\omega)G_2(\omega) = \frac{\pi^2}{2}G_2(\omega)$$

所以

$$y(t) = \frac{\pi}{2}\mathrm{Sa}(t)$$

（2）因为

$$h(t) = \mathrm{Sa}(2t) \leftrightarrow H(\mathrm{j}\omega) = \frac{\pi}{2}G_4(\omega)$$

$$Y(\mathrm{j}\omega) = X(\mathrm{j}\omega)H(\mathrm{j}\omega) = \frac{\pi^2}{4}G_4(\omega)G_4(\omega) = \frac{\pi^2}{4}G_4(\omega)$$

所以

$$y(t) = \frac{\pi}{2}\mathrm{Sa}(2t)$$

（3）因为

$$\mathrm{Sa}(2t) \leftrightarrow \frac{\pi}{2}G_4(\omega)$$

$$h(t) = \mathrm{Sa}(2t) * \mathrm{Sa}(2t) \leftrightarrow H(\mathrm{j}\omega) = \frac{\pi}{2}G_4(\omega)\frac{\pi}{2}G_4(\omega) = \frac{\pi^2}{4}G_4(\omega)$$

$$Y(\mathrm{j}\omega) = X(\mathrm{j}\omega)H(\mathrm{j}\omega) = \frac{\pi^3}{8}G_4(\omega)G_4(\omega) = \frac{\pi^3}{8}G_4(\omega)$$

所以

$$y(t) = \frac{\pi^2}{4} \mathrm{Sa}(2t)$$

例 4-38 已知系统的输入 $x(t) = \mathrm{e}^{-t}u(t)$，系统零状态响应为 $y(t) = 0.5\mathrm{e}^{-t}u(t) - \mathrm{e}^{-2t}$
$u(t) + 0.5\mathrm{e}^{-3t}u(t)$。

（1）求系统的频率特性函数。

（2）求系统的单位冲激响应。

（3）求系统输入输出关联的数学模型。

（4）当系统输入为 $x_1(t) = u(t)$ 时，求系统的响应。

解（1）对 $x(t)$ 和 $y(t)$ 进行傅里叶变换，有

$$x(t) = \mathrm{e}^{-t}u(t) \leftrightarrow X(\mathrm{j}\omega) = \frac{1}{\mathrm{j}\omega + 1}$$

$$y(t) = 0.5\mathrm{e}^{-t}u(t) - \mathrm{e}^{-2t}u(t) + 0.5\mathrm{e}^{-3t}u(t) \leftrightarrow Y(\mathrm{j}\omega) = \frac{0.5}{\mathrm{j}\omega + 1} - \frac{1}{\mathrm{j}\omega + 2} + \frac{0.5}{\mathrm{j}\omega + 3}$$

$$Y(\mathrm{j}\omega) = \frac{1}{(\mathrm{j}\omega + 1)(\mathrm{j}\omega + 2)(\mathrm{j}\omega + 3)}$$

$$H(\mathrm{j}\omega) = \frac{Y(\mathrm{j}\omega)}{X(\mathrm{j}\omega)} = \frac{1}{(\mathrm{j}\omega + 2)(\mathrm{j}\omega + 3)}$$

（2）对 $H(\mathrm{j}\omega)$ 进行部分分式展开，有

$$H(\mathrm{j}\omega) = \frac{1}{(\mathrm{j}\omega + 2)(\mathrm{j}\omega + 3)} = \frac{1}{\mathrm{j}\omega + 2} + \frac{-1}{\mathrm{j}\omega + 3}$$

系统的单位冲激响应为

$$h(t) = \mathrm{e}^{-2t}u(t) - \mathrm{e}^{-3t}u(t)$$

（3）对 $H(\mathrm{j}\omega)$ 进行整理，有

$$H(\mathrm{j}\omega) = \frac{1}{(\mathrm{j}\omega + 2)(\mathrm{j}\omega + 3)} = \frac{1}{(\mathrm{j}\omega)^2 + 5\mathrm{j}\omega + 6}$$

系统数学模型为

$$y''(t) + 5y'(t) + 6y(t) = x(t)$$

（4）已知 $x_1(t)$ 和 $h(t)$，利用卷积的时域方法，有

$$x_1(t) = u(t), \quad h(t) = \mathrm{e}^{-2t}u(t) - \mathrm{e}^{-3t}u(t)$$

$$y_1(t) = x_1(t) * h(t) = u(t) * [\mathrm{e}^{-2t}u(t) - \mathrm{e}^{-3t}u(t)] = \frac{1}{6}u(t) - \frac{1}{2}\mathrm{e}^{-2t}u(t) + \frac{1}{3}\mathrm{e}^{-3t}u(t)$$

2. 周期信号通过 LTI 系统

在前面，我们用傅里叶级数分析方法讨论了周期信号通过 LTI 的问题，得到的结果
为输出也是周期信号，并且和输入信号的周期相同，其输出信号和输入信号的傅里叶级
数系数之间满足 $b_k = H(\mathrm{j}\omega)\big|_{\mathrm{j}\omega = k\omega_0} a_k$。研究的模型如图 4-26 所示，现在用傅里叶变换来进
行分析。

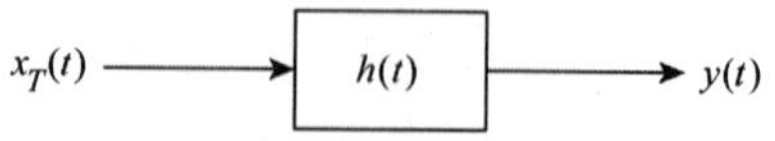

图 4-26　周期信号通过系统的模型

利用周期信号傅里叶级数和傅里叶变换之间的关系，可以得到

$$x_T(t) \leftrightarrow a_k, \quad x_T(t) = \sum_{k=-\infty}^{+\infty} a_k e^{jk\omega_0 t}$$

$$x_T(t) = \sum_{k=-\infty}^{+\infty} a_k e^{jk\omega_0 t} \leftrightarrow X_T(j\omega) = \sum_{k=-\infty}^{+\infty} 2\pi a_k \delta(\omega - k\omega_0) \tag{4-57}$$

$$h(t) \leftrightarrow H(j\omega)$$

$$y(t) = x_T(t) * h(t) \leftrightarrow Y(j\omega) = X_T(j\omega)H(j\omega) = \sum_{k=-\infty}^{+\infty} 2\pi a_k H(j\omega)\delta(\omega - k\omega_0)$$

$$y(t) \leftrightarrow Y(j\omega) = \sum_{k=-\infty}^{+\infty} 2\pi a_k H(jk\omega_0)\delta(\omega - k\omega_0) \tag{4-58}$$

$$y(t) \leftrightarrow b_k = a_k H(jk\omega_0) \tag{4-59}$$

根据上面分析，所以 $y(t)$ 也是周期信号，与 $x_T(t)$ 的周期相同，并且得到了傅里叶级数分析法的相同结果。

例 4-39　已知系统输入为 $x(t) = \cos t$，系统单位冲激响应为 $h(t) = e^{-t}u(t)$，求系统响应 $y(t)$ 及其输出的平均功率。

解

$$x(t) = \cos t \leftrightarrow X(j\omega) = \pi\delta(\omega + 1) + \pi\delta(\omega - 1)$$

$$h(t) = e^{-t}u(t) \leftrightarrow H(j\omega) = \frac{1}{j\omega + 1}$$

$$y(t) \leftrightarrow Y(j\omega) = [\pi\delta(\omega + 1) + \pi\delta(\omega - 1)]\frac{1}{j\omega + 1} = \frac{\pi}{1-j}\delta(\omega + 1) + \frac{\pi}{1+j}\delta(\omega - 1)$$

根据 $1 \leftrightarrow 2\pi\delta(\omega)$，利用频移性可得

$$y(t) = \frac{1}{2}\frac{1}{1-j}e^{-jt} + \frac{1}{2}\frac{1}{1+j}e^{jt} = \frac{1}{4}(e^{jt} + e^{-jt}) + \frac{j}{4}(e^{-t} - e^{jt}) = \frac{1}{2}\cos t + \frac{1}{2}\sin t$$

输出信号为周期信号，平均功率为

$$P = \frac{1}{4}(\frac{1}{2} + \frac{1}{2}) = \frac{1}{4}(W)$$

在例 4-39 中可以看到，周期信号通过线性时不变系统，可以用傅里叶变换的知识来解决。所以，傅里叶级数所有分析的内容，可以用傅里叶变换来解决。

4.6　无失真传输系统和理想低通滤波器

在电子通信系统中，每个系统都有特定的功能。现在来分析两个特殊的系统——无

失真传输系统和理想低通滤波器。

4.6.1　无失真传输系统

从信号的频谱密度 $X(\mathrm{j}\omega) = |X(\mathrm{j}\omega)| \mathrm{e}^{\mathrm{j}\varphi_X(\mathrm{j}\omega)}$ 来看，一个信号所携带的全部信息分别包含在其频谱的模和相位中。在通信特别是模拟通信中，我们会尽量减少信号的失真。信号在传输过程中失真的原因有两种：幅度失真和相位失真。幅度失真是由频谱的振幅谱改变而引起的失真。相位失真是由频谱的相位谱改变而引起的失真。所以系统对输入信号所起的作用包括两个方面：①改变输入信号各频率分量的幅度；②改变输入信号各频率分量的相位。

在工程实际中，不同的应用场合，对幅度失真和相位失真有不同的敏感程度，也会有不同的技术指标要求。当系统对输入信号中每个频率成分在幅度上给予相同的放大倍数，在相位上附加与频率呈线性关系的相位，这样的系统称为无失真传输系统。所以，无失真传输系统的频率特性函数为

$$H(\mathrm{j}\omega) = K\mathrm{e}^{-\mathrm{j}\omega t_0}$$

$$|H(\mathrm{j}\omega)| = K, \quad \varphi_H(\omega) = -t_0\omega$$

（4-60）

系统的数学模型为

$$y(t) = Kx(t - t_0)$$

（4-61）

系统的单位冲激响应为

$$h(t) = K\delta(t - t_0)$$

（4-62）

其中，K 和 t_0 是常数。根据数学模型可以知道，无失真传输系统是线性时不变系统。系统的时域和频域模型如图 4-27 所示，系统的振幅谱和相位谱如图 4-28 所示。

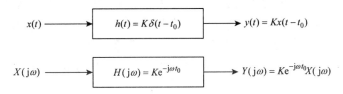

图 4-27　无失真传输系统的时域和频域模型

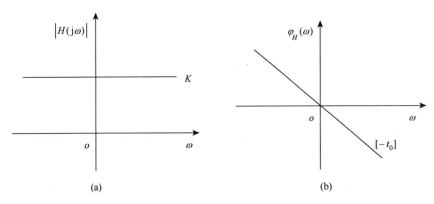

图 4-28　无失真传输系统的振幅谱和相位谱

　　如果一个系统的幅频特性是一个常数，称这种系统为全通系统，即对输入信号中的任何频率成分具有相同的放大倍数。任何全通系统的特性全由相位特性来确定。当然，无失真传输系统是一种全通系统，恒等系统也是一种全通系统。全通系统并不一定是无失真传输系统，恒等系统是无失真传输系统的一种特例，但无失真传输并不一定是恒等系统。

　　严格意义的无失真传输系统是无法完全实现的，主要原因是带宽为无穷大。通常，系统若在被传输信号的带宽范围内满足不失真条件，则可认为系统对该信号是不失真系统。由相频特性曲线来看，无失真传输系统也是一种线性相位系统。所以无失真系统既是全通系统又是线性相位系统。

　　在通信系统中为了研究系统对每个频率成分的时延，定义群时延为

$$\tau(\omega) = -\frac{\mathrm{d}}{\mathrm{d}\omega}[\angle H(\mathrm{j}\omega)] \tag{4-63}$$

群时延代表了在以 ω 为中心的一个很小的频带范围内信号所受到的有效公共时延。对线性相位系统，系统的相位特性表明了信号的各个频率分量在通过系统时，系统对它所产生的附加相移。相位特性的斜率就是该频率分量在时域产生的时延。

4.6.2　理想低通滤波器

　　系统对输入信号中各频率分量给予不同的放大倍数和不同的时延，甚至完全禁止某些频率分量的通过，这样的特点称为滤波，这样的系统称为滤波器。从广义的角度来看，任何系统都可以看做滤波器。

　　滤波器的幅频特性在某一个（或几个）频段内为常数，而在其他频段内频率响应等于 0，这样的滤波器称为理想滤波器。在电子和通信系统中，常常用这样的系统来完全通过信号中的某些频率成分，完全禁止另一些频率成分。根据系统完全通过和禁止频率成分的不同情况，理想滤波器可分为低通、高通、带通、带阻，分别简记为 LPF、HPF、BPF、BEF。滤波器允许信号完全通过的频段称为滤波器的通带，完全不允许信号通过的频段称为阻带。

　　通过上述分析，滤波器的频率特性曲线主要考虑的是幅频特性曲线。LPF、HPF、BPF、BEF 的幅频特性曲线如图 4-29 所示。

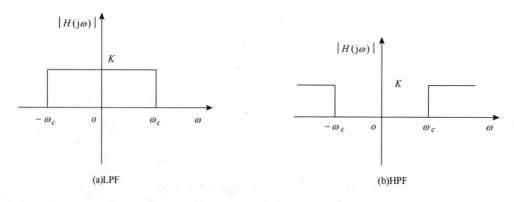

　　　　　　(a)LPF　　　　　　　　　　　　　　　　(b)HPF

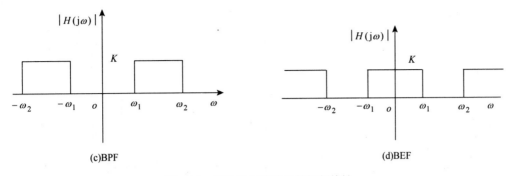

图 4-29　四种理想滤波器的幅频特性

　　由理想低通滤波器可以构造其他任何理想滤波器，所以理想低通滤波器是最主要、最基本的。下面来分析理想低通滤波器的特点。

　　当系统的频率特性满足：

$$|H(j\omega)| = KG_{2\omega_c}(\omega) = \begin{cases} K, & \omega < \omega_c \\ 0, & \omega > \omega_c \end{cases} \tag{4-64}$$

$$\varphi_H(\omega) = -t_0\omega$$

的系统称为理想低通滤波器。其中，ω_c 称为截止角频率；带宽为 $B = \dfrac{\omega_c}{2\pi}$。理想低通滤波器是一种线性相位系统。

　　因为线性的相移对应时域的时延，为了分析的简单化，可以只考虑幅频特性。下面以 $H(j\omega) = KG_{2\omega_c}(\omega) = \begin{cases} 1, \omega < \omega_c \\ 0, \omega > \omega_c \end{cases}$ 为例，来研究理想低通滤波器的特点，如图 4-30 所示。

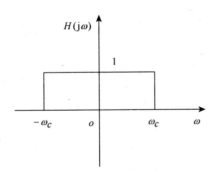

图 4-30　理想低通滤波器的频谱密度

　　由 $G_\tau(t) \leftrightarrow \tau\mathrm{Sa}(\dfrac{\omega\tau}{2})$，根据对偶性得到

$$\omega_0\mathrm{Sa}(\dfrac{\omega_0 t}{2}) \leftrightarrow 2\pi G_{\omega_0}(\omega)$$

令 $\omega_0 = 2\omega_c$，得到理想低通滤波器的单位冲激响应为

$$h(t) = \dfrac{\omega_c}{\pi}\mathrm{Sa}(\omega_c t) \leftrightarrow H(j\omega) = G_{2\omega_c}(\omega) \tag{4-65}$$

单位冲激响应图如 4-31 所示。

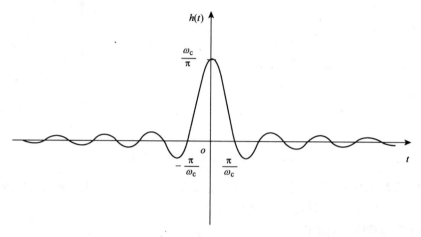

图 4-31 理想低通滤波器的单位冲激响应

现在来分析理想低通滤波器的单位阶跃响应。利用单位阶跃响应的定义有

$$s(t) = h(t) * u(t) = \int_{-\infty}^{t} \frac{\omega_c}{\pi} \frac{\sin \omega_c t}{\omega_c t} dt = \frac{1}{\pi} \int_{-\infty}^{\omega_c t} \frac{\sin x}{x} dx$$

$$= \frac{1}{\pi} \int_{-\infty}^{0} \frac{\sin x}{x} dx + \frac{1}{\pi} \int_{0}^{\omega_c t} \frac{\sin x}{x} dx$$

根据数学上的正弦积分：

$$\int_{0}^{x} \frac{\sin \tau}{\tau} d\tau = \mathrm{Si}(x)$$

$$x \to \infty, \quad \mathrm{Si}(x) \to \frac{\pi}{2}; \quad x \to -\infty, \quad \mathrm{Si}(x) \to -\frac{\pi}{2}, \quad \mathrm{Si}(0) = 0$$

$$s(t) = \frac{1}{\pi} \left[\mathrm{Si}(0) - \mathrm{Si}(-\infty) \right] + \frac{1}{\pi} \mathrm{Si}(\omega_c t) = \frac{1}{2} + \frac{1}{\pi} \mathrm{Si}(\omega_c t) \tag{4-66}$$

其波形如图 4-32 所示。

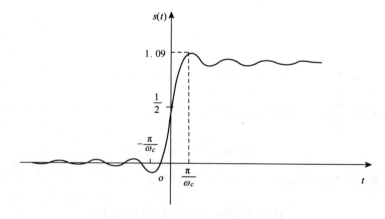

图 4-32 低通滤波器的单位阶跃响应

如果理想低通滤波器具有线性相位特性，则

$$H(j\omega) = G_{2\omega_c}(\omega)e^{-jt_0\omega}$$

所以普遍的理想低通滤波器的单位冲激响应为

$$h(t) = \frac{\omega_c}{\pi}Sa(\omega_c(t-t_0)) = \frac{\sin\omega_c(t-t_0)}{\pi(t-t_0)} \leftrightarrow H(j\omega) = G_{2\omega_c}(\omega)e^{-jt_0\omega} \qquad (4\text{-}67)$$

其波形如图 4-33 所示，是发生时移的取样函数。

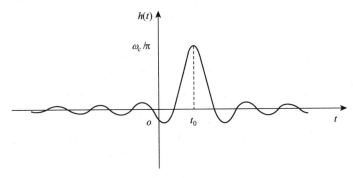

图 4-33　有线性相移低通滤波器的单位冲激响应

通过上述对理想低通滤波器的时域和频域特点的研究，可以得到如下结论。

（1）理想低通滤波器频率带宽是有限的，并且有陡峭的截止特性，时域是无始无终的。因此理想滤波器是非因果系统，从严格意义来讲理想低通滤波器是物理不可实现的。

（2）尽管从频域滤波的角度看，理想低通滤波器的频率特性是最佳的。但它们的时域特性并不是最佳的。$h(t)$ 有起伏、旁瓣、主瓣，这表明理想滤波器的时域特性与频域特性并不兼容。

（3）在工程应用中，当要设计一个滤波器时，必须对时域特性和频域特性作出恰当的折中。

由于理想滤波器是物理不可实现的，工程应用中就必须寻找一个物理可实现的频率特性去逼近理想特性，这种物理可实现的系统就称为非理想滤波器或实际滤波器。对理想特性逼近得越精确，实现时付出的代价越大，系统的复杂程度也越高。

工程实际中常用的逼近方式分别有从幅频特性出发逼近和相频特性逼近两种方法。

从幅频特性出发逼近理想低通的模型包括 Butterworth 滤波器、Chebyshev 滤波器和 Cauer 滤波器。Butterworth 滤波器的特点为通带、阻带均呈单调衰减，也称通带最平伏逼近。Chebyshev 滤波器其特点为通带等起伏阻带单调，或通带单调阻带等起伏。Cauer 滤波器（椭圆函数滤波器）其特点为通带、阻带均等起伏。

从相频特性出发逼近理想的线性相位特性有 Bassel 滤波器、Chebyshev 滤波器和 Gauss 滤波器。Bassel 滤波器的特点是群时延最平伏逼近。

对同一种滤波器，阶数越高，对理想特性逼近得越好，过渡带越窄，但付出的代价是系统越复杂。对同样阶数的滤波器，从 Butterworth 到 Chebyshev 再到 Cauer，其幅频特性逼近得越来越好，但阶跃响应的起伏、超量和振荡也越厉害，这体现了系统频域特性与时域特性的不兼容性。

4.7 调制解调技术概述

在通信系统中，调制解调技术是很重要的一门技术。可以从时域分析，也可从频域分析。但从频域分析该技术更容易理解。

4.7.1 调制

在通信系统中，传输的原始消息称为基带信号（或者调制信号），这样的信号往往处于低频段。当不适合在信道中传输时，我们就得考虑频谱搬移。将信号的频谱进行搬移，搬移到较高频段的过程称为调制。调制一般不改变频谱形状，当然，有个别调制（如 VSB）会改变频谱的形状。完成调制功能的系统称为调制器。

随着通信技术的发展，调制有很多种分类。根据基带信号的类型不同，调制可以分为模拟调制和数字调制；根据载波信号的类型不同，调制可以分为连续波调制和脉冲调制；根据频谱搬移的类型不同，可以分为线性调制和非线性调制；根据已调信号的某个参数携带基带信号的信息，可以分为振幅调制、频率调制、相位调制。

调制过程如图 4-34 所示，在实现过程中，常常要用到乘法器件。所以频域分析调制时用到时域相乘、频域相卷的性质。

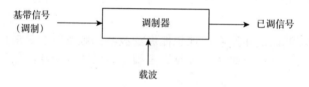

图 4-34　调制模型

两个信号在时域相乘，可以看做由一个信号控制另一个信号的幅度，这就是幅度调制。其中，一个信号称为载波，另一个是调制信号。下面研究幅度调制的特点，其调制的框图如图 4-35 所示。

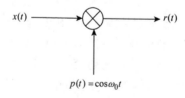

图 4-35　幅度调制

$$x(t) \leftrightarrow X(\mathrm{j}\omega), \quad p(t) = \cos \omega_0 t \leftrightarrow P(\mathrm{j}\omega) = \pi[\delta(\omega+\omega_0) + \delta(\omega-\omega_0)]$$

$$r(t) = x(t)p(t) \leftrightarrow R(\mathrm{j}\omega) = \frac{1}{2\pi} X(\mathrm{j}\omega) * \pi[\delta(\omega+\omega_0) + \delta(\omega-\omega_0)]$$

$$r(t) = x(t)\cos\omega_0 t \leftrightarrow R(\mathrm{j}\omega) = \frac{1}{2}X(\mathrm{j}(\omega + \omega_0)) + \frac{1}{2}X(\mathrm{j}(\omega - \omega_0)) \qquad (4\text{-}68)$$

假设基带信号的最高角频率为 ω_H ，载波角频率为 ω_0 ，幅度调制的时域和频域原理图如图 4-36 所示。$x(t)$ 是模拟信号，其中不包含直流成分，这样的幅度调制称为 DSB。载波是正弦或者余弦，调制后的频谱是原来频谱的线性搬移。所以此例是模拟调制、幅度调制中的 DSB、连续波调制、线性调制。已调信号的频谱就是将原来的频谱高度减半，左右搬移载波的频率，这样的结论对以后学习通信有很大的帮助。

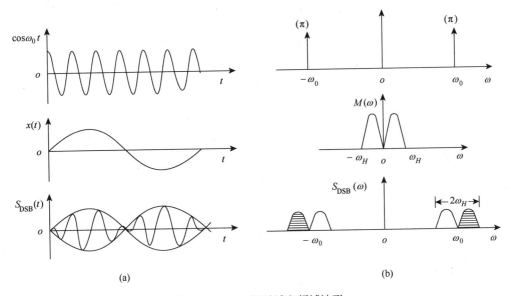

图 4-36 DSB 的时域和频域波形

4.7.2 解调

从已调信号中恢复出基带（调制）信号的过程称为解调。解调时需要一个和调制时频域相同的载波则称为相干（同步）解调，若解调时不需要这样的载波则称为非相干解调。若需要这样的载波，一般是对接收的信号进行变换，从而提取载波，这样的过程称为载波的同步提取。

现在我们来考虑上面幅度调制中 DSB 信号的解调。解调最终目的实现 $y(t) = Kx(t - t_0)$ ，更特殊情况实现 $y(t) = x(t)$ 。从而调制与解调和在一起相当于理想无失真传输。通过图 4-37 可以实现信号的恢复。其中，由乘法器和低通滤波器件通过串联来实现。

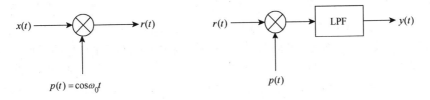

图 4-37 DSB 调制和解调

$$g(t) = r(t)\cos\omega_0 t \leftrightarrow G(j\omega) = \frac{1}{2\pi}R(j\omega) * \pi[\delta(\omega-\omega_0)+\delta(\omega+\omega_0)]$$

$$G(j\omega) = \frac{1}{2}X(j\omega) + \frac{1}{4}X(j(\omega-2\omega_0)) + \frac{1}{4}X(j(\omega+2\omega_0)) \qquad (4\text{-}69)$$

此时，合理选择低通滤波器，可以从 $g(t)$ 中恢复出调制信号 $x(t)$。假设低通滤波器的频率特性为 $H(j\omega)$，其放大倍数为 K，截止角频率为 ω_c。为了实现信号的恢复，LPF 的参数必须满足

$$K = 2，\quad \omega_H < \omega_c < 2\omega_0 - \omega_H \qquad (4\text{-}70)$$

此时，LPF 的频率特性如图 4-38 所示。

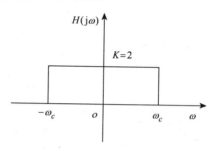

图 4-38　DSB 解调中的低通滤波器

4.8　采样及采样定理

4.8.1　采样的定义

在现实生活中，常可以看到用离散时间信号来描述和传输连续时间信号的例子，如传真的照片、数码相机拍摄的照片、电影胶片、语音的数字通信等。这些都具有一个共性：原始信号是模拟信号，最后都转换成了数字信号。在现代数字通信中，如果原始信号是模拟信号，要把模拟信号通过抽样、量化、编码转化成数字信号，才能在数字通信系统中传输。这表明连续时间信号与离散时间信号之间或者模拟信号和数字信号之间存在着密切的联系。现在，我们来考虑模拟信号数字化的第一个过程——采样。

采样是将时间上、幅值上都连续的模拟信号，在采样脉冲的作用，转换成时间上离散、幅值上仍可能连续的离散信号，采样又可称为抽样。在某些离散的时间点上提取连续时间信号值的过程称为采样。所以采样又称为连续信号的离散化过程，或者是提取连续信号样本值的过程，是模数转换（A/D）的第一个过程。

根据采样的不同特点，采样可以有很多种分类。一种分为理想采样和实际采样。当采样脉冲是理想的冲激串时，就是理想采样，当采样脉冲是其他的周期信号，如周期的门、周期的三角波等，就属于实际的采样。根据被采样信号处于的频段不同，分为低通采样和高通采样。信号位于低频段，则采样过程称为低通采样，信号位于高频段，则采样过程称为高通采样。根据采样后时域的顶部特点不同，采样分为平顶采样和曲顶采样。在采样的时间段保持原来波形的变化特点称为曲顶采样。在采样的时间段，采样后的信

号是按照某时刻的信息保持不变，则称为平顶采样。

当然所说的采样是时域的采样，当把这些思想用于频域时，就是频域采样的范畴。

4.8.2　低通型理想的时域采样定理

下面讨论一维连续时间信号采样的例子：两个不同信号 $x_1(t)$ 和 $x_2(t)$，如图 4-39 所示。

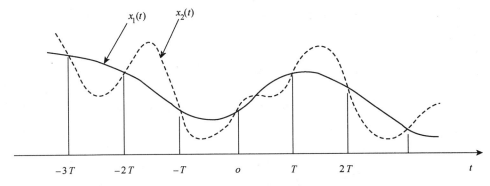

图 4-39　采样结果相同的两路不同的模拟信号

对它们进行相同时刻的采样，在每个采样点上有相同取值，也就是说，采样后得到相同的离散信号，然后传输。所以，在接收端会得到相同的信号，最后我们对收到的信号进行恢复。当然，如果希望接收端可以实现信号的重现。那么，上述过程最多只有一个信号实现了正确的采样传输，甚至两个都是错误的采样传输。所以研究连续时间信号离散的过程时，其中一个重要问题是信号在离散过程中，满足怎样的条件，在接收端才能实现信号的恢复或者重现？这就是采样定理研究的范畴。

1928 年，美国电信工程师奈奎斯特首先提出采样定理，称为奈奎斯特采样定理。1933 年，苏联工程师 Kotelnikov 首次用公式严格地表述了这一定理，因此在苏联文献中称为 Kotelnikov 采样定理。1948 年，信息论的创始人香农对这一定理加以明确地说明并正式作为定理引用，因此在许多文献中又称为香农采样定理。采样定理有许多表述形式，但最基本的表述方式是时域采样定理和频域采样定理。采样定理在数字式遥测系统、时分制遥测系统、信息处理、数字通信和采样控制理论等领域得到广泛的应用。

奈奎斯特（1889～1976 年），英文名 Nyguist，美国物理学家，1917 年获得耶鲁大学哲学博士学位。曾在美国 AT&T 公司与贝尔实验室任职。奈奎斯特为近代信息理论作出了突出贡献。他提出的奈奎斯特采样定理是信息论，特别是通信与信号处理学科中的一个重要的定理。20 世纪 90 年代开始，采样定理和时分复用为数字通信的蓬勃发展作出了巨大贡献，又因为模拟信号数字化最开始的就是采样，所以称采样定理是数字通信的理论基础。

现在，我们来考虑时域采样的情况，被采样的属于低通型，采样过程是理想采样，采样的结构框图如图 4-40 所示。由于采样的模型由乘法器来完成，所以仍然应用频域分析中的时域相乘、频域相卷的结论。假设 $x(t)$ 为原始的连续信号，$p(t)$ 为抽样脉冲，理想采样时 $p(t)$ 为单位冲激串。实际采样时，$p(t)$ 可能为周期的门信号。T 为采样周期，$\omega_s = \dfrac{2\pi}{T}$ 为采样角频率，$f_s = \dfrac{1}{T}$ 为采样速率。

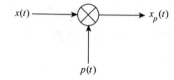

图 4-40 采样的模型

现在来研究理想采样的时域和频域的特点。

时域：

$$p(t) = \sum_{n=-\infty}^{\infty} \delta(t-nT)$$

$$x_p(t) = x(t)p(t) = x(t)\sum_{n=-\infty}^{+\infty} \delta(t-nT) = \sum_{n=-\infty}^{+\infty} x(nT)\delta(t-nT) \qquad (4\text{-}71)$$

时域波形如图 4-41 所示。

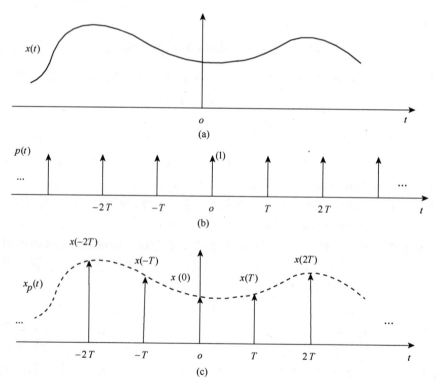

图 4-41 理想采样的时域示意图

频域：

$$x(t) \leftrightarrow X(j\omega)$$

$$p(t) = \sum_{n=-\infty}^{\infty} \delta(t-nT) \leftrightarrow P(j\omega) = \frac{2\pi}{T}\sum_{n=-\infty}^{\infty} \delta\left(\omega-\frac{2\pi}{T}k\right)$$

$$x_p(t) \leftrightarrow X_p(j\omega) = \frac{1}{2\pi}X(j\omega)*P(j\omega) = \frac{1}{2\pi}X(j\omega)*\frac{2\pi}{T}\sum_{k=-\infty}^{\infty} \delta(\omega-k\omega_s)$$

$$X_p(\mathrm{j}\omega) = \frac{1}{T}\sum_{k=-\infty}^{\infty} X(\mathrm{j}(\omega - k\omega_s)) \tag{4-72}$$

频域的图形如图 4-42 所示。

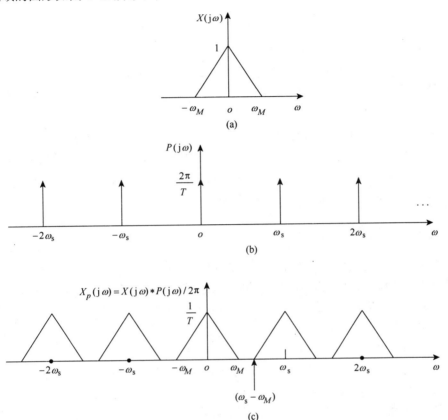

图 4-42　采样的频域示意图

可见，在时域对连续时间信号进行冲激串采样，就相当于在频域将连续时间信号的频谱 $X(\mathrm{j}\omega)$ 高度降为原来的 $\dfrac{1}{T}$，以 ω_s 为周期进行延拓。这正是信号分析中时域离散化频域周期化的体现。要使采样后的信号样本能完全恢复出原来的信号，这就需要从采样的频谱 $X_p(\mathrm{j}\omega)$ 中不失真地分离出原来信号的频谱 $X(\mathrm{j}\omega)$。要求 $X_p(\mathrm{j}\omega)$ 在进行周期性延拓时不能发生频谱的混叠。为此必须满足：① $x(t)$ 必须是带限的，假设最高角频率分量为 ω_M；②采样间隔（周期）不能是任意的，必须保证采样角频率 $\omega_s \geqslant 2\omega_M$，$X_p(\mathrm{j}\omega)$ 的频谱才没有混叠。

在满足上述要求时，可以让采样后的信号通过理想低通滤波器，从 $X_p(\mathrm{j}\omega)$ 中不失真地分离出 $X(\mathrm{j}\omega)$。模拟信号通过理想采样及其恢复组成的简单系统如图 4-43 所示。合理选择低通滤波器，在接收端可以实现信号的恢复，其中，放大倍数 K 和截止角频率 ω_c 满足：

$$K = T, \quad \omega_M < \omega_c < \omega_s - \omega_M \tag{4-73}$$

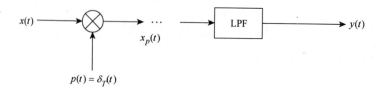

图 4-43　理想采样及其信号重现

将上述分析的结论描述为奈奎斯特采样定理，内容如下。

对带限于最高频率 ω_M 的连续时间信号 $x(t)$，如果以 $\omega_s \geqslant 2\omega_M$ 的频率进行理想采样，则 $x(t)$ 可以唯一地由其样本 $x(nT)$ 来确定。

在工程实际应用中，理想滤波器是不可能实现的。而非理想滤波器一定有过渡带，因此，实际采样时，ω_s 必须大于 $2\omega_M$。另外，如果采样时不满足采样定理的要求，就一定会在 $x_p(t)$ 的频谱周期延拓时出现频谱混叠的现象，这种现象称为欠采样与频谱混叠。有混叠时，即使通过理想低通滤波也得不到原信号。

4.8.3　零阶保持采样

理想采样的功能是得到采样时刻一瞬间的信息，进行模数转换时，需要一定时间来完成。在转换过程中，如果送给 ADC 的模拟量发生变化，则不能保证精度。所以，在理想采样后，为了保证精度，需要接上保持电路。让采样的信息在完成 A/D 转换之间持续一段时间，这样的电路称为保持电路。零阶保持器的作用是在信号传递过程中，把第 nT 时刻的采样信号值一直保持到第 $(n+1)T$ 时刻的前一瞬时，依次类推，从而把一个脉冲序列变成一个连续的阶梯信号。因为在每一个采样区间内连续的阶梯信号的值均为常值，其一阶导数为 0，故称为零阶保持器。除了零阶保持，还有其他的保持电路，如一阶保持。

下面来研究零阶保持电路，其特点可以用图 4-44 来描述。在理想采样后接上零阶保持电路，预期达到的效果如图 4-44（a）所示；零阶保持电路的单位冲激如图 4-44（b）所示；零阶保持电路的原理框图如图 4-44（c）所示；理想采样和零阶保持电路串联的结构框图如图 4-44（d）所示。

零阶保持电路的单位冲激响应为

$$h_0(t) = u(t) - u(t-T) = G_T(t - \frac{T}{2})　　　　（4-74）$$

零阶保持电路的频率特性函数为

$$H_0(j\omega) = T\mathrm{Sa}(\frac{\omega T}{2})e^{-j\frac{\omega T}{2}}　　　　（4-75）$$

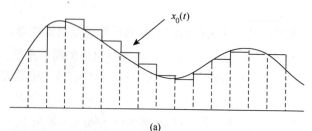

（a）

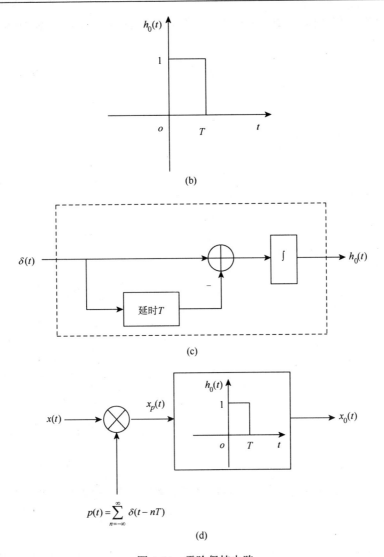

图 4-44　零阶保持电路

　　现在来考虑零阶保持后，在接收端如何实现信号的恢复。假设 $H(\mathrm{j}\omega)$ 表示理想低通滤波器的特性，$H_0(\mathrm{j}\omega)$ 为零阶保持电路的频率特性，$H_r(\mathrm{j}\omega)$ 为零阶保持后接收端恢复系统的频率特性函数，根据理想采样恢复系统设计的思想，有

$$H(\mathrm{j}\omega) = H_0(\mathrm{j}\omega)H_r(\mathrm{j}\omega) \tag{4-76}$$

　　假设选择低通滤波器的截止频率为 $\omega_c = \dfrac{1}{2}\omega_s = \dfrac{\pi}{T}$，所以接收端恢复系统的频率特性函数为

$$H_r(\mathrm{j}\omega) = \begin{cases} \dfrac{1}{\mathrm{Sa}(\dfrac{\omega T}{2})}\mathrm{e}^{\mathrm{j}\frac{\omega T}{2}}, & |\omega| < \dfrac{\pi}{T} \\[4mm] 0, & |\omega| > \dfrac{\pi}{T} \end{cases} \tag{4-77}$$

此时，在零阶保持信号重现系统设计时所用的 $H_0(j\omega)$、$H_r(j\omega)$ 和 $H(j\omega)$ 的示意图如图 4-45 所示。

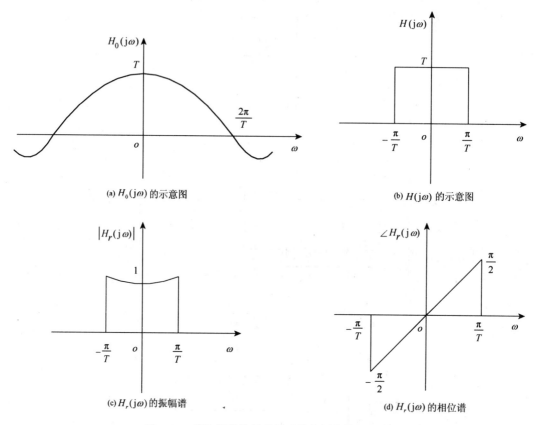

(a) $H_0(j\omega)$ 的示意图

(b) $H(j\omega)$ 的示意图

(c) $H_r(j\omega)$ 的振幅谱

(d) $H_r(j\omega)$ 的相位谱

图 4-45 零阶保持信号重现系统的频率特性函数

4.8.4 理想内插

在前面我们从频域的观点理解了理想采样时如何实现信号的恢复。下面我们从时域的观点来讨论理想采样时如何实现信号的恢复。从时域来看，由样本值重建原始信号的过程就是内插。从时域来看，理想抽样后重建信号的过程就是理想内插。

ω_s 为采样角频率，ω_c 为理想低通滤波器的截止角频率。当 $\omega_M < \omega_c < \omega_s - \omega_M$ 时，能够实现理想采样的信号恢复，此时理想低通滤波器的单位冲激响应 $h(t) = \dfrac{T\omega_c}{\pi}\mathrm{Sa}(\omega_c t)$。现在从时域来理解理想采样的恢复。

采样后的信号为

$$x_p(t) = \sum_{n=-\infty}^{+\infty} x(nT)\delta(t - nT)$$

从时域来看，实现了信号恢复，则

$$y(t) = x(t) = x_p(t) * h(t) = \sum_{n-\infty}^{\infty} x(nT)\delta(t - nT) * h(t) = \sum_{n=-\infty}^{\infty} x(nT)h(t - nT)$$

$$x(t) = \sum_{n=-\infty}^{\infty} x(nT)\frac{T\omega_c}{\pi}\mathrm{Sa}(\omega_c(t-nT))$$

理想低通滤波器的单位冲激响应是取样函数，在这里称为内插函数。现在以 $\omega_c = \dfrac{\omega_s}{2} = \dfrac{\pi}{T}$ 的特殊情况来从时域理解信号的恢复，此时

$$x(t) = \sum_{n=-\infty}^{\infty} x(nT)\mathrm{Sa}(\frac{\pi}{T}(t-nT)) \tag{4-78}$$

以取样函数 $\mathrm{Sa}(\dfrac{\pi}{T}t)$ 为基本的内插函数，将 $\mathrm{Sa}(\dfrac{\pi}{T}t)$ 发生时移得到 $\mathrm{Sa}(\dfrac{\pi}{T}(t-nT))$，然后和 $x(t)$ 在 nT 时刻的采样值 $x(nT)$ 进行相乘得到 $x(nT)\mathrm{Sa}(\dfrac{\pi}{T}(t-nT))$，当 n 在无穷范围内变化时，将这一系列乘积相加得到的信号就是 $x(t)$。从时域来看，恢复的过程就可以理解为内插函数移动带权重的叠加，理想内插的示意图如图 4-46 所示。

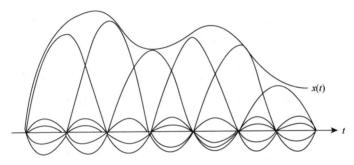

图 4-46　理想内插

4.8.5　频域采样

采样的本质是将连续变量的函数离散化。因此，在频域也可以对连续的频谱进行采样，这一过程与时域采样是完全对偶的。频域采样的框图如图 4-47 所示。

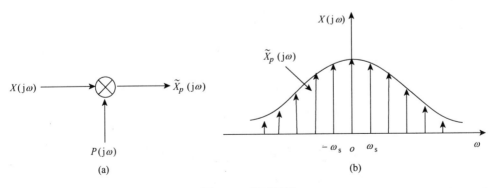

图 4-47　频域采样

假设连续频谱为 $X(\mathrm{j}\omega)$，频域中周期冲激谱为 $P(\mathrm{j}\omega) = \sum_{k=-\infty}^{\infty}\delta(\omega-k\omega_s)$，$\omega_s$ 为频域采

样间隔，$P(j\omega)$ 所对应的时域为 $p(t) = \dfrac{1}{\omega_s} \sum\limits_{k=-\infty}^{\infty} \delta(t - \dfrac{2\pi}{\omega_s}k)$ 。频域采样的情况可以从两个方面来描述：

（1）频域有 $\tilde{X}_p(j\omega) = X(j\omega)P(j\omega) = \sum\limits_{k=-\infty}^{\infty} X(jk\omega_s)\delta(\omega - k\omega_s)$ ；

（2）时域有 $\tilde{x}_p(t) = x(t) * p(t) = x(t) * \dfrac{1}{\omega_s} \sum\limits_{k=-\infty}^{\infty} \delta(t - \dfrac{2\pi}{\omega_s}k) = \sum\limits_{k=-\infty}^{\infty} \dfrac{1}{\omega_s} x(t - \dfrac{2\pi}{\omega_s}k)$ 。

这表明，对信号的频谱在频域理想采样，相当于在时域将信号以 $\dfrac{2\pi}{\omega_s}$ 为周期无限延拓，且放大 $\dfrac{1}{\omega_s}$ 倍。要使频域采样的样本能完全代表原信号，就必须保证信号在周期性延拓时不发生重叠。为此要求：①信号 $x(t)$ 必须是时限的，假设终止时刻为 T_M；②为了从 $\tilde{x}_p(t)$ 中恢复出信号 $x(t)$，要求频域采样间隔 ω_s 和 $x(t)$ 的终止时刻 T_M 之间满足：

$$\omega_s \leqslant \frac{\pi}{T_M} \tag{4-79}$$

此时，可以在时域通过乘法器，用门信号和频域采样后的信号相乘，从周期性延拓的信号中截取出原信号，这样的门信号选择为 $\omega_s G_\tau(t)$，其中，$T_M \leqslant \left|\dfrac{\tau}{2}\right| \leqslant \dfrac{2\pi}{\omega_s} - T_M$，选择 $\tau = \dfrac{2\pi}{\omega_s}$，这样的门信号如图 4-48 所示。

所以，频域采样定理可以描述为：对时间受带限于终止时刻为 T_M 的连续时间信号 $x(t)$，如果以 $\omega_s \leqslant \dfrac{\pi}{T_M}$ 的频率间隔进行理想频率采样，则 $X(j\omega)$ 可以唯一地由其频率样本 $X(jk\omega_0)$ 来确定。

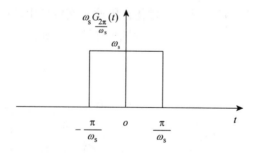

图 4-48　频域采样的信号重现系统

4.9　傅里叶变换在其他学科中的应用

在数学领域，尽管最初傅里叶分析是作为热过程的解析分析的工具，但是其思想方法仍然具有典型的还原论和分析主义的特征。任意函数通过一定的分解，都能够表示为正弦函数的线性组合的形式，而正弦函数在物理上是被充分研究而相对简单的函数类：

第一，傅里叶变换是线性算子，若赋予适当的范数，它还是酉算子；第二，傅里叶变换的逆变换容易求出，而且形式与正变换非常类似；第三，正弦基函数是微分运算的本征函数，从而使得线性微分方程的求解可以转化为常系数的代数方程的求解；第四，通过傅里叶变换，将卷积运算成简单的乘积运算。正是由于上述的良好性质，傅里叶变换在物理学、数论、组合数学、信号处理、概率、统计、密码学、声学、光学等领域都有着广泛的应用。傅里叶变换将原来难以处理的时域信号转换成了易于分析的频域信号（信号的频谱），可以利用一些工具对这些频域信号进行处理、加工。最后还可以利用傅里叶反变换将这些频域信号转换成时域信号。

　　傅里叶变换是数字信号处理领域一种很重要的算法。快速傅里叶变换（FFT）是离散傅里叶变换（DFT）的快速算法，它是根据离散傅里叶变换的奇、偶、虚、实等特性，对离散傅里叶变换的算法进行改进获得的。它对傅里叶变换的理论并没有新的发现，但是对于在计算机系统或者说数字系统中应用离散傅里叶变换，可以说是进了一大步。

　　短时傅里叶变换（short time Fourier transform，STFT），又称为加窗傅里叶变换，但由 STFT 的定义决定了其窗函数的大小和形状均与时间和频率无关而且保持不变，只适用分析所有特征尺度大致相同的过程，对于分析时变信号是不利的。高频信号一般持续时间很短，而低频信号持续时间较长，因此，人们期望对于高频信号采用小时间窗，对于低频信号则采用大时间窗进行分析。在进行信号分析时，这种变时间窗的要求同 STFT 的固定时窗（窗不随频率发生变化）的特性是矛盾的，这表明 STFT 在处理这一类问题时已无能为力了。此外，在进行数值计算时，人们希望将基函数离散化，以节约计算时间及存储量。但 Gabor 基无论如何离散，都不能构成一组正交基，因而给数值计算带来了不便。这些 Gabor 变换的不足之处，恰恰是小波变换的特长所在。小波变换不仅继承和发展了 STFT 的局部化的思想，而且克服了窗口大小不随频率变化、缺乏离散正交的缺点，是一种比较理想的进行信号处理的数学工具。

　　傅里叶变换在图像处理中也有着重要的应用。傅里叶变换是数字图像处理技术的基础，其通过在时空域和频率域来回切换图像，对图像的信息特征进行提取和分析，简化了计算工作量，被喻为描述图像信息的第二种语言，广泛应用于图像变换、图像编码与压缩、图像分割、图像重建等。傅里叶变换是大家所熟知的正交变换。在一维信号处理中得到了广泛应用。图像的频率是表征图像中灰度变化剧烈程度的指标，是灰度在平面空间上的梯度。例如，大面积的沙漠在图像中是一片灰度变化缓慢的区域，对应的频率值很低；而对于地表属性变换剧烈的边缘区域在图像中是一片灰度变化剧烈的区域，对应的频率值较高。从物理效果看，傅里叶变换是将图像从空间域转换到频率域，其逆变换是将图像从频率域转换到空间域。换句话说，傅里叶变换的物理意义是将图像的灰度分布函数变换为图像的频率分布函数，傅里叶逆变换是将图像的频率分布函数变换为灰度分布函数。傅里叶变换以前，图像（未压缩的位图）是由对在连续空间（现实空间）上的采样得到一系列点的集合，我们习惯用一个二维矩阵表示空间上各点，则图像可由 $z=f(x, y)$ 来表示。由于空间是三维的，图像是二维的，因此空间中物体在另一个维度上的关系就由梯度来表示，这样我们可以通过观察图像得知物体在三维空间中的对应关系。为什么要提梯度？因为实际上对图像进行二维傅里叶变换得到频谱图，就是图像梯度的分布图，当然频谱图上的各点与图像上各点并不存在一一对应的关系，即使在不移频的情况下也是没有。傅里叶频谱图上我们看到的明暗不一的亮点，实际上图像上某一点与邻域点差异的强弱，即梯度的大小，即该点的频率的大小（可以这么理解，图像中的低频部分指低梯度的点，高频部分相反）。一般来讲，梯度大则该点的亮度强，否则该点亮度弱。因此，数字图像是一个二维的数据矩阵，图像处理就是图像的变换，傅里叶变换将时域或空域信号变换成频域的能量分布描述。通过傅里叶变换，对图像的频率特征进行提取和分析，可以使一些在空间域不易实现的操作变为频域中的简单问题。傅里叶变换广泛应用于图像增强、图像去噪、图像边缘检测、图像特征提取、图像压缩等，是数字图像处理的数学基础。

习　题

1. 已知信号 $x(t) = G_1(t) + 2G_1(t-2)$，其傅里叶变换记为 $X(j\omega)$，计算 $X(j\omega)$ 和 $X(0j)$。

2. 计算下列信号的 FT，并简要绘制频谱图。

（1）$x_1(t) = e^{-2t}u(t-1)$；　　　　（2）$x_2(t) = e^{-2|t-1|}$。

3. 已知信号 $x(t) \leftrightarrow X(j\omega)$，计算下列各种情况的 FT。

（1）$x(-2t)$；　　　　（2）$x(-t+2)$；　　　　（3）$x(-t)e^{-2jt}$；

（4）$x'(2t+1)$；　　　　（5）$(1-t)x(t-1)$；　　　　（6）$\dfrac{dx(2t+1)}{dt}$；

（7）$\displaystyle\int_{-\infty}^{t-2} x(\tau)d\tau$；　　　　（8）$x(2t)\cos t$。

4. 计算下列信号的 FT。

（1）$x_1(t) = e^{-3t-1}u(t-1)$；　　（2）$x_2(t) = te^{-2t-1}u(t+1)$；　　（3）$x_3(t) = e^{2t-1}u(-t+1)$；

（4）$x_4(t) = Sa(t)$；　　（5）$x_5(t) = 1 + \cos(2\pi t + \dfrac{\pi}{4})$；　　（6）$x_6(t) = \dfrac{1}{t-2}$；

（7）$x_7(t) = te^{-t}\cos t u(t)$；　　（8）$x_8(t) = Sa(2t)Sa(2t)$；　　（9）$x_9(t) = \cos t[u(t+1) - u(t-1)]$；

（10）$x_{10}(t) = t\cos 2t[u(t+1) - u(t-1)]$。

5. 已知图 4-49 所示各信号的波形，计算 FT。

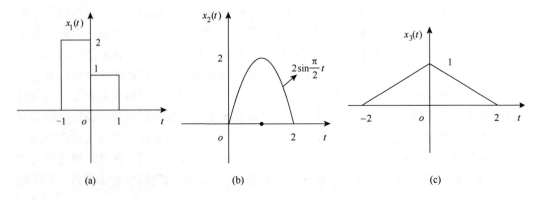

(a)　　　　　　　　　　　　(b)　　　　　　　　　　　　(c)

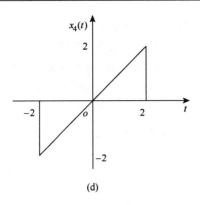

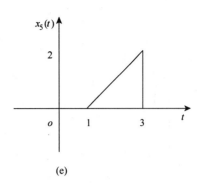

(d)　　　　　　　　　　　　　　　(e)

图 4-49

6. 已知下列周期信号，计算 FS 和 FT，并绘制频谱密度图。

（1）$x_1(t) = \cos 2t$ ；（2）$x_2(t) = \sum\limits_{m=-\infty}^{+\infty} \delta(t - 6m)$ ；（3）若 $g(t) = u(t) - u(t-1)$ ，$x_3(t) = g(t) * x_2(t)$ ；

（4）若 $g(t) = u(t) - u(t-1)$ ，$x_4(t) = [g(t) * g(t)] * x_2(t)$ 。

7. 计算傅里叶反变换。

（1）$X_1(j\omega) = \dfrac{1}{j\omega + 1}$ ；　　　　（2）$X_2(j\omega) = \dfrac{1}{j\omega + 1} e^{-j\omega}$ ；　　　　（3）$X_3(j\omega) = \dfrac{1}{\omega^2 + 4}$ ；

（4）$X_4(j\omega) = \delta(\omega + 2)$ ；　　　　（5）$X_5(j\omega) = u(\omega)$ ；　　　　（6）$X_6(j\omega) = \dfrac{1}{\omega - 2}$ ；

（7）$X_7(j\omega) = \mathrm{Sa}(2\omega)$ ；　　　　（8）$X_8(j\omega) = \dfrac{1}{j\omega - 2}$ ；　　　　（9）$X_9(j\omega) = \cos 2\omega$ 。

8. 已知 $x(t) \leftrightarrow X(j\omega)$ ，假设给出下列条件，求 $x(t)$ 。

（1）$x(t)$ 非负实数。（2）$\int_{-\infty}^{+\infty} |X(j\omega)|^2 \, d\omega = 2$ 。（3）$ae^{-t}u(t) \leftrightarrow (1 + j\omega)X(j\omega)$ ，a 为常数。

9. 已知因果实数信号 $x(t)$ 的傅里叶变换的实部 $R(\omega) = \cos 2\omega$ ，计算 $x(t)$ 。

10. 已知实信号 $x(t) \leftrightarrow X(j\omega) = |X(j\omega)| e^{j\theta(\omega)}$ ，其振幅 $|X(j\omega)| = \dfrac{2|\omega|}{\omega^2 + 4}$ ，相位 $\theta(\omega) = \begin{cases} \dfrac{\pi}{2}, & \omega < 0 \\ -\dfrac{\pi}{2}, & \omega > 0 \end{cases}$ 。

（1）求 $x(t)$ 。　　　　（2）$y(t) = \dfrac{1}{\pi} \int_{-\infty}^{\infty} \dfrac{x(\tau - 2)}{t - \tau} \, d\tau$ ，求 $y(t)$ 的能量。

11. 利用傅里叶正反变换的知识，计算下列卷积积分。

（1）$a > 0, e^{-at}u(t) * e^{-at}u(t)$ 。　　　　（2）ω_1, ω_2 为正常数，$\mathrm{Sa}(\omega_1 t) * \mathrm{Sa}(\omega_2 t)$ 。

12. 利用傅里叶变换的知识，计算下列积分。

（1）$a > 0, \int_{-\infty}^{\infty} \dfrac{1}{a^2 + x^2} \, dx$ ；　　　　（2）$\int_{-\infty}^{\infty} \mathrm{Sa}(2x)\mathrm{Sa}(3x) \, dx$ 。

13. 已知因果系统的单位冲激响应 $h(t) = e^{-t}u(t)$ ，输入为 $x(t) = e^{-2t}u(t) - e^{-3t}u(t)$ ，用傅里叶变换分析法求解系统的零状态响应。

14. 已知系统的微分方程 $y''(t) + 6y'(t) + 8y(t) = x'(t) + x(t)$ ，初始条件为 $y(0^-) = 1$ ，$y'(0^-) = 3$ ，系统

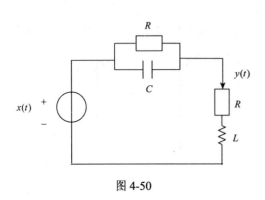

图 4-50

输入为 $x(t) = e^{-t}u(t)$。

（1）求系统的零状态响应。

（2）求系统的频率特性函数。

（3）求系统的单位冲激响应。

（4）求系统的全响应。

15. 因果 LTI 系统 $H(j\omega) = \dfrac{j\omega}{-\omega^2 + 3j\omega + 2}$。

（1）求系统的数学模型。（2）求系统的单位冲激响应。（3）求系统的单位阶跃响应。

16. 已知电路如图 4-50 所示，求系统的微积分方程和频率特性函数。

17. 已知电路见图 4-51，求系统的微积分方程和频率特性函数。

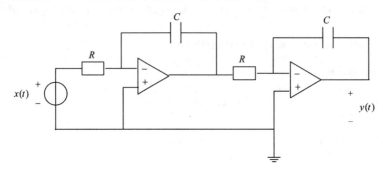

图 4-51

18. 确定下列信号的奈奎斯特速率。

（1）$Sa(50t)$；　　　　　　　　　（2）$Sa^2(50t)$；

（3）$Sa(50t) + Sa^2(50t)$；　　　　（4）$(Sa(50t) + Sa^2(30t))^2$。

19. 已知低通型信号 $x(t)$ 的奈奎斯特速率为 f_s，确定下列信号的奈奎斯特速率。

（1）$2x(t) + x(t-2)$；　　　　　　（2）$x(2t)$；

（3）$x''(2t)$；　　　　　　　　　（4）$x^2(t)$。

20. 已知 $x_1(t)$ 的频谱处于 0 到 f_1，$x_2(t)$ 频谱处于 0 到 f_2，且 $f_1 < f_2$，确定下列信号的带宽和奈奎斯特时间。

（1）$x_1(t) * x_2(t)$；　　　　　　（2）$x_1(t)x_2(t)$；

（3）$(x_1(t) + x_2(t))^2$；　　　　（4）$x_1(t) * x_2(t-2)$。

21. 已知系统框图如图 4-52 所示，已知 $x_1(t) = Sa(1000t)$，$x_2(t) = Sa(2000t)$，$x(t) = x_1(t)x_2(t)$，$p(t) = \sum\limits_{n=-\infty}^{+\infty} \delta(t-nT)$。

（1）计算 $x(t)$ 的频谱。

（2）为了从 $x_s(t)$ 中无失真恢复 $x(t)$，求最大抽样时间间隔 T。

（3）当 T 分别为 $\dfrac{\pi}{4000}$、$\dfrac{\pi}{2000}$ 时，绘制 $x_s(t)$ 的频谱。

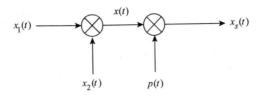

图 4-52

（4）当从 $x_s(t)$ 中能够无失真恢复 $x(t)$ 时，请描述该系统后面应该接入怎样的子系统。

22. 在图 4-53 所示的电路中，输入 $x(t)$ 为周期方波，已知 $R=1\Omega$，$L=1\text{H}$。

（1）写出以 $y(t)$ 为输出的电路的微分方程。

（2）求出电流 $y(t)$ 的前 3 次谐波。

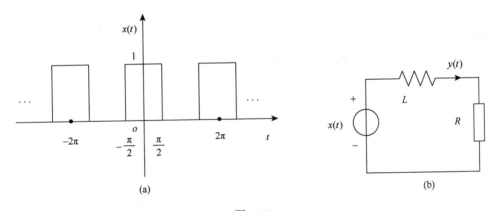

图 4-53

23. 图 4-54 所示为非理想采样系统，$x(t)$ 的频谱如图所示，$p(t)=\displaystyle\sum_{m=-\infty}^{\infty} G_\tau(t-mT)$。试画出 $y(t)$ 的频谱，指出 T 和 ω_M 满足什么关系时，可以从 $y(t)$ 中恢复 $x(t)$，并设计恢复系统的框图。

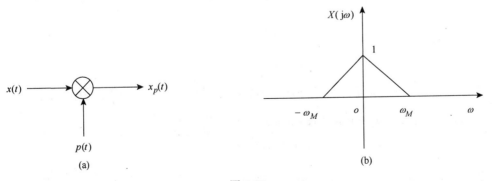

图 4-54

24. 图 4-55（a）所示的系统，其中，$x(t) = \dfrac{\sin 2t}{2\pi t}$，$p(t) = \cos 1000t$，系统中理想带通滤波器的频率响应如图 4-55（b）所示，其相频特性 $\varphi(\omega) = 0$，求输出信号 $y(t)$。

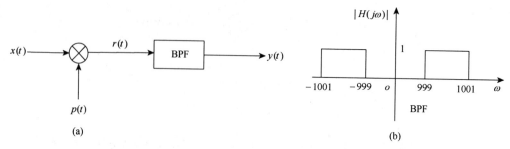

图 4-55

25. 已知系统框图如图 4-56（a）所示，$p(t) = \sum\limits_{m=-\infty}^{\infty}(-1)^m \delta(t - \dfrac{1}{3}m)$，$H(j\omega)$ 和 $X(j\omega)$ 的频谱分别如图 4-56（b）和图 4-56（c）所示。

（1）求 $x(t)$。

（2）分别画出 $r(t)$ 和 $y(t)$ 的频谱。

（3）设计一个系统，使之能从 $y(t)$ 中恢复出 $x(t)$。

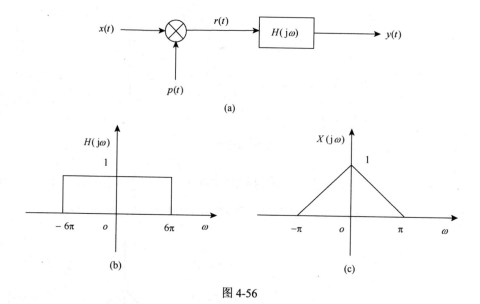

图 4-56

26. 图 4-57（a）所示的系统，已知 $p_1(t) = \cos 20\pi t$，$p_2(t) = \delta_T(t)$，$\omega_c = \dfrac{\pi}{T}$，$H(j\omega)$ 和 $x(t)$ 的频谱 $X(j\omega)$ 分别如图 4-57（b）和图 4-57（c）所示。

（1）当 $T = \dfrac{1}{10}$ 时，画出 $r_1(t)$、$r_2(t)$ 和 $y(t)$ 的频谱。

（2）当 $T = \dfrac{1}{2}$ 时，画出 $r_2(t)$ 和 $y(t)$ 的频谱，并求出 $x(t)$ 和 $y(t)$。

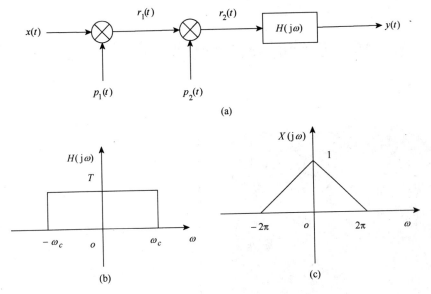

(a)

(b) (c)

图 4-57

第5章 连续时间信号和系统的复频域分析

图 5-1 拉普拉斯（1749.3～1827.3）

傅里叶级数、傅里叶变换和拉普拉斯变换都属于变换域分析法。分析的对象都是连续信号和连续系统。变换域分析的前提是相当广泛的信号都可以表示成复指数信号的线性组合，而复指数函数是一切 LTI 系统的特征函数。这章学习复频域分析方法，主要讲解拉普拉斯变换。正如傅里叶对傅里叶级数和傅里叶变换作出了巨大贡献一样，另一伟人——拉普拉斯，对复频域的分析也作出了不可磨灭的贡献。

皮埃·西蒙·拉普拉斯（1749-1827）（图 5-1），法国数学家、天文学家，法国科学院院士，是天体力学的主要奠基人、天体演化学的创立者之一，他还是分析概率论的创始人，因此可以说他是应用数学的先驱。1749 年 3 月 23 日生于法国西北部卡尔瓦多斯的博蒙昂诺日，曾任巴黎军事学院数学教授。1795 年任巴黎综合工科学校教授，后又在高等师范学校任教授。1799 年他还担任过法国经度局局长，并在拿破仑政府中任过 6 个星期的内政部长。1816 年被选为法兰西学院院士，1817 年任该院院长。1827 年 3 月 5 日卒于巴黎。拉普拉斯在研究天体问题的过程中，创造和发展了许多数学的方法，以他名字命名的拉普拉斯变换、拉普拉斯定理和拉普拉斯方程，在科学技术的各个领域有着广泛的应用。

拉普拉斯把注意力主要集中在天体力学的研究上面。他把牛顿的万有引力定律应用到整个太阳系，1773 年解决了一个当时著名的难题：解释木星轨道为什么在不断地收缩，而同时土星的轨道又在不断地膨胀。拉普拉斯用数学方法证明行星平均运动的不变性，即行星的轨道大小只有周期性变化，并证明此变化为偏心率和倾角的 3 次幂。这就是著名的拉普拉斯定理。此后他开始了太阳系稳定性问题的研究。同年，他成为法国科学院副院士。

1784～1785 年，他求得天体对其外任一质点的引力分量可以用一个势函数来表示，这个势函数满足一个偏微分方程，即著名的拉普拉斯方程。1785 年他被选为科学院院士。

1786 年证明行星轨道的偏心率和倾角总保持很小和恒定，能自动调整，即摄动效应是守恒和周期性的，不会积累也不会消解。1787 年发现月球的加速度同地球轨道的偏心率有关，从理论上解决了太阳系动态中观测到的最后一个反常问题。

1796 年，他的著作《宇宙体系论》问世，书中提出了对后来有重大影响的关于行星起源的星云假说。在这部书中，他独立于康德，提出了第一个科学的太阳系起源理论——星云说。康德的星云说是从哲学角度提出的，而拉普拉斯则从数学、力学角度充实了星云说，因此，人们常常把他们两人的星云说称为康德-拉普拉斯星云说。

他长期从事大行星运动理论和月球运动理论方面的研究，尤其是他特别注意研究太阳系天体摄动，太阳系的普遍稳定性问题以及太阳系稳定性的动力学问题。在总结前人研究的基础上取得大量重要成果，他的这些成果集中在 1799～1825 年出版的 5 卷 16 册巨著《天体力学》之内。在这部著作中第一次提出天体力学这一名词，是经典天体力学的代表作。因此他被誉为法国的牛顿和天体力学之父。1814 年拉普拉斯提出科学假设，假设如果有一个智能生物能确定从最大天体到最轻原子的运动的现时状态，就能按照力学规律推算出整个宇宙的过去状态和未来状态。后人把他所假设的智能生物称为拉普拉斯妖。

他发表的天文学、数学和物理学的论文有 270 多篇，专著合计有 4006 多页。其中，最有代表性的专著有《天体力学》、《宇宙体系论》和《概率分析理论》（1812 年发表）。

拉普拉斯变换是工程数学中常用的一种积分变换，又称为拉氏转换。拉氏变换是一个线性变换，为简化计算而建立的实变量函数和复变量函数间的一种函数变换。对一个实变量函数作拉普拉斯变换，并在复数域中作各种运算，再将运算结果作拉普拉斯反变换来求得实数域中的相应结果，往往比直接在实数域中求出同样的结果在计算上容易得多。拉普拉斯变换的这种运算步骤对于求解线性微分方程尤为有效，它可把微分方程化为容易求解的代数方程来处理，从而使计算简化。在经典控制理论中，对控制系统的分析和综合，都是建立在拉普拉斯变换的基础上的。

傅里叶变换是以复指数函数中的特例，即以 $e^{j\omega t}$ 为基底分解信号的。对于更一般的复指数函数 e^{st}，也理应能以此为基底对信号进行分解。拉普拉斯变换简称为拉氏变换，傅里叶变换简称为傅氏变换。拉普拉斯变换是傅里叶变换的推广，傅里叶变换是拉普拉斯的特例。傅里叶变换在频域的变量是 ω 或者 $j\omega$，拉普拉斯变换在复频域的变量是 $s = \sigma + j\omega$。通过本章的学习，会看到拉氏变换和傅里叶变换有很多相似的性质，拉氏变换不仅适用于傅里叶变换能解决的信号分析和系统求解，而且还能解决傅里叶分析方法无法解决的问题。

本章在讲拉普拉斯变换时，分单边和双边两种情况来讲，当没有作特殊说明时拉普拉斯变换专指双边拉普拉斯变换。在学习本章时有个很重要的概念——收敛域。收敛域在正反变换计算时都很重要。

5.1　拉普拉斯正变换的定义

5.1.1　从傅里叶变换推广到双边拉普拉斯变换

在第 4 章我们学习了一个重要公式：$\text{Re}(a) > 0$，$e^{-at}u(t) \leftrightarrow \dfrac{1}{j\omega + a}$。现在，我们来研究一类信号像 $e^{2t}u(t)$，这类信号随时间一直在增加，不满足上述公式，傅里叶变换

不存在。但当我们考虑图 5-2 时，合理选择 σ，$g(t) =$
$x(t)\mathrm{e}^{-\sigma t}$ 的傅里叶变换就存在了。

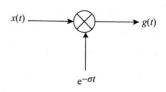

图 5-2　研究对象的改变

$$x(t) \leftrightarrow X(\mathrm{j}\omega) = \int_{-\infty}^{+\infty} x(t)\mathrm{e}^{-\mathrm{j}\omega t}\mathrm{d}t$$

$$\mathrm{e}^{-\sigma t}x(t) = g(t) \leftrightarrow G(\mathrm{j}\omega) = \int_{-\infty}^{+\infty} \mathrm{e}^{-\sigma t}x(t)\mathrm{e}^{-\mathrm{j}\omega t}\mathrm{d}t = \int_{-\infty}^{+\infty} x(t)\mathrm{e}^{-(\sigma+\mathrm{j}\omega)t}\mathrm{d}t$$

引入新的变量：

$$s = \sigma + \mathrm{j}\omega \tag{5-1}$$

合理选择 σ，则

$$\mathrm{e}^{-\sigma t}x(t) = g(t) \leftrightarrow G(\mathrm{j}\omega) = \int_{-\infty}^{+\infty} x(t)\mathrm{e}^{-st}\mathrm{d}t$$

由 $X(\mathrm{j}\omega)$ 的书写方法，利用外推法进行推广，所以 $G(\mathrm{j}\omega) = \int_{-\infty}^{+\infty} x(t)\mathrm{e}^{-st}\mathrm{d}t = X(s)$。

如果 $X(s)$ 存在有限表达式，则称 $X(s)$ 为 $x(t)$ 的拉普拉斯正变换，或称为 $x(t)$ 的复频谱密度函数。因此拉普拉斯正变换的定义为

$$X(s) = \int_{-\infty}^{+\infty} x(t)\mathrm{e}^{-st}\mathrm{d}t \tag{5-2}$$

拉普拉斯正变换就是已知时域 $x(t)$ 信号，来计算复频谱密度函数 $X(s)$ 的过程。在上述对时间积分过程中理论上需要考虑整个时间范围，称为双边拉普拉斯变换。

例 5-1　计算 $\mathrm{e}^{-at}u(t)$ 的拉普拉斯变换。

解

$$X(s) = \int_{-\infty}^{+\infty} \mathrm{e}^{-at}u(t)\mathrm{e}^{-st}\mathrm{d}t = \int_{0}^{+\infty} \mathrm{e}^{-(a+s)t}\mathrm{d}t = \frac{1}{-(s+a)}[\mathrm{e}^{-(a+s)(+\infty)} - 1]$$

当 $\mathrm{Re}(s+a) > 0$，即 $\sigma : (\mathrm{Re}(-a), +\infty]$ 时，有

$$\mathrm{e}^{-(a+s)(+\infty)} = 0$$

所以，当 $\sigma : (\mathrm{Re}(-a), +\infty]$ 时，$\mathrm{e}^{-at}u(t)$ 的拉氏变换为 $X(s) = \dfrac{1}{s+a}$

结合 LT 的定义推导过程，此例中令 $a=-2$，根据 FT 的知识，$\mathrm{e}^{2t}u(t)$ 不存在 FT，但 $\sigma : (2+\infty]$ 时，$\mathrm{e}^{2t}u(t)$ 的拉氏变换为 $X(s) = \dfrac{1}{s-2}$。

拉氏变换与傅里叶变换一样存在收敛问题。并非任何信号的拉氏变换都存在，也不是 s 平面上的任何复数都能使拉氏变换收敛。一般而言，信号存在 FT，就存在 LT；信号不存在 FT，可能存在 LT，所以 LT 是 FT 的推广。但有些特殊信号 FT 存在但 LT 不存在。

5.1.2　单边拉普拉斯变换的定义

不管信号的起始时刻和终止时刻，在计算拉普拉斯正变换时，对时间的积分从 0 时刻开始，正无穷时刻结束，这样的拉普拉斯变换称为单边拉普拉斯正变换，记为 $X_l(s)$，其数学定义式为

$$X_l(s) = \int_{0^-}^{+\infty} x(t)\mathrm{e}^{-st}\mathrm{d}t \tag{5-3}$$

在式（5-3）中，若信号 $x(t)$ 在 0 时刻有冲激作用，为了完全考虑 0 时刻冲激在积分中的贡献，所以将积分限定义为从 0^- 到 $+\infty$。通过式（5-2）和式（5-3）的比较，我们发现单边、双边 LT 变换的积分形式一样，只是计算的积分区间不同。

对于因果信号 $x(t)$ 而言，由于 $x(t) = x(t)u(t)$，所以其单、双边变换是一致的。因此，在计算信号的单边 LT 时，可以将研究对象 $x(t)$ 变为 $x(t)u(t)$，计算 $x(t)u(t)$ 的双边 LT 等价于计算了 $x(t)$ 的单边 LT。信号为非因果信号时，单、双边变换是不同的。有些课程在分析系统时专门分析因果信号和因果系统，此时考虑以单边变换为主要分析对象。在本书中没有作特殊说明，都指的双边拉普拉斯变换。

例 5-2　已知信号 $x(t) = \mathrm{e}^{-t}u(t)$，求单、双边拉氏变换。

解　（1）双边变换。根据例 5-1，令 $a = 1$，可以得到当 $\sigma:(-1,+\infty]$ 时，$\mathrm{e}^{-t}u(t)$ 的双边拉氏变换为 $X(s) = \dfrac{1}{s+1}$。

（2）单边变换。由于时域是因果信号，单、双边变换是一致的，$X_l(s) = \dfrac{1}{s+1}$。

例 5-3　已知信号 $x(t) = \mathrm{e}^{-t}u(t+1)$，求单、双边变换。

解　（1）双边变换。

$$X(s) = \int_{-\infty}^{+\infty} \mathrm{e}^{-t}u(t+1)\mathrm{e}^{-st}\mathrm{d}t = \int_{-1}^{+\infty} \mathrm{e}^{-(1+s)t}\mathrm{d}t = \frac{1}{-(s+1)}[\mathrm{e}^{-(1+s)(+\infty)} - \mathrm{e}^{-(1+s)(-1)}]$$

当 $\sigma:(-1,+\infty)$ 时，$\mathrm{e}^{-(a+s)(+\infty)} = 0$，所以

$$X(s) = \frac{\mathrm{e}^{(s+1)}}{s+1}$$

（2）单边变换。

$x(t) = \mathrm{e}^{-t}u(t+1)$，则

$$x(t)u(t) = \mathrm{e}^{-t}u(t)$$

$x(t) = \mathrm{e}^{-t}u(t+1)$ 的单边 LT 等于 $x(t)u(t) = \mathrm{e}^{-t}u(t)$ 的双边 LT。

当 $\sigma:(-1,+\infty]$ 时，$\mathrm{e}^{-t}u(t)$ 的双边拉氏变换为

$$X(s) = \frac{1}{s+1}$$

所以，当 $\sigma:(-1,+\infty]$ 时，$x(t)$ 的单边拉氏变换为

$$X_l(s) = \frac{1}{s+1}$$

5.2　拉普拉斯变换的收敛域

5.2.1　拉普拉斯变换的存在性

已知时间信号 $x(t)$，$X(s)$ 或 $X_l(s)$ 存在有限表达式时，称为拉普拉斯变换存在。当 $X(s)$ 或 $X_l(s)$ 不存在有限表达式时，则拉普拉斯变换不存在。

可以借助于 FT 的收敛性来理解 LT 的收敛性。到现在为止，我们也只能用充分条件来描述：当 $\int_{-\infty}^{+\infty}\left|x(t)e^{-\sigma t}\right|dt < \infty$ 时，$X(s)$ 就存在有限的表达式。当然，$x(t)e^{-\sigma t}$ 绝对可积是与 σ 的选择有关系的。

5.2.2 拉普拉斯变换的收敛域

在前面分析中，总看到当 $\sigma = \mathrm{Re}(s)$ 满足一定条件，得到 $X(s)$ 的表达式这样的论述。首先讨论这个条件的含义，然后来简化拉普拉斯变换的描述方法。

已知时间信号 $x(t)$，使拉氏变换积分收敛的那些复数 s 或 $\mathrm{Re}(s)$ 的集合，称为拉普拉斯变换的收敛域，简记为 ROC。收敛域可以理解为：在 s 平面上，那些使拉氏变换存在有限表达式的集合，在这个集合之外的任何 s，将使 $x(t)$ 的 LT 不存在，或者为无穷。

有了收敛域的概念，拉普拉斯变换对就可以简单写为

$$x(t) \leftrightarrow X(s), \quad \sigma:(\alpha, \beta) \tag{5-4}$$

该书写中包含了三部分内容：时域、复频域、收敛域。收敛域可以用 ROC 来简写。有了收敛域，我们就可以将 LT 用下面的等式联系起来。

$$X(s) = \mathcal{L}[x(t)], \quad \sigma:(\alpha, \beta)$$

此时收敛域是在计算拉斯变换时得的结果。

$$x(t) = \mathcal{L}^{-1}[X(s)], \quad \sigma:(\alpha, \beta)$$

此时收敛域是已知条件。

收敛域是一个很重要的概念，收敛域是和复频域一起存在的。FT 是 LT 的特例，LT 有收敛域的概念，当然 FT 也有收敛域，由于 $\sigma = 0$ 时，s 就过渡到 $j\omega$。所以 FT 等价于 $\sigma = 0$ 时的 LT。因此，只要 FT 存在，则收敛域就是 $\sigma = 0$。由于所有 FT 的收敛域都是 $\sigma = 0$，没有任何区别，所以在学习 FT 时，我们没有强调收敛域这样的概念。

5.2.3 拉普拉斯变换收敛域的特点

首先在二维空间中建立横轴为 σ 纵轴为 $j\omega$ 的平面，这样的平面称为 s 平面。LT 中的变量在 s 平面任何点都可能。FT 变换的自变量在 s 平面的虚轴上，也就是说在虚轴上进行的 LT 就是 FT。在 s 平面上，将极点用×来描述，将收敛域用阴影来描述。

下面来复习一下数学上对于多项式的零极点的概念。例如 $X(s) = \dfrac{s+4}{(s+1)(s+2)}$，在有限范围内，极点有 $s = -1$，$s = -2$，零点为 $s = -4$；在无穷范围内极点和零点的个数应该相等，所以在无穷范围内极点有 $s = -1$，$s = -2$，一个零点为 $s = -4$，另一个零点在无穷远处。

对于拉氏变换的收敛域，将会有如下一系列特点。

（1）收敛域内无任何极点。根据收敛域的定义，将收敛域内任何复数 s 代入 $X(s)$ 后，都得到有限的表达式。而极点代入表达式会得到无穷大，所以收敛域内无任何极点。

（2）时限信号（有始有终）的收敛域是整个 s 平面，至于是否包含 $\pm\infty$ 由 $s = \pm\infty$ 是否为极点来决定。

例 5-4 计算 $x(t) = \delta(t)$ 的 LT 及其收敛域。

解

$$x(t) = \delta(t) \leftrightarrow X(s) = \int_{-\infty}^{+\infty} \delta(t) \mathrm{e}^{-st} \mathrm{d}t = 1$$

由于在有限范围内，$X(s)$ 的有限性不受 s 约束，又因为 $s=\infty$ 和 $s=-\infty$ 不是 $X(s)$ 的极点，所以 $\delta(t) \leftrightarrow 1$，$\sigma:[-\infty,+\infty]$，收敛域如图 5-3 所示。

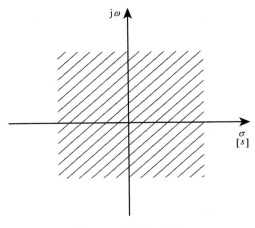

图 5-3　$\delta(t)$ 的收敛域

（3）有始无终信号的收敛域是 s 平面内某一条平行于虚轴的直线的右边。若是因果信号则包含 $+\infty$ 远处，否则不包含 $+\infty$ 远处。

例 5-5　计算 $x(t) = \mathrm{e}^{-2t} u(t)$ 的拉氏变换。

解

$$X(s) = \int_{-\infty}^{+\infty} \mathrm{e}^{-2t} u(t) \mathrm{e}^{-st} \mathrm{d}t = \int_{0}^{+\infty} \mathrm{e}^{-(s+2)t} \mathrm{d}t = \frac{-1}{s+2}[\mathrm{e}^{-(s+2)(+\infty)} - 1]$$

当 $\sigma > -2$ 时，有 $X(s) = \dfrac{1}{s+2}$。收敛域为 $\sigma > -2$，包含 $+\infty$，如图 5-4 所示。所以

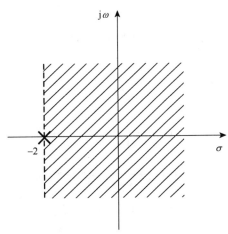

图 5-4　$\mathrm{e}^{-2t} u(t)$ 的收敛域

$$x(t) = e^{-2t}u(t) \leftrightarrow \frac{1}{s+2}, \quad \sigma:(-2,+\infty]$$

（4）无时有终信号的收敛域是 s 平面内一条平行于虚轴的直线的左边。若是反因果信号则包含 $-\infty$ 远处，否则不包含 $-\infty$ 远处。

例 5-6　计算 $x(t) = e^{3t}u(-t)$ 的拉氏变换。

$$X(s) = \int_{-\infty}^{+\infty} e^{3t}u(-t)e^{-st}dt = \int_{-\infty}^{0} e^{-(s-3)t}dt = -\int_{0}^{+\infty} e^{(s-3)t}dt = \frac{1}{s-3}[e^{(s-3)(+\infty)} - 1]$$

当 $\sigma = \text{Re}(s) < 3$ 时，$e^{3t}u(-t)$ 的双边拉氏变换为

$$X(s) = \frac{1}{3-s}$$

收敛域为 $\sigma < 3$，包含 $-\infty$，如图 5-5 所示。所以

$$x(t) = e^{3t}u(-t) \leftrightarrow \frac{1}{3-s}, \quad \sigma:[-\infty,3)$$

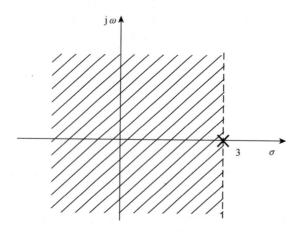

图 5-5　$e^{3t}u(-t)$ 的收敛域

（5）无始无终信号（双边信号）的收敛域，如果存在，一定是 s 平面内平行于虚轴的带状区域。

例 5-7　计算 $x(t) = e^{-2t}u(t) + e^{3t}u(-t)$ 的 LT。

解

$$e^{-2t}u(t) \leftrightarrow \frac{1}{s+2}, \quad \sigma:(-2,+\infty]$$

$$e^{3t}u(-t) \leftrightarrow \frac{1}{3-s}, \quad \sigma:[-\infty,3)$$

利用 LT 变换满足线性性，由于上面两个收敛域存在公共的区间，如图 5-6 所示。所以

$$x(t) = e^{-2t}u(t) + e^{3t}u(-t) \leftrightarrow \frac{1}{s+2} + \frac{1}{3-s}, \quad \sigma:(-2,3)$$

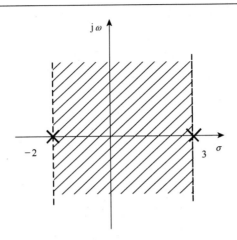

图 5-6　$e^{-2t}u(t) + e^{3t}u(-t)$ 的收敛域

（6）通过上面的研究，可以得到 LT 的收敛域一般而言是平行于虚轴的带状区域。

一般而言，多数情况下，知道信号时域类型和复频域表达式可以确定收敛域。例如，当复频域极点很多时，肯定不是有始有终信号，那么其收敛域可以这样来分析：①若是右边信号，ROC 一定是实部最大极点所在的平行于虚轴的直线的右边平面；②若是左边信号，收敛域一定是实部最小极点所在的平行于虚轴的直线的左边平面。③若是双边信号，ROC 一定是两相邻极点之间的平行于虚轴的带状区域，具体哪两个极点之间的带状区域，需要具体问题具体分析。

收敛域是很重要的概念。有了收敛域的概念，对我们学习以后的知识奠定了坚实的基石。我们可以对一组 LT 重新理解和认识。例如，对于 $x(t) = e^{-2t}u(t) \leftrightarrow \dfrac{1}{s+2}, \sigma:(-2,+\infty]$ 的书写我们还可以写为

$$x(t) = e^{-2t}u(t) \leftrightarrow X(s) = \begin{cases} \dfrac{1}{s+2}, & \sigma:(-2,+\infty] \\ 不存在, & \sigma的其他情况 \end{cases}$$

不同的信号可能会有完全相同的拉氏变换表达式，只是它们的收敛域不同。只有拉氏变换表达式连同相应的收敛域，才能和时域信号建立一一对应的关系。

FT 变换的收敛域实际上就是 s 平面的虚轴。如果拉氏变换的 ROC 包含 $j\omega$ 轴，则有

$$X(j\omega) = X(s)\big|_{s=j\omega}$$

例 5-8　已知 $X(s) = \dfrac{1}{s^2 + 3s + 2} = \dfrac{1}{s+1} - \dfrac{1}{s+2}$，请分析收敛域的可能性，并指出所对应的信号时域类型。

解　$X(s)$ 的收敛域可能有三种，如图 5-7 所示。

可以形成如下三种 ROC。

（1）ROC：$\text{Re}[s]:(-1,+\infty]$，此时 $x(t)$ 是因果信号。

（2）ROC：$-2 < \text{Re}[s] < -1$，此时 $x(t)$ 是双边信号。

（3）ROC：$\text{Re}[s]:[-\infty,-2)$，此时 $x(t)$ 是反因果信号。

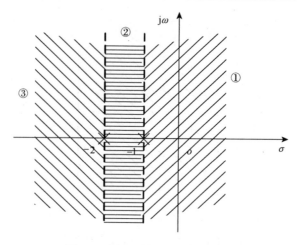

图 5-7　例 5-8 的三种可能收敛域

（7）单边 LT 的收敛域永远是右开平面，是通过极点实部最大的并且平行于虚轴的直线的右边，包含 $+\infty$ 。

5.3　常用信号的 LT

通过前面讨论和计算的一些例子，我们可以总结一些 LT 的公式，来帮助我们计算 LT。常用的公式有

$$\delta(t) \leftrightarrow 1, \quad \sigma:[-\infty,+\infty] \tag{5-5}$$

$$e^{-at}u(t) \leftrightarrow \frac{1}{s+a}, \quad \sigma:(\text{Re}(-a),+\infty] \tag{5-6}$$

$$te^{-at}u(t) \leftrightarrow \frac{1}{(s+a)^2}, \quad \sigma:(\text{Re}(-a),+\infty] \tag{5-7}$$

$$u(t) \leftrightarrow \frac{1}{s}, \quad \sigma:(0,+\infty] \tag{5-8}$$

$$\cos\omega_0 t u(t) \leftrightarrow \frac{s}{s^2+\omega_0^2}, \quad \sigma:(0,+\infty] \tag{5-9}$$

$$\sin\omega_0 t u(t) \leftrightarrow \frac{\omega_0}{s^2+\omega_0^2}, \quad \sigma:(0,+\infty] \tag{5-10}$$

$$t^n e^{-at}u(t) \leftrightarrow \frac{n!}{(s+a)^{n+1}}, \quad \sigma:(\text{Re}(-a),+\infty] \tag{5-11}$$

5.4　拉普拉斯反变换

5.4.1　拉普拉斯反变换的定义

已知复频域和收敛域，求解时间函数的过程称为拉普拉斯反变换。在双边 LT 的定

义推导中引入 $g(t) = \mathrm{e}^{-\sigma t}x(t)$ 和 $g(t) \leftrightarrow G(\mathrm{j}\omega) = X(s)$，现在利用傅里叶反变换来推出拉氏反变换的定义。

$$g(t) = \frac{1}{2\pi}\int_{-\infty}^{+\infty}G(\mathrm{j}\omega)\mathrm{e}^{\mathrm{j}\omega t}\mathrm{d}\omega$$

$$x(t)\mathrm{e}^{-\sigma t} = \frac{1}{2\pi}\int_{-\infty}^{+\infty}G(\mathrm{j}\omega)\mathrm{e}^{\mathrm{j}\omega t}\mathrm{d}\omega$$

$$x(t) = \frac{1}{2\pi}\int_{-\infty}^{+\infty}G(\mathrm{j}\omega)\mathrm{e}^{\sigma t}\mathrm{e}^{\mathrm{j}\omega t}\mathrm{d}\omega = \frac{1}{2\pi}\int_{-\infty}^{+\infty}G(\mathrm{j}\omega)\mathrm{e}^{(\sigma+\mathrm{j}\omega)t}\mathrm{d}\omega$$

在收敛域内有 $\mathrm{d}s = \mathrm{j}\mathrm{d}\omega$，$\omega$ 的积分区间为 $-\infty \to +\infty$，则 s 的积分区间为 $\sigma - \mathrm{j}\infty \to \sigma + \mathrm{j}\infty$，则拉普拉斯反变换为

$$x(t) = \frac{1}{2\pi\mathrm{j}}\int_{\sigma-\mathrm{j}\infty}^{\sigma+\mathrm{j}\infty}X(s)\mathrm{e}^{st}\mathrm{d}s \tag{5-12}$$

该公式对单双边变换都是实用的。现在我们以已知 $X(s) = \dfrac{1}{s+2}, \sigma > -2$ 为例，利用式（5-12）计算反变换时，积分路径是在收敛域内平行于虚轴的任何直线，从该直线下方无穷远处沿着直线一直到上方无穷远处，如图 5-8 所示。

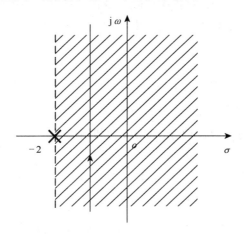

图 5-8　拉普拉斯反变换积分路径示意图

5.4.2　拉普拉斯反变换的物理含义

关于拉氏反变换的计算，在后面会单独来讨论。也可以利用复变函数的知识来计算拉氏反变换。根据式（5-12），利用复变函数的知识，可以理解为是复变函数的无穷的线积分，可以用留数定理来解决这样的问题。

拉氏反变换的物理含义：在收敛域范围内，选择 e^{st} 为基本信号对 $x(t)$ 进行连续分解，分解系数为 $\dfrac{1}{2\pi\mathrm{j}}X(s)\mathrm{d}s$，这种分解是复频域内进行的分解，所以也是复频域分解。

一般而言，当已知 $X_i(s)$ 和收敛域，无法得到唯一的时间信号，为了保证式（5-12）

对单边反变换也适用，在进行单边反变换时加上因果信号这个条件，就得到唯一的时间信号了。所以，单边反变换的结果都是因果信号。

例 5-9　已知 $X(s) = \dfrac{1}{(s+1)(s+2)}$，$\sigma:[-\infty, -2)$，进行反变换的计算。

解　$X(s)$ 的极点 $s = -1, s = -2$，均位于 ROC 右边，则

$$x(t) = -\sum_{i=1}^{2} \text{Res}[X(s)e^{st}, s_i]$$

$$= -\left(\frac{1}{s+2}e^{st}\Big|_{s=-1} + \frac{1}{s+1}e^{st}\Big|_{s=-2} \right)u(-t)$$

$$= -(e^{-t} - e^{-2t})u(-t)$$

5.5　双边拉普拉斯变换的性质

每种变换的性质对正反变换的计算以及系统的分析都很重要。这些性质都是由已经建立的正反变换的定义式中推导和证明的。这些性质主要讲解时域的变化对变换域的影响以及变换域的变化对时域的影响。在学习拉普拉斯变换的性质时，我们将采用和傅里叶变换的性质对比的学习方法，重点关注收敛域在变换过程中的变化和影响。

在下列性质中，若没有双边二字的约束，则是双边和单边共同满足的性质。

1. 线性性

若 $x_1(t) \leftrightarrow X_1(s)$，$\sigma:(\alpha_1, \beta_1)$，$x_2(t) \leftrightarrow X_2(s)$，$\sigma:(\alpha_2, \beta_2)$，则

$$y(t) = ax_1(t) + bx_2(t) \leftrightarrow Y(s), \quad \sigma:(\alpha, \beta) \tag{5-13}$$

（1）当 $X_1(s)$ 和 $X_2(s)$ 的收敛域存在公共区间时有

$$Y(s) = aX_1(s) + bX_2(s)$$

当 $aX_1(s) + bX_2(s)$ 无零极点抵消时，$Y(s)$ 的收敛域是公共收敛域，则

$$\alpha = (\alpha_1, \alpha_2)_{\max}, \quad \beta = (\beta_1, \beta_2)_{\min} \tag{5-14}$$

当 $aX_1(s) + bX_2(s)$ 有零极点抵消时，但抵消的极点不是公共收敛域的边界约束，$Y(s)$ 的收敛域是公共的收敛域。

当 $aX_1(s) + bX_2(s)$ 有零极点抵消时，抵消的极点是公共的收敛域的边界约束，但边界的约束没有改变（仍然有其他极点在此边界），$Y(s)$ 的收敛域是公共收敛域。

当 $aX_1(s) + bX_2(s)$ 有零极点抵消时，抵消的极点在公共收敛域的边界约束上，并且抵消该极点后新的公共区间已经放大了，$Y(s) = aX_1(s) + bX_2(s)$ 的收敛域是放大后的公共区间。

（2）当 $X_1(s)$ 和 $X_2(s)$ 不存区公共区间时，则 $Y(s)$ 不存在。

例 5-10　已知 $x_1(t) = \delta(t) + e^{-t}u(t)$ 和 $x_2(t) = -e^{-t}u(t)$，计算 $x_1(t) + x_2(t)$ 的 LT。

解

$$X_1(s) = 1 + \frac{1}{s+1} = \frac{s+2}{s+1}, \quad \text{ROC}:\sigma:(-1, +\infty];$$

$$X_2(s) = \frac{-1}{s+1}, \quad \sigma:(-1,+\infty]$$

而

$$x_1(t) + x_2(t) = \delta(t) \leftrightarrow 1, \quad \sigma:[-\infty,+\infty]$$

在该例子中可以通过信号类型来思考收敛域，也可通过上述讲的线性性的性质来思考收敛域。通过此例，在决定收敛域时，利用信号的类型和收敛域的特点来确定收敛域是很有用的。

例 5-11 计算 $u(t) - u(t-1)$ 的 LT。

解

$$u(t) \leftrightarrow \frac{1}{s}, \quad \sigma:(0,+\infty]$$

$$u(t-1) \leftrightarrow \frac{1}{s}e^{-s}, \quad \sigma:(0,+\infty]$$

$$u(t) - u(t-1) \leftrightarrow \frac{1}{s}(1-e^{-s}), \quad \sigma:[-\infty,+\infty]$$

2. 双边时移性质

若 $x(t) \leftrightarrow X(s), \ \sigma:(\alpha,\beta)$，则

$$x(t-t_0) \leftrightarrow X(s)e^{-st_0}, \quad \sigma:(\alpha,\beta) \tag{5-15}$$

因为时间移动不改变信号有无起始点和有无终止点的特性，并且在有限范围内 $X(s)$ 和 $X(s)e^{-st_0}$ 的极点是相同的，所以有限范围内收敛域不变，但收敛域可能改变 $s=\pm\infty$ 的归属情况。

例 5-12 计算 $e^{-2t+1}u(t+1)$ 的 LT。

解 根据公式得到

$$e^{-2t}u(t) \leftrightarrow \frac{1}{s+2}, \quad \sigma:(-2,+\infty]$$

$$e^{-2t+1}u(t+1) = e^3 e^{-2(t+1)}u(t+1)$$

利用时移性得到

$$e^{-2t+1}u(t+1) \leftrightarrow \frac{e^{s+3}}{s+2}, \quad \sigma:(-2,+\infty)$$

3. 复频域移动性

若 $x(t) \leftrightarrow X(s), \sigma:(\alpha,\beta)$，则

$$x(t)e^{s_0t} \leftrightarrow X(s-s_0), \quad \sigma:(\alpha+\text{Re}(s_0), \beta+\text{Re}(s_0)) \tag{5-16}$$

例如：

$$x(t) = e^{-t}u(t), \quad X(s) = \frac{1}{s+1}, \quad \sigma:(-1,+\infty]$$

$$x(t) \cdot e^{-2t} = e^{-3t}u(t) \leftrightarrow X(s+2) = \frac{1}{s+3}, \quad \sigma:(-3,+\infty]$$

4. 尺度变换

若 $x(t) \leftrightarrow X(s), \sigma:(\alpha, \beta)$，当 a 为实数时，有

$$y(t) = x(at) \leftrightarrow Y(s) = \frac{1}{|a|} X\left(\frac{s}{a}\right), \quad \sigma(\alpha_1, \beta_1) \tag{5-17}$$

当 $a > 0$ 时，有

$$y(t) = x(at) \leftrightarrow Y(s) = \frac{1}{a} X\left(\frac{s}{a}\right), \quad \sigma:(a\alpha, a\beta) \tag{5-18}$$

当 $a < 0$ 时，有

$$y(t) = x(at) \leftrightarrow Y(s) = \frac{-1}{a} X\left(\frac{s}{a}\right), \quad \sigma:(a\beta, a\alpha) \tag{5-19}$$

结论：时域压缩，复频域扩张；时域扩张，复频域压缩。

特例：

$$x(-t) \leftrightarrow X(-s), \quad \sigma:(-\beta, -\alpha)$$

若信号在时域反折，则复频域反折，收敛域也反折。利用该性质来计算无始有终信号的 LT。

例 5-13 若 $x(t) \leftrightarrow X(s), \sigma:(\alpha, \beta)$，$a$、$b$ 为实数，求 $x(at+b)$ 的拉氏变换。

解 （1）先时间移动，后尺度变换：

$$x(t) \rightarrow x(t+b) \rightarrow x(at+b)$$

$$x(t) \leftrightarrow X(s), \quad \sigma:(\alpha, \beta)$$

$$x(t+b) \leftrightarrow X(s)e^{bs}, \quad \sigma:(\alpha, \beta)$$

$$a > 0, \quad x(at+b) \leftrightarrow \frac{1}{a} X\left(\frac{s}{a}\right) e^{\frac{b}{a}s}, \quad \sigma:(a\alpha, a\beta)$$

$$a < 0, \quad x(at+b) \leftrightarrow \frac{-1}{a} X\left(\frac{s}{a}\right) e^{\frac{b}{a}s}, \quad \sigma:(a\beta, a\alpha)$$

（2）先尺度变换，后时间移动：

$$x(t) \rightarrow x(at) \rightarrow x(at+b) = x\left(a\left(t+\frac{b}{a}\right)\right)$$

$$a > 0, \quad x(at) \leftrightarrow \frac{1}{a} X\left(\frac{s}{a}\right), \quad \sigma:(a\alpha, a\beta)$$

$$x(at+b)) = x\left(a\left(t+\frac{b}{a}\right)\right) \leftrightarrow \frac{1}{a} X\left(\frac{s}{a}\right) e^{\frac{b}{a}s}, \quad \sigma:(a\alpha, a\beta)$$

$$a < 0, \quad x(at) \leftrightarrow \frac{-1}{a} X\left(\frac{s}{a}\right), \quad \sigma:(a\beta, a\alpha)$$

$$x(at+b)) = x\left(a\left(t+\frac{b}{a}\right)\right) \leftrightarrow \frac{-1}{a} X\left(\frac{s}{a}\right) e^{\frac{b}{a}s}, \quad \sigma:(a\beta, a\alpha)$$

例 5-14 求 $x(t) = e^{3t}u(-t)$ 的 LT。

解　因为

$$e^{-3t}u(t) \leftrightarrow \frac{1}{s+3}, \quad \sigma:(-3,+\infty]$$

利用时域反折，复频域反折，收敛域也反折的性质，得到

$$e^{3t}u(-t) \leftrightarrow \frac{1}{-s+3}, \quad \sigma:[-\infty,3)$$

5. 共轭对称性

若 $x(t) \leftrightarrow X(s), \sigma:(\alpha,\beta)$，则

$$x^*(t) \leftrightarrow X^*(s^*), \sigma:(\alpha,\beta) \tag{5-20}$$

证明　已知

$$X(s) = \int_{-\infty}^{+\infty} x(t)e^{-st}dt$$

两边关于变量 s 取共轭，则

$$X(s^*) = \int_{-\infty}^{+\infty} x(t)e^{-s^*t}dt$$

将上式值取共轭，则

$$X^*(s^*) = \int_{-\infty}^{+\infty} x^*(t)e^{-st}dt$$

极点实部没变，所以收敛域不变。所以

$$x^*(t) \leftrightarrow X^*(s^*), \quad \sigma:(\alpha,\beta)$$

当 $x(t)$ 为实信号时，有 $x^*(t) = x(t)$，所以

$$X(s) = X^*(s^*) \tag{5-21}$$

由此可得到，如果 $x(t)$ 是实信号，且 $X(s)$ 在 s_0 有极点（或零点），则 $X(s)$ 一定在 s_0^* 也有极点或零点。这表明，实信号的拉氏变换其复数零、极点必共轭成对出现，如表 5-1 所示。

表 5-1　$X(s)$ 和 $X^*(s^*)$ 的极点对应关系

$X(s)$	$X^*(s^*)$
λ	λ^*
λ^*	λ

6. 时域卷积性质

若 $x_1(t) \leftrightarrow X_1(s), \sigma:(\alpha_1,\beta_1)$，$x_2(t) \leftrightarrow X_2(s), \sigma:(\alpha_2,\beta_2)$　则

$$y(t) = x_1(t) * x_2(t) \leftrightarrow Y(s), \sigma:(\alpha,\beta) \tag{5-22}$$

（1）当 $X_1(s)$ 和 $X_2(s)$ 存在公共区间时，则

$$Y(s) = X_1(s)X_2(s)$$

当 $X_1(s)X_2(s)$ 相乘过程中无零极点抵消时，收敛域是公共的收敛域，则

$$y(t) = x_1(t) * x_2(t) \leftrightarrow Y(s) = X_1(s)X_2(s), \quad \sigma:((\alpha_1, \alpha_2)_{\max}, (\beta_1, \beta_2)_{\min}) \quad (5\text{-}23)$$

当 $X_1(s)X_2(s)$ 相乘过程中有零极点抵消时，但抵消的极点不是公共收敛域的边界约束，收敛域是公共的收敛域。

当 $X_1(s)X_2(s)$ 相乘过程中有零极点抵消时，抵消的极点是公共的收敛域的边界约束，但抵消该极点后边界的约束没有改变（仍然有极点在此边界），收敛域仍是公共的收敛域。

当 $X_1(s)X_2(s)$ 相乘过程中有零极点抵消时，抵消的极点所在边界已经不存在了，则新的公共区间已经放大了。$X_1(s)X_2(s)$ 的收敛域是放大后的公共区间。

（2）当 $X_1(s)$ 和 $X_2(s)$ 不存区公共区间时，则 $Y(s)$ 不存在。

总之，当存在 LT 时，可描述为时域相卷，频域相乘。

例 5-15

$$x_1(t) \leftrightarrow X_1(s) = \frac{1}{s+1}, \quad \sigma:(-1, +\infty]$$

$$x_2(t) \leftrightarrow X_2(s) = \frac{s+1}{(s+2)(s+3)}, \quad \sigma:(-2, +\infty]$$

$$y(t) = x_1(t) * x_2(t)$$

求 $y(t)$ 的 LT 及其收敛域。

解 $X_1(s)$ 和 $X_2(s)$ 收敛域有公共区域，所以

$$Y(s) = X_1(s)X_2(s) = \frac{1}{(s+2)(s+3)}$$

且 $X_1(s)X_2(s)$ 相乘过程中有零极点抵消，抵消的极点所在边界已经不存在了，则新的公共区间已经放大了，新的收敛域为 $\sigma:(-2, +\infty]$，所以

$$y(t) = x_1(t) * x_2(t) \leftrightarrow Y(s) = \frac{1}{(s+2)(s+3)}, \quad \sigma:(-2, +\infty]$$

7. 复频域微分

若 $x(t) \leftrightarrow X(s), \sigma:(\alpha, \beta)$，则

$$-tx(t) \leftrightarrow \frac{\mathrm{d}X(s)}{\mathrm{d}s}, \quad \sigma:(\alpha, \beta) \quad (5\text{-}24)$$

例 5-16 计算 $x(t) = t\mathrm{e}^{-at}u(t)$ 的 LT。

解 根据

$$\mathrm{e}^{-at}u(t) \leftrightarrow \frac{1}{s+a}, \quad \sigma;(\mathrm{Re}(-a), +\infty]$$

利用复频域的微分性得到

$$-te^{-at}u(t) \leftrightarrow (\frac{1}{s+a})' = \frac{-1}{(s+a)^2}, \quad \sigma:(\text{Re}(-a),+\infty]$$

所以

$$te^{-at}u(t) \leftrightarrow \frac{1}{(s+a)^2}, \quad \sigma:(\text{Re}(-a),+\infty]$$

继续利用上述性质，可以得到

$$t^n e^{-at}u(t) \leftrightarrow \frac{n!}{(s+a)^{n+1}}, \quad \sigma:(\text{Re}(-a),+\infty]$$

8. 双边 LT 的时域微分

若 $x(t) \leftrightarrow X(s)$，$\sigma:(\alpha,\beta)$，则

$$\frac{\mathrm{d}x(t)}{\mathrm{d}t} \leftrightarrow sX(s), \quad \sigma:(\alpha_1,\beta_1) \tag{5-25}$$

收敛域的情况和时域卷积定理分析很相似，考虑 s 和 $X(s)$ 相乘过程中是否有 $s=0$ 极点的抵消，抵消的极点 $s=0$ 是否参与边界约束，以及抵消的极点 $s=0$ 所在边界上是否有其他极点约束边界，从而来最终确定收敛域。总体结果要么为原来的 $\sigma:(\alpha,\beta)$，要么放大。

推广：

$$\frac{\mathrm{d}^n x(t)}{\mathrm{d}t^n} \leftrightarrow s^n X(s), \quad \sigma:(\alpha_1,\beta_1) \tag{5-26}$$

时域微分性质是微分冲激法计算 LT 的理论基础。

9. 双边 LT 的时域积分

若 $x(t) \leftrightarrow X(s)$，$\sigma:(\alpha,\beta)$，则

$$\int_{-\infty}^{t} x(\tau)\mathrm{d}\tau \leftrightarrow \frac{1}{s}X(s), \quad \sigma:(\alpha_1,\beta_1) \tag{5-27}$$

证明　$\int_{-\infty}^{t} x(\tau)\mathrm{d}\tau = x(t)*u(t)$，利用时域卷积定理，得到

$$x(t) \leftrightarrow X(s), \quad \sigma:(\alpha,\beta)；\quad u(t) \leftrightarrow \frac{1}{s}, \quad \sigma:(0,+\infty)$$

当二者存在公共收敛域，则

$$\int_{-\infty}^{t} x(\tau)\mathrm{d}\tau \leftrightarrow \frac{1}{s}X(s), \sigma:(\alpha_1,\beta_1)$$

按照"时域相卷、复频域相乘"的思想来讨论 $\sigma:(\alpha_1,\beta_1)$ 的情况：

（1）当 $\beta \leq 0$ 时，$\int_{-\infty}^{t} x(\tau)\mathrm{d}\tau$ 不存在 LT；

（2）当 $\alpha \geq 0$，则为 $\sigma:(\alpha,\beta)$；

（3）当 $\alpha < 0$ ， $\beta > 0$ 时， $\dfrac{1}{s}X(s)$ 不存在 $s = 0$ 的零极点抵消，则为 $\sigma : ((\alpha,0)_{\max},\beta)$ ；

（4）当 $\alpha < 0$ ， $\beta > 0$ 时， $\dfrac{1}{s}X(s)$ 存在 $s = 0$ 的零极点抵消，则为 $\sigma : (\alpha,\beta)$ 。

5.6 单边 LT 单独满足的性质

在 5.5 节中主要考虑的是单、双边都满足的性质以及双变单独满足的性质。下面讨论单边单独满足的性质。

假设 $x(t)$ 的单边 LT 为 $X_l(t)$ ， $x(t) \leftrightarrow X_l(s)$ ， $\sigma : [\alpha,+\infty]$ 。

1. 单边时延性质

$$t_0 > 0 ， \quad x(t-t_0) \leftrightarrow X_l(s)\mathrm{e}^{-t_0 s} + \int_{0^-}^{t_0} x(t-t_0)\mathrm{e}^{-st}\mathrm{d}t \tag{5-28}$$

证明

$$t_0 > 0$$

$$x(t-t_0) \leftrightarrow \int_{0^-}^{\infty} x(t-t_0)\mathrm{e}^{-st}\mathrm{d}t = \int_{-t_0}^{\infty} x(\tau)\mathrm{e}^{-s(\tau+t_0)}\mathrm{d}\tau = \int_{-t_0}^{0^-} x(\tau)\mathrm{e}^{-s(\tau+t_0)}\mathrm{d}\tau + \int_{0^-}^{\infty} x(\tau)\mathrm{e}^{-s(\tau+t_0)}\mathrm{d}\tau$$

$$= X_l(s)\mathrm{e}^{-st_0} + \int_{0^-}^{t_0} x(t-t_0)\mathrm{e}^{-st}\mathrm{d}t$$

2. 单边时域微分

$$\frac{\mathrm{d}x(t)}{\mathrm{d}t} \leftrightarrow sX_l(s) - x(0^-) \tag{5-29}$$

证明

$$\int_{0^-}^{\infty} \frac{\mathrm{d}x(t)}{\mathrm{d}t}\mathrm{e}^{-st}\mathrm{d}t = x(t)\mathrm{e}^{-st}\Big|_{0^-}^{\infty} + s\int_{0^-}^{\infty} x(t)\mathrm{e}^{-st}\mathrm{d}t = sX_l(s) - x(0^-)$$

推广：

$$\frac{\mathrm{d}^2 x(t)}{\mathrm{d}t^2} \leftrightarrow s^2 X_l(s) - sx(0^-) - x'(0^-) \tag{5-30}$$

$$\frac{\mathrm{d}^n x(t)}{\mathrm{d}t^n} \leftrightarrow s^n X_l(s) - s^{n-1}x(0^-) - s^{(n-2)}x'(0^-) - \cdots - sx^{(n-2)}(0^-) - x^{(n-1)}(0^-) \tag{5-31}$$

3. 单边时域积分

$$\int_{-\infty}^{t} x(\tau)\mathrm{d}\tau \leftrightarrow \frac{1}{s}X_l(s) + \frac{1}{s}\int_{-\infty}^{0^-} x(\tau)\mathrm{d}\tau \tag{5-32}$$

证明 $\displaystyle\int_{-\infty}^{t} x(\tau)\mathrm{d}\tau = \int_{-\infty}^{0^-} x(\tau)\mathrm{d}\tau + \int_{0^-}^{t} x(\tau)\mathrm{d}\tau$ ，上限 $t > 0$ 才有意义。

$$\int_{-\infty}^{t} x(\tau)\mathrm{d}\tau \leftrightarrow \int_{-\infty}^{0^-} x(\tau)\mathrm{d}\tau \int_{0^-}^{\infty} \mathrm{e}^{-st}\mathrm{d}t + \int_{0^-}^{\infty} \left(\int_{0^-}^{t} x(\tau)\mathrm{d}\tau\right)\mathrm{e}^{-st}\mathrm{d}t$$

$$= \frac{1}{s}\int_{-\infty}^{0^-} x(\tau)\mathrm{d}\tau - \frac{\mathrm{e}^{-st}}{s}\int_{0^-}^{t} x(\tau)\mathrm{d}\tau \Big|_{0^-}^{\infty} + \frac{1}{s}\int_{0^-}^{\infty} x(t)\mathrm{e}^{-st}\mathrm{d}t$$

$$= \frac{1}{s}\int_{-\infty}^{0^-} x(\tau)\mathrm{d}\tau + \frac{1}{s}X_l(s)$$

上述三个性质和双边的比较，与双边有相似性，但补充了与初始条件相关的一些内容。所以，单边 LT 更适用于分析带初始条件的系统。

4. 初值与终值定理

1）初值定理

如果 $x(t)$ 是因果信号，其单双边变换是一致的，且在 $t=0$ 不包含奇异函数，则初值：

$$x(0^+) = \lim_{t\to 0^+} x(t) = \lim_{s\to +\infty} sX(s) \tag{5-33}$$

证明　$t<0$ 时，$x(t)=0$，且在 $t=0$ 不包含奇异函数，所以 $x(t)=x(t)u(t)$。

将 $x(t)$ 在 $t=0^+$ 展开为泰勒级数有

$$x(t) = \left(x(0^+) + x'(0^+)t + x''(0^+)\frac{t^2}{2} + \cdots + x^{(n)}(0^+)\frac{t^n}{n!} + \cdots\right)u(t)$$

对上式两边作拉氏变换：

$$X(s) = \frac{1}{s}x(0^+) + \frac{1}{s^2}x'(0^+) + \cdots + \frac{1}{s^{n+1}}x^{(n)}(0^+) + \cdots$$

$$= \sum_{n=0}^{\infty} x^{(n)}(0^+)\frac{1}{s^{n+1}}$$

所以

$$x(0^+) = \lim_{s\to\infty} sX(s)$$

在利用初值定理时要求 $X(s)$ 为真分式。若为假分式，则将 $X(s)$ 进行假分式的部分分式展开 $X(s) = \cdots + a_2 s^2 + a_1 s + a_0 + X^l(s)$，其中，$X^l(s)$ 为真分式，则

$$x(0^+) = \lim_{s\to\infty} sX^l(s) \tag{5-34}$$

2）终值定理

如果 $x(t)$ 是因果信号，且在 $t=0$ 不包含奇异函数，$X(s)$ 除了在 $s=0$ 可以有单阶极点，其余极点均在 s 平面的左半边，即 $sX(s)$ 的收敛域包含虚轴，则

$$x(+\infty) = \lim_{t\to +\infty} x(t) = \lim_{s\to 0} sX(s) \tag{5-35}$$

不满足上述条件时，不存在有限的终值。

证明　$x(t)$ 是因果信号，且在 $t=0$ 无奇异函数，则

$$\int_{0^-}^{\infty} \frac{\mathrm{d}x(t)}{\mathrm{d}t}\mathrm{e}^{-st}\mathrm{d}t = x(t)\mathrm{e}^{-st}\Big|_{0^-}^{\infty} + s\int_{0^-}^{\infty} x(t)\mathrm{e}^{-st}x(t)\mathrm{d}t = sX(s) - x(0^-)$$

两边同时取 $s\to 0$ 的极限，得到

$$\int_{0^-}^{\infty} \frac{dx(t)}{dt} dt = x(+\infty) - x(0^-) = \lim_{s \to 0} sX(s) - x(0^-)$$

所以

$$x(+\infty) = \lim_{s \to 0} sX(s)$$

例 5-17 计算下列信号的初值。

（1） $X_1(s) = \dfrac{1}{s+2}, \sigma:(-2,+\infty]$；

（2） $X_2(s) = \dfrac{s(s+3)(s+4)}{(s+1)(s+2)}, \sigma:(-1,+\infty]$。

解 （1）

$$x_1(0^+) = \lim_{s \to +\infty} sX_1(s) = \lim_{s \to +\infty} \frac{s}{s+2} = 1$$

（2） $X_2(s)$ 是假分式，将其分解为

$$X_2(s) = s + 4 + \frac{-2(s+4)}{(s+1)(s+2)}$$

令

$$X_2'(s) = \frac{-2(s+4)}{(s+1)(s+2)}$$

$$x_2(0^+) = \lim_{s \to +\infty} sX_2'(s) = \lim_{s \to +\infty} \frac{-2s(s+4)}{(s+1)(s+2)} = -2$$

例 5-18 计算下列信号的终值。

（1） $X_1(s) = \dfrac{1}{s}, \sigma:(0,+\infty]$；

（2） $X_2(s) = \dfrac{s(s+1)}{(s+2)}, \sigma:(-2,+\infty]$。

解 （1） $sX_1(s)$ 的收敛域为整个 s 平面，包含虚轴，所以存在终值。

$$x_1(+\infty) = \lim_{s \to 0} sX_1(s) = 1$$

（2）

$$x_2(+\infty) = \lim_{s \to 0} sX_2(s) = \lim_{s \to 0} \frac{s^2(s+1)}{(s+2)} = 0$$

5.7 拉氏变换的计算

5.7.1 拉氏正变换的计算

已知时间函数 $x(t)$，求解 $X(s)$ 和收敛域的过程就是 LT 的计算。

计算方法有：利用定义来计算，利用常用的公式和性质来计算，利用微分冲激法来计算等。为了减少数学运算，突出 LT 的性质和公式在计算中的地位和作用，主要讲解

后面两种计算方法。

1. 利用性质和公式来计算 LT

例 5-19　计算 $e^{-2t+3}u(t-1)$ 的 LT。
解

$$e^{-2t+3}u(t-1) = e^{-2(t-1)+1}u(t-1) \leftrightarrow \frac{e^{1-s}}{s+2}, \quad \sigma:(-2,+\infty]$$

例 5-20　计算 $\cos 2tu(t-1)$ 的 LT。
解

$$\cos 2tu(t-1) = \cos(2(t-1)+2)u(t-1)$$
$$= \cos 2\cos 2(t-1)u(t-1) - \sin 2\sin 2(t-1)u(t-1)$$

$$\cos 2tu(t-1) \leftrightarrow \frac{se^{-s}\cos 2}{s^2+4} - \frac{2\sin 2e^{-s}}{s^2+4}, \quad \sigma:(0,+\infty]$$

例 5-21　计算 $G_2(t)$ 的 LT。
解

$$G_2(t) = u(t+1) - u(t-1) \leftrightarrow \frac{1}{s}[e^s - e^{-s}], \quad \sigma:(-\infty,+\infty)$$

例 5-22　计算 $x(t) = e^{-b|t|}$ 的 LT。
解

$$x(t) = e^{-bt}u(t) + e^{bt}u(-t)$$

$$e^{-bt}u(t) \leftrightarrow \frac{1}{s+b}, \quad \sigma:(\text{Re}(-b),+\infty]$$

$$e^{bt}u(-t) \leftrightarrow -\frac{1}{s-b}, \quad \sigma:[-\infty,\text{Re}(b))$$

假设 b 是实数，当 $b>0$ 时，上述 ROC 有公共部分，则

$$X(s) = \frac{1}{s+b} - \frac{1}{s-b}, \quad \sigma:(-b,b)$$

当 $b<0$ 时，上述 ROC 无公共部分，表明 $X(s)$ 不存在。

例 5-23　已知任意因果的有始有终信号 $x(t) \leftrightarrow X(s), \sigma:(-\infty,+\infty]$，计算半周期信号 $\sum_{n=0}^{+\infty} x(t-nT)$ 和周期信号 $\sum_{n=-\infty}^{+\infty} x(t-nT)$ 的 LT。

解　$x(t)$ 是有始有终信号，$x(t) \leftrightarrow X(s), \sigma:(-\infty,+\infty]$。

（1）

$$n \geqslant 0, x(t-nT) \leftrightarrow X(s)e^{-nTs}, \quad \sigma:(-\infty,+\infty]$$

$$\sum_{n=0}^{+\infty} x(t-nT) \leftrightarrow \sum_{n=0}^{+\infty} X(s)e^{-nTs} = \frac{\lim_{n \to +\infty}(1-e^{-nTs})X(s)}{1-e^{-Ts}} = \frac{X(s)}{1-e^{-Ts}}, \quad \sigma:(0,+\infty]$$

（2）

$$\sum_{n=-\infty}^{+\infty} x(t-nT) \leftrightarrow Y(s) = \sum_{n=-\infty}^{+\infty} e^{-nTs} X(s) = \sum_{n=0}^{+\infty} e^{-nTs} X(s) + \sum_{n=-\infty}^{-1} e^{-nTs} X(s)$$

$$\sum_{n=0}^{+\infty} e^{-nTs} X(s) = \frac{X(s)}{1-e^{-Ts}}, \quad \sigma:(0,+\infty]$$

$$\sum_{n=-\infty}^{-1} e^{-nTs} X(s) = \sum_{n=1}^{+\infty} e^{nTs} X(s) = \lim_{n \to \infty} \frac{(1-e^{nTs})e^{Ts} X(s)}{1-e^{Ts}} = \frac{X(s)}{1-e^{Ts}}, \quad \sigma:[-\infty,0)$$

上面两个求和虽然都有结果，但由于收敛域没有公共区间，所以在 s 平面上没有区间能保证两个都有限，所以 $\sum_{n=-\infty}^{+\infty} x(t-nT)$ 不存在 LT。

通过该例，我们可以得到周期信号的 LT 不存在，FT 存在；半周期信号 LT 存在。

例 5-24 已知确定信号 $x(t)$ 的自相关函数定义为 $R_x(t) = \int_{-\infty}^{+\infty} x(t+\tau)x(\tau)d\tau$，假设 $x(t) \leftrightarrow X(s), \sigma:(\alpha,\beta)$，计算自相关函数的 LT。

解

$$R_x(t) = \int_{-\infty}^{+\infty} x(t+\tau)x(\tau)d\tau = \int_{-\infty}^{+\infty} x(\tau)x(t+\tau)d\tau = \int_{-\infty}^{+\infty} x(-\tau)x(t-\tau)d\tau = x(-t) * x(t)$$

$$x(t) \leftrightarrow X(s), \quad \sigma:(\alpha,\beta)$$

$$x(-t) \leftrightarrow X(-s), \quad \sigma:(-\beta,-\alpha)$$

若 $X(s)$ 的收敛域包含虚轴时，则 $X(s)$ 的收敛域和 $X(-s)$ 的收敛域有公共的区间 $\sigma:((\alpha,-\beta)_{\max},(\beta,-\alpha)_{\min})$，则 $R_x(t)$ 的 LT 存在：

$$R_x(t) = x(-t) * x(t) \leftrightarrow X(s)X(-s), \quad \sigma:((\alpha,-\beta)_{\max},(\beta,-\alpha)_{\min})$$

当 $X(s)$ 和 $X(-s)$ 相乘的过程中有零极点的抵消，且抵消后，公共的区间放大，则收敛域将会在上述的情况下有扩展。

若 $X(s)$ 的收敛域不包含虚轴，则 $R_x(t)$ 的 LT 不存在。

2. 利用微分冲激法计算 LT

微分冲激法计算 LT 的理论基础是 LT 的微积分性质，其思路和微分冲激法计算 FT 相似。可以用下面的过程来描述：

$$x(t) \leftrightarrow X(s)$$
$$x^{(m)}(t) \leftrightarrow X_m(s), \quad \sigma:(\alpha,\beta) \tag{5-36}$$
$$X_m(s) = s^m X(s) \Rightarrow X(s) = \frac{X_m(s)}{s^m}$$

最后，根据信号类型和 $X(s)$ 的极点来确定收敛域。

例 5-25 $G_2(t-1)$ 的图形如图 5-9 所示，计算其 LT。

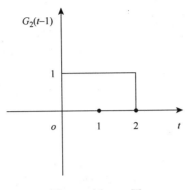

图 5-9 例 5-25 图

解

$$x(t) = G_2(t-1), \quad x'(t) = \delta(t) - \delta(t-2)$$

$$x'(t) \leftrightarrow X_1(s) = 1 - e^{-2s}, \quad \sigma : (-\infty, +\infty]$$

$$x(t) \leftrightarrow X(s) = \frac{1}{s}(1 - e^{-2s}), \quad \sigma : (-\infty, +\infty]$$

5.7.2 拉氏反变换的计算

已知 $X(s)$ 和收敛域 $\sigma : (\alpha, \beta)$，求解时间函数 $x(t)$ 的过程称为拉普拉斯反变换。其计算的方法有解析法和利用 LT 的公式和性质的方法。

利用定义 $x(t) = \frac{1}{2\pi j} \int_{\sigma - j\infty}^{\sigma + j\infty} X(s) e^{st} \mathrm{d}s$，借助于数学知识来求解 $x(t)$ 的过程称为解析法计算拉普拉斯反变换。

为了简化计算过程，常常利用公式和性质，结合极点和收敛域的位置关系以及部分分式展开的知识来计算拉斯反变换。

现在以有始无终和无始有终信号为研究对象，来考察信号类型和极点、收敛域之间的关系，例如：

有始无终信号 $e^{-2t}u(t) \leftrightarrow \dfrac{1}{s+2}, \sigma : (-2, +\infty)$，极点为 $s = -2$，收敛域见图 5-9（a）。

无始有终信号 $e^{3t}u(-t) \leftrightarrow \dfrac{1}{3-s}, \sigma : (-\infty, 3)$，极点为 $s = 3$，收敛域见图 5-9（b）。

图 5-10（a）中，极点位于收敛域的左边，这样的极点称为区左极点，所对应的时间信号是因果信号或有始无终信号。所以，作反变换时，与之对应的部分分式反演为因果信号或有始无终信号。图 5-10（b）中，极点位于收敛域的右边，这样的极点称为区右极点，所对应的时间信号是反因果信号或无始有终信号。作反变换时，与之对应的部分分式反演为反因果信号或无始有终信号。

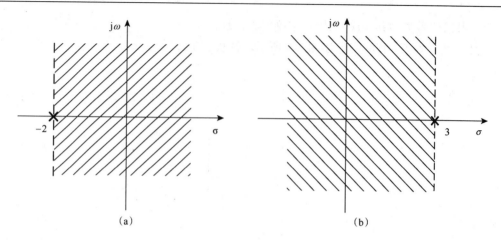

图 5-10 区左极点和区右极点示意图

有了极点和时域的对应关系，结合 LT 的性质和公式，利用部分分式展开的方法，就可以很方便地计算拉氏反变换，避开了数学积分的计算。

例 5-26 已知 $X(s) = \dfrac{1}{s^2 + 3s + 2} = \dfrac{1}{s+1} - \dfrac{1}{s+2}$，进行反变换的计算。

解 由于没给定收敛域，有两个极点，所以收敛域可能有三种情况，如图 5-11 所示。

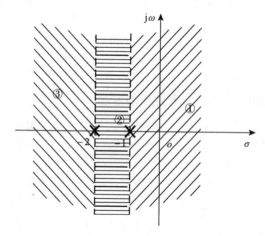

图 5-11 三种可能的收敛域

（1）$\sigma : (-1, +\infty]$，此时 $x(t)$ 是因果信号。

（2）$\sigma : (-2, -1)$，此时 $x(t)$ 是双边信号。

（3）$\sigma : [-\infty, -2)$，此时 $x(t)$ 是反因果信号。

在三种收敛域的情况下分别求出时域表达。

（1）$\sigma : (-1, +\infty]$：

$$x_1(t) \leftrightarrow \frac{1}{s+1}, \quad \sigma : (-1, +\infty]$$

根据

$$e^{-at}u(t) \leftrightarrow \frac{1}{s+a}, \quad \sigma:(\mathrm{Re}(-a),+\infty)$$

$$x_1(t) = e^{-t}u(t)$$

同理

$$x_2(t) \leftrightarrow \frac{1}{s+2}, \quad \sigma:(-2,+\infty)$$

$$x_2(t) = e^{-2t}u(t)$$

所以

$$x(t) = e^{-t}u(t) - e^{-2t}u(t)$$

（2）$\sigma:(-2,-1)$：

$$x_1(t) \leftrightarrow \frac{1}{s+1}, \quad \sigma:[-\infty,-1)$$

$$x_1(-t) \leftrightarrow \frac{-1}{s-1}, \quad \sigma:(1,+\infty)$$

$$x_1(-t) = -e^{t}u(t), \quad x_1(t) = -e^{-t}u(-t)$$

$$e^{-2t}u(t) \leftrightarrow \frac{1}{s+2}, \quad \sigma:(-2,+\infty)$$

$$x(t) = -e^{-t}u(-t) - e^{-2t}u(t) \leftrightarrow \frac{1}{(s+1)(s+2)}, \quad \sigma:(-2,-1)$$

（3）$\sigma:[-\infty,-2)$：

$$x_1(t) \leftrightarrow \frac{1}{s+1}, \quad \sigma:[-\infty,-1)$$

$$x_1(-t) \leftrightarrow \frac{-1}{s-1}, \quad \sigma:(1,+\infty)$$

$$x_1(-t) = -e^{t}u(t), \quad x_1(t) = -e^{-t}u(-t)$$

$$x_2(t) \leftrightarrow \frac{-1}{s+2}, \quad \sigma:[-\infty,-2)$$

$$x_2(-t) \leftrightarrow \frac{1}{s-2}, \quad \sigma:[-\infty,-2)$$

$$x_2(-t) = e^{2t}u(t), \quad x_2(t) = e^{-2t}u(-t)$$

$$x(t) = -e^{-t}u(-t) + e^{-2t}u(-t) \leftrightarrow \frac{1}{(s+1)(s+2)}, \quad \sigma:[-\infty,-2)$$

例 5-27　已知 $\dfrac{e^{-s}}{s+1}, \sigma:(-1,+\infty)$，求拉普拉斯反变换。

解

$$e^{-t}u(t) \leftrightarrow \frac{1}{s+1}, \quad \sigma:(-1,+\infty)$$

$$e^{-(t-1)}u(t-1) \leftrightarrow \frac{e^{-s}}{s+1}, \quad \sigma:(-1,+\infty)$$

例 5-28 已知 $\dfrac{1-e^{-s}}{s(1-e^{-4s})}, \sigma:(0,+\infty]$，求拉普拉斯反变换。

解 在例 5-23 中，我们发现 $X(s)$ 的分母含有 $1-e^{-Ts}$ 因子时，时域是右边的半周期信号。$X(s)$ 的分母含有 $1-e^{Ts}$ 因子时，时域是左边的半周期信号。

$$u(t) \leftrightarrow \frac{1}{s}, \quad \sigma:(0,+\infty]$$

$$G_1(t-0.5) = u(t) - u(t-1) \leftrightarrow \frac{1-e^{-s}}{s}, \quad \sigma:[-\infty,+\infty]$$

$$\frac{1-e^{-s}}{s(1-e^{-4s})} = \frac{1-e^{-s}}{s}[1 + e^{-4s} + e^{-8s} + \cdots + e^{-4ms} + \cdots]$$

$$x(t) = \sum_{m=0}^{+\infty} G_1(t-0.5-4m) \leftrightarrow \frac{1-e^{-s}}{s(1-e^{-4s})}, \quad \sigma:(0,+\infty]$$

所以

$$x(t) = \sum_{m=0}^{+\infty} G_1(t-0.5-4m)$$

5.8 连续系统复频域分析法

5.8.1 理论基础

在时域中有 $y(t) = x(t) * h(t)$，系统的时域模型如图 5-12 所示。

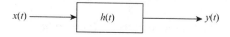

图 5-12 连续系统时域模型

在复频域中，利用时域卷积定理的时域相卷、频域相乘的结论有：

$$x(t) \leftrightarrow X(s), \quad \sigma:(\alpha_1, \beta_1)$$

$$h(t) \leftrightarrow H(s), \quad \sigma:(\alpha_2, \beta_2)$$

$$y(t) \leftrightarrow Y(s), \quad \sigma:(\alpha, \beta)$$

$$Y(s) = X(s)H(s) \tag{5-37}$$

系统的复频域模型如图 5-13 所示。

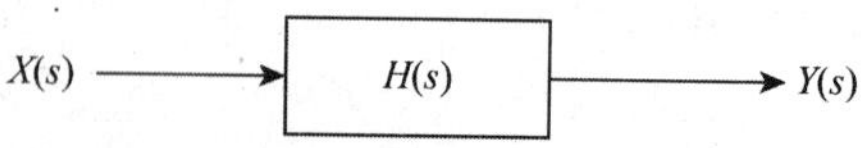

图 5-13 连续系统复频域模型

当然，只要知道 $x(t)$，$h(t)$ 和 $y(t)$ 三个时间量中的任何两个，根据拉普拉斯正变换可以计算其复频域函数，利用 $Y(s)=X(s)H(s)$ 的桥梁作用，可以计算第三个时间函数的拉普拉斯变换，再利用拉普拉斯反变换计算出第三个时间函数。这种分析方法称为系统的复频域分析方法。在此分析方法中，用到拉普拉斯正、反变换的计算。将时域的问题转换成复频域来分析，在分析过程中注意收敛域的变化。

5.8.2　系统函数

对于信号通过系统，从复指数信号通过系统的特点，还可以这样理解：首先时域信号 $x(t)=\dfrac{1}{2\pi j}\int_{\sigma-j\infty}^{\sigma+j\infty}X(s)e^{st}ds$ 可以理解为将 $x(t)$ 分解成无时限复指数信号 e^{st} 分量的线性组合。当把系统的单位冲激响应通过拉普拉斯变换映射为 $H(s)$ 后，e^{s_0t} 通过 LTI 系统产生的响应为 $y_1(t)=H(s_0)e^{s_0t}$；因此普遍而言，e^{st} 通过 LTI 系统产生的响应为 $y_2(t)=H(s)e^{st}$；$\dfrac{1}{2\pi j}X(s)e^{st}$ 通过 LTI 系统产生的响应为 $y_3(t)=\dfrac{1}{2\pi j}X(s)H(s)e^{st}$，所以 $x(t)=\dfrac{1}{2\pi j}\int_{\sigma-j\infty}^{\sigma+j\infty}X(s)e^{st}ds$ 通过 LTI 系统产生的响应为

$$y(t)=\frac{1}{2\pi j}\int_{\sigma-j\infty}^{\sigma+j\infty}X(s)H(s)e^{st}ds \qquad (5-38)$$

对式（5-38）用拉普拉斯变换的知识，也可以得到式（5-37）的结论。

1. $H(s)$ 的定义

在 $Y(s)=X(s)H(s)$ 中，$H(s)$ 是一个很重要的概念。通过上述分析，$H(s)$ 就是复频率为 s 的复指数信号 e^{st} 通过 LTI 系统时，得到的响应是在输入信号的基础上放大 $H(s)$ 倍，所以称为系统的复频率特性函数，或者称为传递函数以及系统函数，其定义为系统的单位冲激响应的拉普拉斯变换，即

$$h(t)\leftrightarrow H(s)，\quad H(s)=\int_{-\infty}^{\infty}h(t)e^{-st}dt \qquad (5-39)$$

鉴于 $h(t)$ 与 $H(s)$ 是一一映射关系，因而 LTI 系统可以由其传递函数来表征。$H(s)$ 也是系统本质的一种描述，与系统本质的其他描述方法如数学模型、单位冲激响应、频率特性函数可以相互转换。

2. $H(s)$ 和 $H(j\omega)$ 的关系

$H(s)$ 称为系统函数，$H(j\omega)$ 为频率特性函数。它们的关系就像 $X(s)$ 和 $X(j\omega)$ 的关系一样。一般而言，如果 $H(s)$ 的 ROC 包括 $j\omega$ 轴，$H(j\omega)$ 和 $H(s)$ 可以互换：

$$H(j\omega)=H(s)\big|_{s=j\omega}，\quad H(s)=H(j\omega)\big|_{j\omega=s} \qquad (5-40)$$

3. $H(s)$ 和系统本质其他描述方法的转换

$H(s)$ 也是连续系统本质的一种描述方法。已知系统本质其他的描述，可以求解系统的传递函数。

（1）已知系统的单位冲激响应，根据定义对单位冲激响应求 LT 得到 $H(s)$。

（2）已知特定输入产生的特定响应，根据 $Y(s)=X(s)H(s)$ 的桥梁作用求出 $H(s)=\dfrac{Y(s)}{X(s)}$。

（3）已知微分方程，两边同时进行双边 LT，求出 $H(s)=\dfrac{Y(s)}{X(s)}$。

例 5-29 已知因果系统的微分方程为 $y''(t)+4y'(t)+3y(t)=x'(t)+2x(t)$，求系统的传递函数和单位冲激响应。

解 已知因果系统为 $y''(t)+4y'(t)+3y(t)=x'(t)+2x(t)$，两边取 LT，得到

$$s^2Y(s)+4sY(s)+3Y(s)=sX(s)+2X(s)$$

$$(s^2+4s+3)Y(s)=(s+2)X(s)$$

系统因果，所以

$$H(s)=\frac{Y(s)}{X(s)}=\frac{s+2}{s^2+4s+3}=\frac{s+2}{(s+1)(s+3)},\quad \sigma:(-1,+\infty]$$

$$H(s)=\frac{s+2}{(s+1)(s+3)}=\frac{0.5}{s+1}+\frac{0.5}{s+3},\quad \sigma:(-1,+\infty]$$

$$h(t)=0.5e^{-t}u(t)+0.5e^{-3t}u(t)$$

（4）已知电路模型，利用电路分析知识找到输入输出满足的微积分方程，从而找到系统的传递函数。或者利用复阻抗和复导纳的思想，将 $j\omega$ 换为 s 从而得到系统的复频域模型。

例 5-30 图 5-14 所示的电路，计算传递函数。

解 将系统的模型转换为复频域模型，如图 5-15 所示。

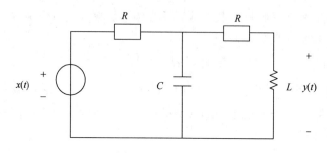

图 5-14 例 5-30 图

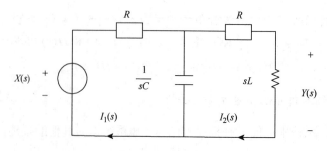

图 5-15 系统的复频域图

网孔方程为

$$(R+\frac{1}{sC})I_1(s)-\frac{1}{sC}I_2(s)=X(s)$$

$$-\frac{1}{sC}I_1(s)+(R+sL+\frac{1}{sC})I_2(s)=0$$

输出

$$Y(s)=sLI_2(s)$$

所以

$$H(s)=\frac{Y(s)}{X(s)}=\frac{sL}{RLCs^2+(R^2C+L)s+2R}$$

（5）已知频率特性函数 $H(j\omega)$，一般而言，将 $j\omega$ 换为 s 得到 $H(s)$。

（6）已知框图，利用梅森规则来计算。

5.8.3　系统特点和系统函数收敛域之间的关系

1. 因果性与收敛域的关系

如果 $t<0$ 时 $h(t)=0$，则系统是因果的；如果 $t>0$ 时，$h(t)=0$，则系统是反因果的。因果系统的 $h(t)$ 是因果，根据收敛域的特点，$H(s)$ 的收敛域必定包含 $+\infty$。$H(s)$ 的收敛域必定包含 $+\infty$ 是系统因果的充分必要条件。同理，$H(s)$ 的收敛域必定包含 $-\infty$ 是系统反因果的充分必要条件。

2. 稳定性与收敛域的关系

如果系统稳定，则有 $\int_{-\infty}^{\infty}|h(t)|\mathrm{d}t<\infty$，因此 $H(j\omega)$ 必存在。意味着 $H(s)$ 的收敛域必然包括 $j\omega$ 轴。反过来，也是成立的。从收敛域的特点来看，$H(s)$ 的收敛域包含虚轴是系统稳定的充分必要条件。

综上所述，从收敛域的特点来看，$H(s)$ 的收敛域包含虚轴和 $+\infty$ 是系统因果稳定的充分必要条件。

例 5-31　某系统的 $h(t)=\mathrm{e}^{-t}u(t)+\mathrm{e}^{-3t}u(t)$，求解系统的传递函数和微分方程，确定系统的因果性、稳定性。

解　已知 $h(t)=\mathrm{e}^{-t}u(t)+\mathrm{e}^{-3t}u(t)$，所以系统是因果系统。

$$h(t)=\mathrm{e}^{-t}u(t)+\mathrm{e}^{-3t}u(t)\leftrightarrow H(s)=\frac{1}{s+1}+\frac{1}{s+3},\quad \sigma:(-1,+\infty]$$

传递函数收敛域包含虚轴，所以系统稳定。

$$H(s)=\frac{1}{s+1}+\frac{1}{s+3}=\frac{2s+4}{s^2+4s+3}$$

系统微分方程为

$$y''(t)+4y'(t)+3y(t)=2x'(t)+4x(t)$$

例 5-32　已知因果系统 $y''(t)+7y'(t)+12y(t)=x'(t)+x(t)$，求传递函数和单位冲激响

应并判断系统的稳定性。

解 对系统数学模型两边取双边 LT，则

$$s^2Y(s) + 7sY(s) + 12Y(s) = sX(s) + X(s)$$

$$H(s) = \frac{Y(s)}{X(s)} = \frac{s+1}{(s+3)(s+4)}$$

系统因果，收敛域为 $\sigma:(-3,+\infty]$，包含虚轴，所以系统稳定。

$$H(s) = \frac{s+1}{(s+3)(s+4)} = \frac{-2}{s+3} + \frac{3}{s+4}, \quad \sigma:(-3,+\infty]$$

根据

$$e^{-3t}u(t) \leftrightarrow \frac{1}{s+3}, \quad \sigma:(-3,+\infty]; \quad e^{-4t}u(t) \leftrightarrow \frac{1}{s+4}, \quad \sigma:(-4,+\infty]$$

所以

$$h(t) = -2e^{-3t}u(t) + 3e^{-4t}u(t)$$

例 5-33 判断系统因果性和稳定性。

（1） $H_1(s) = \dfrac{1}{s+2}, \sigma:(-2,+\infty]$；

（2） $H_2(s) = \dfrac{e^{-2s}}{s+2}, \sigma:(-2,+\infty]$；

（3） $H_3(s) = \dfrac{e^{2s}}{s+2}, \sigma:(-2,+\infty)$。

解 已知收敛域，可以直接根据系统特点和传递函数收敛域之间的关系来判断系统的因果性和稳定性。

（1） $H_1(s)$ 的收敛域包含虚轴，系统稳定；收敛域包含 $+\infty$，系统因果。

（2） $H_2(s)$ 的收敛域包含虚轴，系统稳定；收敛域包含 $+\infty$，系统因果。

（3） $H_3(s)$ 的收敛域包含虚轴，系统稳定；收敛域不包含 $+\infty$，系统非因果。

5.8.4 系统复频域分析举例

例 5-34 $a>0$，判断一阶系统 $H(s) = \dfrac{s-a}{s+a}, \sigma:(-a,+\infty]$ 是否为全通系统。

解 在所有频率范围内 $|H(j\omega)| = $ 常数，这样的系统称为全通系统。$a>0$, $H(s) = \dfrac{s-a}{s+a}$,
$\sigma:(-a,+\infty]$ 的收敛域包含虚轴，所以系统稳定，存在频率特性函数。

$$H(j\omega) = \frac{j\omega - a}{j\omega + a}, \quad |H(j\omega)| = 1$$

所以系统是一阶全通系统。

例 5-35 判断 $H(s) = \dfrac{s+3}{(s+1)(s+2)}, \sigma:(-1,+\infty]$ 是否为最小相位系统。

解 考查两个系统，它们的极点相同，零点不同，其中一个系统的零点均在左半平

面，另一个系统的零点均在右半平面，而且两个系统的零点关于虚轴呈镜像对称。显然这两个系统的幅频特性是相同的。但零点在左半平面的系统其相位总小于零点在右半平面的系统。因此将零极点均位于左半平面的系统称为最小相位系统。

工程应用中设计的各种频率选择性滤波器，如 Butterworth 、Chebyshev、 Cauer 滤波器都是最小相位系统。从本质上讲系统的特性是由系统的零、极点分布决定的。对系统进行优化设计，实质上就是优化其零、极点的位置。

对于本例，零极点都位于虚轴的左边，所以是最小相位系统。

例 5-36　ω_n 为实数，研究因果二阶系统 $\dfrac{d^2 y(t)}{dt^2} + 2\xi\omega_n\dfrac{dy(t)}{dt} + \omega_n^2 y(t) = \omega_n^2 x(t)$ 的特性。

解　对系统微分方程两边取 LT 得到

$$(s^2 + 2\xi\omega_n s + \omega_n^2)Y(s) = \omega_n^2 X(s)$$

$$H(s) = \frac{Y(s)}{X(s)} = \frac{\omega_n^2}{s^2 + 2\xi\omega_n s + \omega_n^2} = \frac{-\dfrac{\omega_n}{2\sqrt{\xi^2-1}}}{s + \xi\omega_n + \omega_n\sqrt{\xi^2-1}} + \frac{\dfrac{\omega_n}{2\sqrt{\xi^2-1}}}{s + \xi\omega_n - \omega_n\sqrt{\xi^2-1}}$$

系统收敛域为 $\sigma:(-\xi\omega_n,+\infty]$

系统极点为

$$\lambda_1 = -\xi\omega_n - \omega_n\sqrt{\xi^2-1}, \quad \lambda_2 = -\xi\omega_n + \omega_n\sqrt{\xi^2-1}$$

所以

$$h(t) = \frac{\omega_n}{2\sqrt{\xi^2-1}}[e^{-(\xi\omega_n - \omega_n\sqrt{\xi^2-1})t} - e^{-(\xi\omega_n + \omega_n\sqrt{\xi^2-1})t}]u(t)$$

现在讨论 ξ 对系统的影响。

（1）当 $\xi>1$ 时，$H(s)$ 有两个实数极点，此时系统处于过阻尼状态。λ_2 起主要作用。随着 ξ 下降，两极点相向移动，向 $-\xi\omega_n$ 处靠拢。

（2）当 $\xi=1$ 时，两极点重合于 $-\omega_n$ 处，成为二重极点，系统处于临界阻尼状态。

（3）当 $0<\xi<1$，系统处于欠阻尼状态，二重极点分裂为共轭复数极点，且随 ξ 的减小而逐步靠近 $j\omega$ 轴。

（4）当 $\xi=0$ 时，两极点分别位于 $j\omega$ 轴上的 $\pm j\omega_n$ 处，此时系统处于无阻尼状态。

例 5-37　某系统输入 $x_1(t) = u(t)$ 时，系统零状态响应 $y_1(t) = 2u(t) - 3e^{-t}u(t)$。

（1）求系统的单位冲激响应。

（2）当系统输入为 $x(t) = e^{-2t}u(t-1)$ 时，求系统的零状态响应 $y(t)$。

解　（1）

$$x_1(t) = u(t) \leftrightarrow X_1(s) = \frac{1}{s}, \quad \sigma:(0,+\infty]$$

$$y_1(t) = 2u(t) - 3e^{-t}u(t) \leftrightarrow Y_1(s) = \frac{2}{s} - \frac{3}{s+1} = \frac{-(s-2)}{s(s+1)}, \quad \sigma:(0,+\infty]$$

$$H(s) = \frac{Y_1(s)}{X_1(s)} = \frac{-s+2}{s+1} = -1 + \frac{3}{s+1}, \quad \sigma:(-1,+\infty]$$

$$h(t) = -\delta(t) + 3\mathrm{e}^{-t}u(t)$$

（2）

$$x(t) = \mathrm{e}^{-2t}u(t-1) \leftrightarrow X(s) = \frac{\mathrm{e}^{-(s+2)}}{s+2}, \quad \sigma:(-2,+\infty]$$

$$H(s) = \frac{-s+2}{s+1}, \quad \sigma:(-1,+\infty]$$

$$Y(s) = X(s)H(s) = \frac{-\mathrm{e}^{-(s+2)}(s-2)}{(s+2)(s+1)}, \quad \sigma:(-1,+\infty]$$

$$\frac{(s-2)}{(s+2)(s+1)} = \frac{4}{s+2} + \frac{-3}{s+1}$$

$$4\mathrm{e}^{-2t}u(t) - 3\mathrm{e}^{-t}u(t) \leftrightarrow \frac{(s-2)}{(s+2)(s+1)}, \quad \sigma:(-1,+\infty]$$

所以

$$y(t) = -\mathrm{e}^{-2}[4\mathrm{e}^{-2(t-1)}u(t-1) - 3\mathrm{e}^{-(t-1)}u(t-1)] = -4\mathrm{e}^{-2t}u(t-1) + 3\mathrm{e}^{-t-1}u(t-1)$$

例 5-38　因果 LTI 系统的微分方程描述为 $\dfrac{\mathrm{d}^2 y(t)}{\mathrm{d}t^2} + 3\dfrac{\mathrm{d}y(t)}{\mathrm{d}t} + 2y(t) = x(t)$，输入 $x(t) = 2u(t)$，初始条件 $y(0^-) = 3$，$y'(0^-) = -5$，求系统的响应 $y(t)$。

解

$$y(t) = y_x(t) + y_f(t)$$

（1）双边 LT：

$$(s^2 + 3s + 2)Y(s) = X(s)$$

$$H(s) = \frac{1}{s^2 + 3s + 2} = \frac{1}{(s+1)(s+2)}, \quad \sigma:(-1,+\infty]$$

系统极点为

$$s_1 = -1, \quad s_2 = -2$$

$$y_x(t) = c_1 \mathrm{e}^{-t} + c_2 \mathrm{e}^{-2t}, \quad t \geqslant 0^-$$

系统输入为因果信号，系统是因果的，所以有

$$y_x(0^-) = y(0^-) = c_1 + c_2 = 3$$
$$y_x'(0^-) = y'(0^-) = -c_1 - 2c_2 = -5 \quad \Rightarrow c_1 = 1, \quad c_2 = 2$$

零输入响应 $y_x(t) = \mathrm{e}^{-t} - 2\mathrm{e}^{-2t}, t \geqslant 0^-$，则

$$x(t) = 2u(t) \leftrightarrow X(s) = \frac{2}{s}, \quad \sigma:(0,+\infty]$$

$$y_f(t) \leftrightarrow Y_f(s) = X(s)H(s) = \frac{2}{s(s+1)(s+2)}, \quad \sigma:(0+\infty]$$

$$Y_f(s) = \frac{1}{s} + \frac{-2}{s+1} + \frac{1}{s+2}$$

零状态响应为

$$y_f(t) = u(t) - 2\mathrm{e}^{-t}u(t) + \mathrm{e}^{-2t}u(t)$$

所以全响应为

$$y(t) = \mathrm{e}^{-t} + 2\mathrm{e}^{-2t} + u(t) - 2\mathrm{e}^{-t}u(t) + \mathrm{e}^{-2t}u(t), \quad t \geqslant 0^{-}$$

（2）单边 LT。对方程两边进行单边拉氏变换，有

$$\left(s^2 Y_l(s) - sy(0^-) - y'(0^-)\right) + 3\left(sY_l(s) - y(0^-)\right) + 2Y_l(s) = \frac{2}{s}$$

代入 $y(0^-) = 3, y'(0^-) = -5$ 可得

$$Y_l(s) = \underbrace{\frac{3(s+3)}{s^2 + 3s + 2} + \frac{-5}{s^2 + 3s + 2}}_{\text{零输入响应}} + \underbrace{\frac{2}{s(s^2 + 3s + 2)}}_{\text{零状态响应}}$$

$$Y_l(s) = \frac{3s + 4}{s^2 + 3s + 2} + \frac{2}{s(s^2 + 3s + 2)} = \frac{3s^2 + 4s + 2}{s(s+1)(s+2)}$$

$$= \frac{1}{s} - \frac{1}{s+1} + \frac{3}{s+2}$$

$$y(t) = u(t) - \mathrm{e}^{-t}u(t) + 3\mathrm{e}^{-2t}u(t)$$

其中，$u(t)$ 为强迫响应；$-\mathrm{e}^{-t}u(t) + 3\mathrm{e}^{-2t}u(t)$ 为自然响应。

例 5-39　请对含初始条件的电容和电感进行复频域分析。

解　（1）电感 L：$u_L(t) = L\dfrac{\mathrm{d}i_L(t)}{\mathrm{d}t}$。其时域模型如图 5-16 所示。

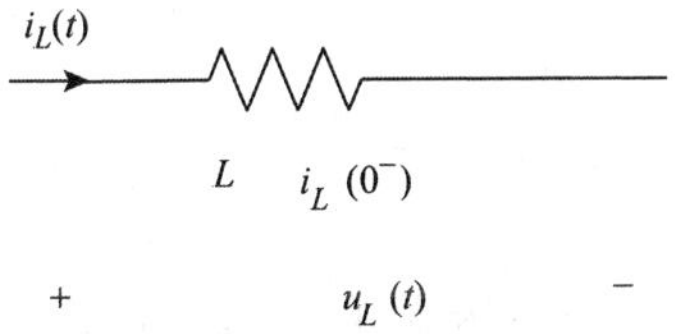

图 5-16　有初始条件电感的时域模型

利用单边 LT 的微分性质对电感的伏安特性关系两边取单边 LT，得到

$$U_L(s) = L\left[sI_L(s) - i_L(0^-)\right]$$
$$I_L(s) = \frac{U_L(s)}{sL} + \frac{i_L(0^-)}{s}$$

(5-41)

其复频域模型可以用串联和并联两种结构来描述，如图 5-17 所示。

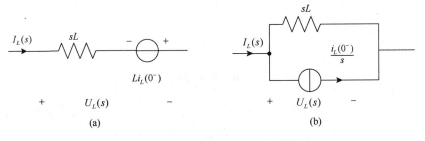

图 5-17　有初始条件电感的复频域模型

（2）电容 C：$i_C(t) = C\dfrac{\mathrm{d}u_C(t)}{\mathrm{d}t}$，其时域模型如图 5-18 所示。

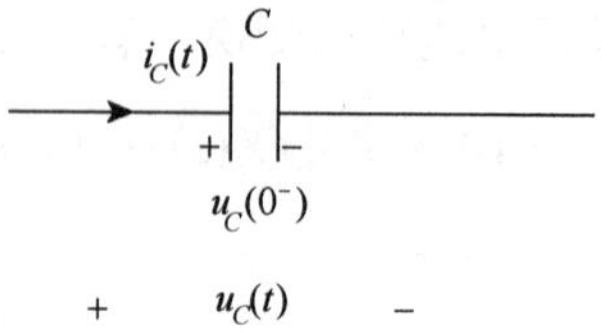

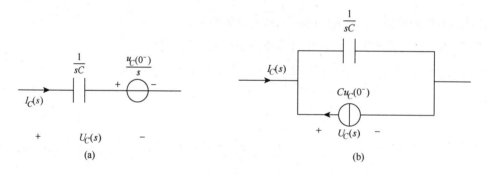

图 5-18　有初始条件电容的时域模型

利用单边 LT 的微分性质对电容的伏安特性关系两边取单边 LT，得到

$$I_C(s) = C[sU_C(s) - u_C(0^-)]$$

$$U_C(s) = \frac{I_C(s)}{sC} + \frac{u_C(0^-)}{s} \tag{5-42}$$

其复频域模型可以用串联和并联两种结构来描述，如图 5-19 所示。

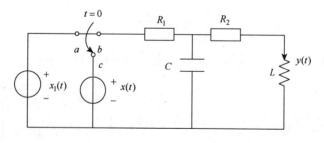

图 5-19　有初始条件电容的复频域模型

例 5-40　图 5-20 所示的电路，$x_1(t) = 1\text{V}$，$R_1 = 1\Omega, R_2 = 1\Omega, C = 1\text{F}, L = 0.5\text{H}$，$t = 0$ 之前电路已经处于稳态。$t = 0$ 时刻，开关由 a 转到 c，$x(t)$ 所在的直流电压源为 2V，求解 $y(t)$ 的复频域表达式和收敛域。

图 5-20　例 5-40 图

解　$t = 0$ 之前处于稳态，则 $u_c(0^-) = 0.5\text{V}, i_L(0^-) = 0.5\text{A}$，换路后系统的复频域模型如图 5-21 所示。系统复频域模型的网孔方程为

$$(1+\frac{1}{s})I_1(s)-\frac{1}{s}Y(s)=X(s)-\frac{0.5}{s}$$

$$-\frac{1}{s}I_1(s)+(1+0.5s+\frac{1}{s})Y(s)=0.25+\frac{0.5}{s}$$

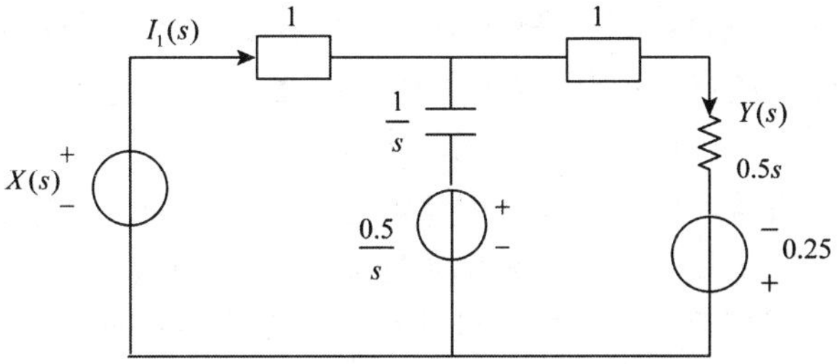

图 5-21　系统复频域模型

其中

$$x(t)=2u(t)\leftrightarrow X(s)=\frac{2}{s},\quad \sigma:(0,+\infty]$$

得到

$$Y(s)=\frac{0.25s+0.75}{0.5s^2+1.5s+2}+\frac{X(s)}{0.5s^2+1.5s+2}=\frac{0.25s^2+0.75s+2}{0.5s^3+1.5s^2+2s},\quad \sigma:(0,+\infty]$$

5.9　方框图及梅森公式

5.9.1　方框图

一个复杂的系统往往由很多子系统组成。每个子系统用一个方框来描述，并将其传递函数填写在方框内，子系统之间的连接关系和信号流动情况用有方向的线段来描述，将有方向的线段和方框组成的模型称为方框图。

下面有一复杂的框图，如图 5-22 所示，利用该框图，我们来学习框图中一些重要的概念。

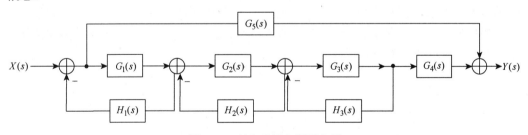

图 5-22　复杂系统方框图实例

（1）支路：有方向的线段称为支路，且箭头符号代表信号的流动方向。

（2）节点：几条支路相交的点，具有汇总信号的功能，并且每个流出支路的信号都为该节点所代表的信号。

（3）源点和阱点。源点：系统信号流入的点，图中 $X(s)$ 的地方是整个系统输入信号的地方，所以是源点。阱点：系统信号流出的点，图中$Y(s)$的地方是整个系统输出信号的地方，所以是阱点。

（4）前向通路及前向通路增益。前向通路：从源点到阱点的信号能够流动的路径，且每个支路和节点最多出现一次，这样的路径称为前向通路。在图5-22中有两条前向通路，一条为$X(s) \rightarrow G_5(s) \rightarrow Y(s)$，另一条为$X(s) \rightarrow G_1(s) \rightarrow G_2(s) \rightarrow G_3(s) \rightarrow G_4(s) \rightarrow Y(s)$。前向通路增益：在前向通路中每个子系统的传递函数的乘积称为前向通路增益。图中两条前向通路增益分别为$G_5(s)$和$G_1(s)G_2(s)G_3(s)G_4(s)$。

（5）环路及环路增益。环路：信号能够流动的闭和路径，且每个支路和节点最多出现一次（除了起始点和终止点）。图中有三条环路，分别为$G_1(s) \rightarrow H_1(s)$、$G_2(s) \rightarrow H_2(s)$和$G_3(s) \rightarrow H_3(s)$。环路增益：在环路中每条支路的传递函数的乘积称为环路增益。在计算前向通路增益和环路增益时，注意信号通过加法器给与的放大倍数是1还是–1。图中三条环路增益分别为

$$L_1 = -G_1(s)H_1(s), \quad L_2 = -G_2(s)H_2(s), \quad L_3 = -G_3(s)H_3(s)$$

（6）环路之间的关系。接触：环路之间有公共的支路或节点，称为环路之间是接触的。不接触：环路之间没有公共的支路或节点，称为环路之间是不接触的。图中有三条环路。它们之间的关系为L_1与L_2是接触的，L_2与L_3是接触的，L_1与L_3是不接触的。

（7）前向通路的子图：在原来框图中去掉某条前向通路后剩余的图形称为该条前向通路的子图。例如，前向通路$G_5(s)$的子图，如图5-23所示。

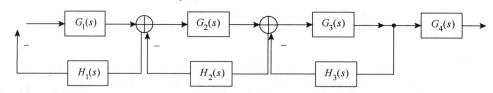

图5-23　前向通路子图实例

5.9.2　信号流程图

在框图中将加法器用一个节点代替，将子系统用有方向的线段来代替，并且将子系统的传递函数书写在有方向的线段的旁边，这样形成的图形称为信号流程图。例如,图5-22的信号流程图如图5-24所示。信号流程图不会改变子系统之间的连接关系和拓扑约束关系，但比框图更简洁明了。

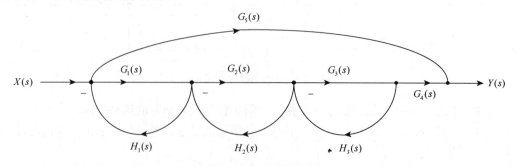

图5-24　信号流程图实例

5.9.3　梅森公式

1950 年，梅森依照 Gramer 规则求解线性联立方程组时，将解的分子多项式及分母多项式与信号流图（即拓扑图）巧妙联系在一起，从而找到了一种算法，用这种算法很容易求解信号流程图或框图中输入和输出之间的传递函数。后来将这种算法称为梅森公式。这个算法广泛的应用于连续系统和离散系统传递函数的计算以及系统的模拟。

公式内容：

$$H(s)=\frac{Y(s)}{X(s)}=\frac{N(s)}{D(s)}=\frac{\sum_k p_k \Delta_k}{\Delta} \tag{5-43}$$

$$D(s)=\Delta=1-\underbrace{\sum_a L_a}_{\text{所有环路增益之和}}+\underbrace{\sum_{bc}L_bL_c}_{\text{所有两两互不接触的环路增益乘积之和}}-\underbrace{\sum_{def}L_dL_eL_f}_{\text{所有三个两两互不接触的环路增益乘积之和}} \cdots \tag{5-44}$$

将 $D(s)=\Delta$ 称为系统的特征行列式，系统的很多特点都由 $D(s)$ 来确定；k 为前向通路序号；p_k 为第 k 条前向通路增益；Δ_k 为第 k 条前向通路子图的特征行列式，其计算方法和 Δ 一样，只是研究的对象为第 k 条前向通路的子图。

5.9.4　利用梅森公式计算传递函数

当有了梅森公式，我们只要寻找系统有几个环路及其环路增益，以及环路相互之间的接触关系，就可以计算系统的特征行列式 $D(s)=\Delta$；只要找到前向通路及其增益，对前向通路子图按照特征行列式的计算方法来计算子图的特征行列式，就可以计算出 $N(s)=\sum_k p_k \Delta_k$。代入梅森公式就可以得到系统的传递函数 $H(s)$。这样避免了列写方程组通过复杂的消元法来计算传递函数。

例 5-41　计算系统三种基本连接所对应的传递函数。

解　（1）级（串）联的结构框图如 5-25 所示，其传递函数为

$$H(s)=H_1(s)H_2(s) \tag{5-45}$$

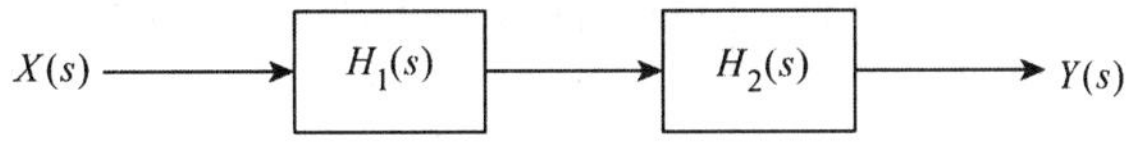

图 5-25　串联的复频域模型

（2）并联的结构框图如图 5-26 所示，其传递函数为

$$H(s)=H_1(s)+H_2(s) \tag{5-46}$$

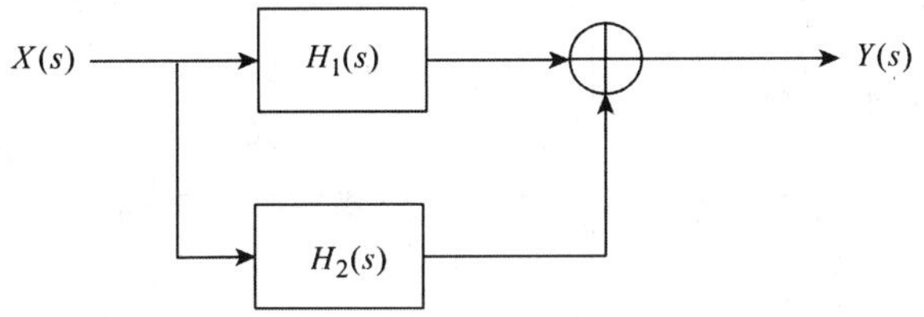

图 5-26　并联的复频域模型

（3）反馈的结构框图如图 5-27 所示。

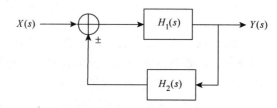

图 5-27　反馈的复频域模型

该系统有一条环路，环路增益为 $L_1 = \pm H_1(s)H_2(s)$，所以 $\Delta = 1 \mp H_1(s)H_2(s)$；前向通路只有一条，前向通路增益为 $p_1 = H_1(s)$，该条前向通路子图的特征行列式为 $\Delta_1 = 1$。所以传递函数为

$$H(s) = \frac{H_1(s)}{1 \mp H_1(s)H_2(s)} \tag{5-47}$$

例 5-42　计算图 5-28 所示系统的传递函数。

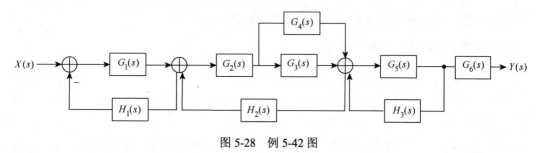

图 5-28　例 5-42 图

解

$$\Delta = 1 - (-G_1(s)H_1(s) + G_2(s)G_3(s)H_2(s) + G_2(s)G_4(s)H_2(s) + G_5(s)H_3(s))$$
$$+ (-G_1(s)H_1(s)G_5(s)H_3(s))$$
$$p_1 = G_1(s)G_2(s)G_4(s)G_5(s)G_6(s), \quad \Delta_1 = 1$$
$$p_2 = G_1(s)G_2(s)G_3(s)G_5(s)G_6(s), \quad \Delta_2 = 1$$

将上述结果代入

$$H(s) = \frac{Y(s)}{X(s)} = \frac{p_1\Delta_1 + p_2\Delta_2}{\Delta}$$

得到系统的传递函数。

5.9.5　利用梅森公式对连续系统的模拟

1. 连续系统模拟的概念

将已知的传递函数用加法器、放大器和积分器按照一定的方式来实现称为连续系统的模拟。

下面我们先来考虑三种基本器件加法器、放大器、积分器在时域、复频域和流程图中不同的描述方法，分别如图 5-29～图 5-31 所示。

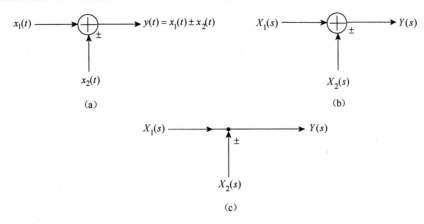

图 5-29　加法器的三种描述方法

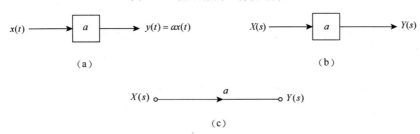

图 5-30　放大器的三种描述方法

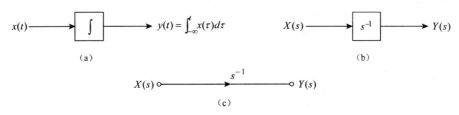

图 5-31　积分器的三种描述方法

2. 系统模拟的方式

无论连续系统还是离散系统，对其模拟时都有三种方式，分别为卡尔曼形式（直接型）、串联形式、并联形式。其中，卡尔曼形式是最基本的。

1）卡尔曼形式

已知系统的传递函数，卡尔曼形式的模拟就是将传递函数理解为

$$H(s) = \frac{\sum\limits_{k} p_k}{1 - \underbrace{\sum\limits_{a} L_a}_{\text{所有环路增益之和}}} \tag{5-48}$$

怎样才满足式（5-48）的情况呢？可以这样来构造系统：第一，分母所有环路接触；第二，分子所有前向通路的子图特征行列式为 1。将前向通路和环路设计成通过同一个

节点就满足了上述特点。为了保证此条件，常常将前向通路和环路都通过的这个节点设计为从源点开始的第一个加法器。

2）串联形式

将系统传递函数理解为 $H(s) = \prod_i H_i(s)$，然后把每个子系统按照卡尔曼形式来实现，最后组成串联连接，连接时每个子系统之间的环路设计成不接触。

3）并联形式

将系统传递函数转化为 $H(s) = \sum_i H_i(s)$，然后把每个子系统按照卡尔曼形式来实现，最后组成并联连接，连接时每个子系统之间的环路设计成不接触。

例5-43 已知系统传递函数 $H(s) = \dfrac{s+2}{(s+1)(s+3)}$，用三种方式分别来实现。

解　（1）卡尔曼形式：

$$H(s) = \frac{s+2}{s^2+4s+3} = \frac{\dfrac{1}{s} + \dfrac{2}{s^2}}{1 + \dfrac{4}{s} + \dfrac{3}{s^2}} = \frac{\dfrac{1}{s} + \dfrac{2}{s^2}}{1 - \left(-\dfrac{4}{s} - \dfrac{3}{s^2}\right)}$$

模拟要求：两条相互接触环路，环路增益分别为 $-\dfrac{4}{s}$ 和 $-\dfrac{3}{s^2}$；两条前向通路，其增益分别为 $\dfrac{1}{s}$ 和 $\dfrac{2}{s^2}$；让环路和前向通路都通过信号源后面的第一个加法器。其卡尔曼形式框图如图 5-32 所示。

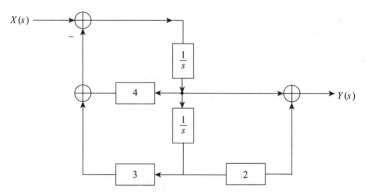

图 5-32　系统的卡尔曼形式

（2）串联形式：

$$H(s) = \frac{1}{s+1}\frac{s+2}{s+3} = \frac{\dfrac{1}{s}}{1 - \left(-\dfrac{1}{s}\right)}\frac{1 + \dfrac{2}{s}}{1 - \left(-\dfrac{3}{s}\right)}$$

两个子系统组成串联，每个子系统按照卡尔曼形式设计。其中，一个子系统 $\dfrac{\dfrac{1}{s}}{1 - \left(-\dfrac{1}{s}\right)}$

设计环路为 $-\dfrac{1}{s}$，前向通路为 $\dfrac{1}{s}$；另一个子系统 $\dfrac{1+\dfrac{2}{s}}{1-(-\dfrac{3}{s})}$ 设计环路为 $-\dfrac{3}{s}$，前向通路有两

条，一条为 1，另一条为 $\dfrac{2}{s}$。系统的串联结构框图如图 5-33 所示。

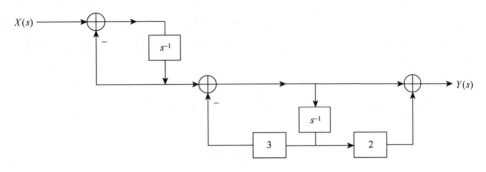

图 5-33　系统的串联形式

（3）并联形式：

$$H(s)=\frac{\dfrac{1}{2}}{s+1}+\frac{\dfrac{1}{2}}{s+3}=\frac{\dfrac{1}{2}\dfrac{1}{s}}{1-(-\dfrac{1}{s})}+\frac{\dfrac{1}{2}\dfrac{1}{s}}{1-(-\dfrac{3}{s})}$$

两个子系统组成并联，每个子系统按照卡尔曼形式设计。其中，一个子系统 $\dfrac{\dfrac{1}{2}\dfrac{1}{s}}{1-(-\dfrac{1}{s})}$

设计环路为 $-\dfrac{1}{s}$，前向通路为 $\dfrac{1}{2s}$。另一个子系统 $\dfrac{\dfrac{1}{2}\dfrac{1}{s}}{1-(-\dfrac{3}{s})}$ 设计环路为 $-\dfrac{3}{s}$，前向通路为 $\dfrac{1}{2s}$。

系统的并联结构框图如图 5-34 所示。

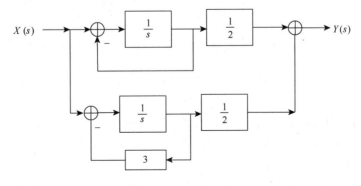

图 5-34　系统的并联形式

5.10   系统稳定性及 R-H 准则

5.10.1   系统稳定的定义

关于系统稳定性，我们可以这样来理解：当系统输入有界时，系统的响应也有界，这样的系统称为稳定系统。系统的稳定性是由系统的本质来决定的，与系统的输入和初始状态无关，因此系统的数学模型、单位冲激响应、传递函数、频率特性函数都可以来描述系统的稳定性。

如何判断系统的稳定性？根据不同的出发点，稳定性就有不同的判别方法。

（1）从单位冲激响应方面来考虑，单位冲激响应的模在整个时间范围内积分有限，系统稳定，即系统稳定，则

$$\int_{-\infty}^{+\infty} |h(t)| dt < \infty \tag{5-49}$$

（2）系统存在频率特性函数 $H(j\omega)$，则系统稳定。

（3）系统的传递函数 $H(s)$ 的收敛域包含虚轴，则系统稳定。

（4）对于因果系统而言，所有极点位于虚轴的左边，即 $\mathrm{Re}(\lambda_i) < 0$，则系统稳定。

5.10.2   劳斯-霍尔维茨准则

在实际判定中，如果系统的阶数较高，无法轻易求出系统极点，能否在不计算极点的条件下也能判断系统的稳定性呢？

1877 年，劳斯首先提出一种不必解方程就可以知道根有多少个具有正实部。霍尔维茨也提出了相似的方法。后来，将这种方法用于判断系统的稳定性，称为劳斯-霍尔维茨准则，简称 R-H 准则。

下面，对判断系统稳定性时所采用的观点和步骤描述如下。

（1）常常研究的对象是因果系统。

（2）当系统为一阶和二阶系统时，只需求出系统的极点，当极点实部都小于 0 时，系统稳定。

（3）当系统阶数大于 2 时，常常采用 R-H 准则来判别，其核心内容就是列写 R-H 行列式。

令 $H(s) = \dfrac{N(s)}{D(s)}$，$N(s)$ 和 $D(s)$ 都是从最高次幂到 0 次幂依次排列的多项式，$D(s)$ 称为特征多项式，或者称为霍尔维茨多项式，将 $D(s)$ 描述为

$$D(s) = D_e(s) + D_o(s) \tag{5-50}$$

其中，$D_e(s)$ 为偶数次幂多项式；$D_o(s)$ 为奇数次幂多项式。

阶数较高时，其稳定性判别过程如下：

①将两个多项式按降幂排列。

②确定最高次幂所在的多项式是奇数次幂多项式还是偶数次幂多项式。

③列写 R-H 行列式。R-H 行列式的列写规则：将最高次幂多项式系数按次幂从高到

低依次排成第一行，将另一个多项式系数按次幂从高到低排成第二行；每行的名称从 S 的最高次幂到 S 的零次幂；所有行按照左对齐的方式，本行和上一行个数不对等可以在后面加 0；最开始两行可以根据特征多项式写出，后面每行元素用该行前面最近的两行元素按照下列方式进行计算：

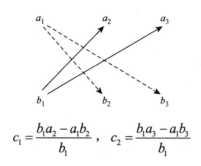

$$c_1 = \frac{b_1 a_2 - a_1 b_2}{b_1}, \quad c_2 = \frac{b_1 a_3 - a_1 b_3}{b_1}$$

与 2 行 2 列行列式的计算方法相似，但主对角的位置不同；可以在同一行元素都乘以一个相同的正数，从而简化计算的工作量。

④系统稳定的必要条件为：特征多项式 $D(s)$ 的所有系数符号相同。当满足系数符号相同，则列写 R-H 行列式，行列式中第一列元素符号相同则系统稳定。第一列元素符号不同，则系统不稳定，第一列元素从上到下组成闭合路径，第一列元素符号改变的次数就是系统不稳定极点的个数（位于虚轴右边的极点个数）。

⑤R-H 行列式特殊情况的处理。第一种情况，当某行第一个元素为 0，用无穷小量（无论正负）来代替该元素，继续列写 R-H 行列式。第二种情况，当某行元素全为 0，对全 0 行之前一行的元素进行修正，将该行代表的多项式的进行微分，微分后多项式的系数来代替该行原来的系数，继续列写行列式，若第一列系数符号相同，则系统临界稳定，否则系统不稳定。

例 5-44　已知系统的特征多项式，判断系统的稳定性。

（1）$D_1(s) = s^5 + 4s^4 + 3s^3 + 2s^2 + s + 1$；

（2）$D_2(s) = s^5 + 2s^4 + 2s^3 + 4s^2 + 3s + 6$；

（3）$D_3(s) = s^5 + 2s^4 + 1s^3 + 2s^2 + 3s + 4$。

解　（1）列写 R-H 行列式：

$s^5:$	1	3	1
$s^4:$	4	2	1
$s^3:$	10	3	
$s^2:$	8	10	
$s^1:$	-1	0	
$s^0:$	1		

第一列元素符号不相同，系统不稳定。

（2）列写 R-H 行列式：

$s^5:$	1	2	3

$s^4:$	8（2）	8（4）	0（6）
$s^3:$	1	3	
$s^2:$	-16	0	
$s^1:$	3	0	
$s^0:$	0		

结论：第一列元素符号不相同，系统不稳定。

（3）列写 R-H 行列式：

$s^5:$	1	1	3
$s^4:$	2	2	4
$s^3:$	δ（0）	1	
$s^2:$	$2-\dfrac{2}{\delta}$	4	
$s^1:$	$1-\dfrac{2\delta^2}{\delta-1}$	0	
$s^0:$	4		

结论：第一列元素符号不相同，系统不稳定。

习　题

1. 计算下列信号的 LT，画出收敛域，并且在有限以及无穷范围内分别确定零极点情况。

（1）$e^{-2t}u(t)$；　　　　　　　（2）$e^{-3t}u(t-1)$；　　　　　　　（3）$e^{-t+1}u(t)$；

（4）$e^{-2t+2}u(t-2)$；　　　　　（5）$u(t+1)-u(t-2)$；　　　　　（6）$(t+1)u(t-1)$；

（7）$te^{-3t}u(t-1)$；　　　　　　（8）$e^{-2t}u(-t)$；　　　　　　　（9）$e^{-t}\cos 2tu(t)$。

2. 计算下列信号的 LT。

（1）$t[u(t)-u(t-1]$；　　　　　（2）$e^{-2t}u(t-1)+2e^{t}u(-t-1)$；　　　　（3）$te^{-t}\cos tu(t)$；

（4）$te^{-2|t|}$；　　　　　　　　（5）$\delta(2t)+u(2t)$。

3. 信号波形如图 5-35 所示，计算 LT。

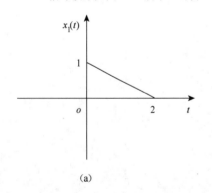

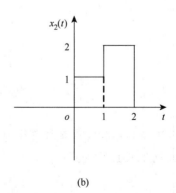

(a)　　　　　　　　　　　　　　　　　　　(b)

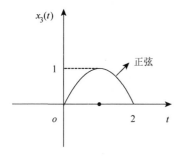

(c)

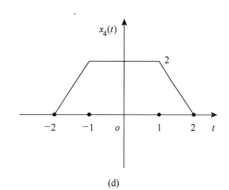

(d)

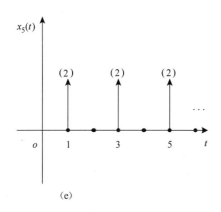

(e)

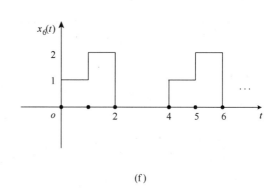

(f)

图 5-35

4. 已知下列复频域和收敛域，计算拉普拉斯反变换。

（1）$\dfrac{1}{s+1}+\dfrac{1}{s+2}$，$\sigma:(-1,+\infty]$；　　（2）$\dfrac{1}{(s+1)(s+3)}$，$\sigma:(-1,+\infty]$；　　（3）$\dfrac{s+1}{s(s+2)}$，$\sigma:(0,+\infty]$；

（4）$\dfrac{s+4}{(s+1)(s+3)}$，$\sigma:(-1,+\infty]$；　　（5）$\dfrac{s^3+4s^2+3s+2}{s^2+6s+8}$，$\sigma:(-2,+\infty]$；　　（6）$\dfrac{1}{s^2+4}$，$\sigma:(0,+\infty]$。

5. 计算拉普拉斯反变换。

（1）$\dfrac{e^{-s}}{(s+1)(s+4)}$，$\sigma:(-1,+\infty]$；　　（2）$\dfrac{1}{(s+1)(s+3)}$，$\sigma:(-3,-1)$；　　（3）$\dfrac{s-1}{s^2-s-2}$，$\sigma:(-1,+\infty]$；

（4）$\dfrac{(s+2)e^{2s}}{(s+1)^2(s+3)}$，$\sigma:(-1,+\infty)$；　　（5）$\dfrac{s^3+4s^2+3s+2}{s^2+6s+8}$，$\sigma:[-\infty,-4)$；　　（6）$\ln\dfrac{1}{s+2}$，$\sigma:(-2,+\infty]$；

（7）$\dfrac{1-e^{-s}}{s(1-e^{-4s})}$，$\sigma:(0,+\infty]$；　　（8）$\dfrac{1-e^{-2s}}{s(1-e^{4s})}$，$\sigma:(-\infty,0)$。

6. 已知信号的 LT，求信号的初值和终值。

（1）$X(s)=\dfrac{s+1}{(s+2)(s+5)}$，$\sigma:(-2,+\infty]$；　　（2）$X(s)=\dfrac{s+3}{(s+1)(s+2)^2}$，$\sigma:(-1,+\infty]$；

（3）$X(s)=\dfrac{(s+1)(s+2)}{(s+3)(s+4)}$，$\sigma:(-3,+\infty]$；　　（4）$X(s)=\dfrac{s^3+1}{(s+1)(s+4)}$，$\sigma:(-1,+\infty]$；

（5）$X(s)=\dfrac{2s}{s^2+4}$，$\sigma:(0,+\infty]$。

7. 关于 $x(t)$ 及其 $X(s)$ 有下列描述，求 $x(t)$ 和 $X(s)$。

（1） $x(t)$ 为实信号。

（2） $\int_{-\infty}^{+\infty} x(t)e^{2t}dt$ 没有有限的值。

（3） $X(s)$ 的收敛域为 $\sigma:(-1,+\infty]$ 。

（4） 在有限范围内 $X(s)$ 两个实数极点，没有零点。

（5） $\int_{-\infty}^{+\infty} x(t)dt = 3$ 。

8. 关于 $x(t)$ 及其 $X(s)$ 有下列描述，求 $X(s)$ 及其收敛域。

（1） $x(t)$ 为实信号；

（2） $x(t)$ 存在终值，但 $x(t)$ 的积分信号不存在终值；

（3） $\int_{-\infty}^{+\infty} x(t)e^{3t}dt$ 没有有限的值；

（4） 在有限范围内 $X(s)$ 有两个极点，但没有零点；

（5） $\int_{-\infty}^{+\infty} x(t)dt = 4$ 。

9. 计算下列信号的单边 LT。

（1） $e^{-2t+1}u(t)$ ； 　　　（2） $e^{-5t}u(t-1)$ ； 　　　（3） $e^{-t+1}u(t+2)$ ；

（4） $e^{-2t+2}u(-t-2)$ ； 　（5） $u(t+1)-u(t-1)$ ； 　（6） $(t+1)u(-t+1)$ ；

（7） $\delta(t+1)-\delta(t)+\delta(t-1)$ 。

10. 已知因果系统的微分方程为 $y''(t)+9y'(t)+18y(t)=x'(t)+2x(t)$ 。

（1） 求系统的单位冲激响应和传递函数。

（2） 当系统的输入为 $x(t)=e^{-t}u(t)$ 时，求系统的零状态响应。

（3） 当系统的输入为 $x(t)=e^{2t}$ 时，求系统的零状态响应。

11. 已知因果系统的微分方程为 $y''(t)+7y'(t)+10y(t)=x'(t)+3x(t)$ ， $x(t)=e^{-3t}u(t)$ ， $y(0^-)=1$ ， $y'(0^-)=2$ 。

（1） 求系统的单位冲激响应和传递函数。

（2） 求系统的零输入响应。

（3） 求系统的零状态响应和全响应。

12. 已知因果线性时不变系统输入为 $x(t)=e^{-2t}u(t)$ ，系统零状态响应为 $y_f(t)=e^{-t}u(t)+2e^{-2t}u(t)+3e^{-3t}u(t)$ 。

（1） 求系统的传递函数和单位冲激响应。

（2） 求系统的微分方程。

13. 已知电路图如图 5-36 所示，求系统的传递函数。

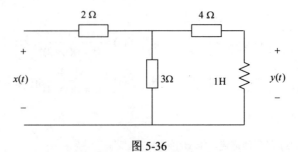

图 5-36

14. 已知电路图如图 5-37 所示，$t = 0$ 时刻之前，开关处于 a，并且已进入稳定状态，$t = 0$ 时开关从 a 倒向 b，求电流 $i(t)$。

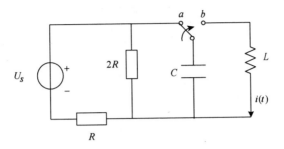

图 5-37

15. 已知电路图如图 5-38 所示。

（1）求解系统的传递函数和单位冲激响应。

（2）求解系统的微分方程。

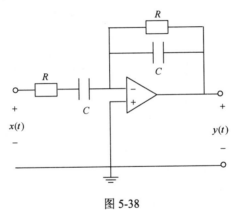

图 5-38

16. 已知因果系统的框图如图 5-39 所示。

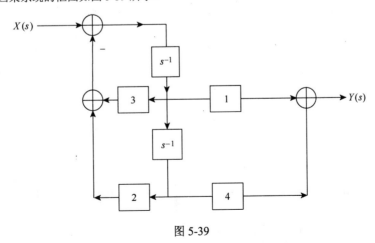

图 5-39

（1）求系统的传递函数和单位冲激响应。

（2）当系统输入为 $x(t) = e^{-3t}u(t)$，求系统的零状态响应。

17. 已知系统框图如图 5-40 所示，求解系统的传递函数。

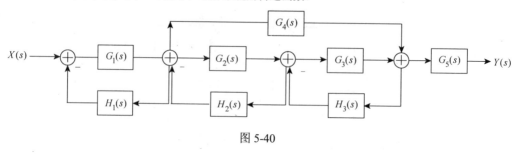

图 5-40

18. 已知系统的方框图如图 5-41 所示。

（1）计算 $H_1(s) = \dfrac{Y_1(s)}{X(s)}$。

（2）计算 $H_2(s) = \dfrac{Y_2(s)}{X(s)}$。

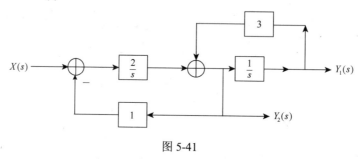

图 5-41

19. 已知因果 LTI 系统，单位冲激响应 $h(t)$ 满足下面两个条件时，求解 $h(t)$。

（1）当系统的输入为 $x(t) = e^{3t}$，系统的响应 $y(t) = \dfrac{1}{9}e^{3t}$。

（2）单位冲激响应满足 $h'(t) + 3h(t) = e^{-2t}u(t) + au(t)$，$a$ 是需要确定的常数。

20. 一连续的 LTI 系统，起始状态固定。当输入 $x_1(t) = \delta(t)$ 时，系统的全响应为 $y_1(t) = -2e^{-2t}u(t)$；当输入 $x_2(t) = u(t)$ 时，系统的全响应为 $y_2(t) = -2u(t) - 3e^{-2t}u(t)$。求当输入为 $x_3(t) = e^{-t}u(t)$ 时，系统的全响应 $y_3(t)$。

21. 因果系统的结构框图如图 5-42 所示。

（1）写出系统函数 $H(s)$，并求出系统冲激响应 $h(t)$。

（2）若在该系统前面级联一个理想冲激串采样，即使用 $p(t) = \sum\limits_{n=-\infty}^{\infty} \delta(t-n)$ 对 $x(t)$ 采样，设 $x(t) = \cos\dfrac{\pi}{2}t$，画出 $y(t)$ 的波形。

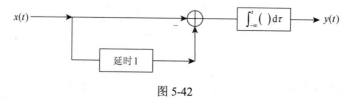

图 5-42

22. 已知系统的传递函数 $H(s)=\dfrac{s+1}{s^2+9s+14}$，用三种方法进行模拟。

23. 已知系统的框图如图 5-43 所示，其中，$H_1(s)=\dfrac{1}{s+1}$，$H_2(s)=\dfrac{1}{s+4}$。

（1）计算系统的传递函数。

（2）对系统进行卡尔曼形式的模拟。

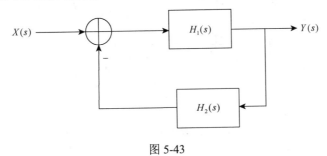

图 5-43

24. 已知因果系统框图如图 5-44 所示。

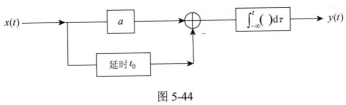

图 5-44

（1）求系统的数学模型。

（2）求系统的单位冲激响应。

25. 已知因果 LTI 系统的框图如图 5-45 所示，若 $x(t)=\mathrm{e}^{-t}u(t)$，$y(0_-)=1,y'(0_-)=2$，求其全响应 $y(t)$。

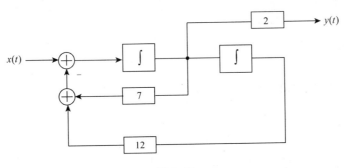

图 5-45

26. 已知双边信号 $x(t)\leftrightarrow X(s),\sigma:(\alpha,\beta)$，$X(s)$ 为有理分式并仅有两个极点，极点分别为 $\lambda_1=-1$，$\lambda_1=-2$，有限范围内只有一个零点 $p_1=-3$，且 $X(0)=1$。

（1）计算 $x(t)$。

（2）若另一因果信号 $f(t)$ 与 $x(t)$ 有相同的幅度频谱，即 $|X(\mathrm{j}\omega|=|F(\mathrm{j}\omega)|$，试绘制 $F(s)$ 的零极点图，求出 $f(t)$。

27. 已知 $x(t)$ 的拉普拉斯变换为 $X(s) = \dfrac{e^{-s\pi}}{(s^2+1)(1-e^{-s\pi})}, \sigma:(0,+\infty]$.，计算 $x(t)$，并绘制其波形。

28. 已知系统的特征多项式 $D(s)$，判断系统的稳定性。

（1） $D(s) = (s+1)(s+2)$；

（2） $D(s) = s^4 + s^3 - 2s + 1$；

（3） $D(s) = s^3 + 8s^2 + 3s + 1$；

（4） $D(s) = s^5 + 4s^4 + 6s^3 + 2s^2 + s + 1$。

29. 已知因果 LTI 系统的框图如图 5-46 所示，$H_1(s) = \dfrac{K}{s+2}$，$H_2(s) = \dfrac{1}{s+3}$。

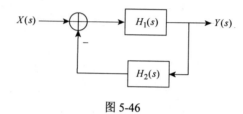

图 5-46

（1）计算系统的传递函数。

（2）若果系统稳定，则 K 应该满足什么样的条件。

30. 什么样的信号，拉普拉斯变换收敛域包含 $\pm\infty$ 远处。

第 6 章　离散信号和系统的 z 域分析

z 变换的基本思想来源于拉普拉斯变换，z 变换是拉普拉斯和脉冲控制理论相结合的产物。回顾脉冲控制理论的发展，尽管前苏联的崔普金及英国的 Barker 等都作出了不可磨灭的贡献，但建立脉冲理论的许多工作都是由美国哥伦比亚大学来完成和实现的。

Ragazzini 是美国自动控制专家，美国工程科学院院士，1921 年 2 月生于苏联巴库，因发展模糊集理论的先驱性工作而获电气和电子工程师协会（IEEE）的教育勋章。Ragazzini 的博士生在脉冲控制理论作出了巨大的贡献，其中最出色的有 Fary、卡尔曼、Zadeh。Jury 的主要贡献是离散系统稳定的朱里判具、能观测性与能达性。卡尔曼是自控界第二位获得 IEEE Model of Honor（1974 年），其主要贡献是离散状态方法、能控性与能观性。Zadeh 是自控界第五位获得 IEEE Model of Honor（1995 年），其主要贡献是 z 变换的定义。在 1947 年由 Hurewicz 引入了一种变换来来解决线性常系数差分方程的求解，后来于 1952 年在哥伦比亚大学被 Ragazzini 和 Zadeh 冠以 "the z-transform" 用于采样数据的控制组分析。

崔普金、Barker 和 Jury 分别于 1950 年、1951 年和 1956 年提出了广义 z 变换或修正 z 变换（modified z-transform）的方法。改进的 z 变换由 Fary 发展和推广，在 20 世纪 50 年代末，脉冲系统的 z 变换法已发展成熟。

因为 z 变换的思想来源于拉普拉斯变换，所以也可以认为 z 变换是离散系统的复频域分析，是离散系统变换域分析的一种。z 变换分析的对象是离散信号和离散系统。离散信号和系统的变换域分析还有 DTFT、DFS、DFT、FFT。z 变换的基本思想、许多性质及其分析方法都与拉氏变换有很多相似之处。当然，z 变换与拉氏变换也存在着一些重要的差异，这些差异的根源在于连续信号和离散信号的区别。z 变换也有双边和单边两种，在本书中没有作特殊说明时，都研究的是双边 z 变换。

z 变换分析系统的基本思路就是选择指数序列 z^n 为基本信号，对任何信号 $x[n]$ 进行分解，研究系统对基本信号的响应，从而得到系统对 $x[n]$ 所产生的响应。

6.1　z 变换的定义

6.1.1　双边 z 正变换的定义

已知离散时间信号 $x[n]$，求解复频域函数 $X(z)$ 的过程称为 z 正变换。其中

$$X(z) = \sum_{n=-\infty}^{\infty} x[n]z^{-n} \tag{6-1}$$

式（6-1）可以理解为加权级数求和。在式（6-1）求和时，是对所有序号求和，称为双边 z 变换。

在复变函数中有

$$|a|<1, \quad \sum_{n=0}^{\infty}a^n=\frac{1}{1-a}, \quad \sum_{n=0}^{m}a^n=\frac{1-a^{m+1}}{1-a} \quad (6\text{-}2)$$

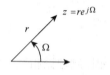

图 6-1 z 平面的极坐标图

在 z 变换中，变量 z 是复数，通常采用 $z=re^{j\Omega}$ 来理解，z 平面的示意图如图 6-1 所示。复数 z 的模记为 r，幅角记为 Ω。当 $r=1$ 时，$z=e^{j\Omega}$，此时 z 就是单位圆上某个复数。当以 $z=e^{j\Omega}$ 进行的 z 变换称为离散时间傅里叶变换，记为 DTFT，定义为

$$X(e^{j\Omega})=\sum_{n=-\infty}^{\infty}x[n]e^{-j\Omega n} \quad (6\text{-}3)$$

这说明，DTFT 就是在单位圆上进行的 z 变换，z 变换是普遍，DTFT 是特殊的 z 变换。它们之间的关系就像 LT 和 FT 的关系。对 x[n] 进行 z 变换就等于对 x[n] 进行 DTFT，因此，z 变换是 DTFT 的推广。将 X(z) 称为 x[n] 的 ZT 或复频谱密度，将 $X(e^{j\Omega})$ 称为离散信号的频谱密度。

6.1.2 单边 z 正变换的定义

无论信号自变量存在的范围如何，在进行 z 变换计算过程中只考虑非负序号的求和，称为单边 z 变换，记为 $X_l(z)$，其定义为

$$X_l(z)=\sum_{n=0}^{\infty}x[n]z^{-n} \quad (6\text{-}4)$$

一般而言，对于任何信号 x[n]，其双边和单边 z 变换是不相同的。但如果是因果信号，有

$$x[n]=x[n]u[n], \quad X(z)=\sum_{n=-\infty}^{\infty}x[n]z^{-n}=\sum_{n=-\infty}^{\infty}x[n]u[n]z^{-n}=\sum_{n=0}^{\infty}x[n]z^{-n}=X_l(z)$$

所以,因果信号的单边和双边 z 变换是等价的,并且任何信号的单边 z 变换可以用 x[n]u[n] 的双边 z 变换来计算。

例 6-1　$x[n]=a^nu[n]$，求 z 变换。

解

$$X(z)=\sum_{n=-\infty}^{\infty}a^nu[n]z^{-n}=\sum_{n=0}^{\infty}a^nz^{-n}=\sum_{n=0}^{\infty}(\frac{a}{z})^n$$

当 $|z|:(|a|,+\infty]$ 时，有

$$X(z)=\sum_{n=0}^{\infty}a^nz^{-n}=\frac{1}{1-az^{-1}}=\frac{z}{z-a}$$

当 $|a|<1$ 时，x[n] 的 DTFT 存在，有

$$X(e^{j\Omega})=\frac{1}{1-ae^{-j\Omega}}$$

例 6-2　计算 $x[n]=u[n]$ 的 z 变换。

解　在例 6-1 中，令 $a=1$，则

$$X(z) = \sum_{n=0}^{\infty} z^{-n}$$

当 $|z|:(1,+\infty]$ 时，有

$$X(z) = \sum_{n=0}^{\infty} z^{-n} = \frac{z}{z-1}$$

例 6-3　求解 $x[n] = 2^n u[n+1]$ 的单双边 z 变换。

解　该信号是非因果信号，单、双边变换是不相同的。

$$x[n] = 0.5\delta[n+1] + 2^n u[n]$$

$$X(z) = \sum_{n=-\infty}^{\infty} 2^n u[n+1] z^{-n} = \sum_{n=-1}^{\infty} \left(\frac{2}{z}\right)^n$$

当 $|z|:(2,+\infty)$ 时，有

$$X(z) = \sum_{n=-1}^{\infty} \left(\frac{2}{z}\right)^n = \frac{\dfrac{z}{2}}{1-\dfrac{2}{z}} = \frac{z^2}{2z-4}$$

$$x[n]u[n] = 2^n u[n+1]u[n] = 2^n u[n]$$

所以 $x[n]$ 的单边 LT 等于 $2^n u[n]$ 的双边 z 变换。

利用上边例题的结论，当 $|z|:(2,+\infty)$ 时，$x[n] = 2^n u[n+1]$ 的单边 z 变换为 $X_l(z) = \dfrac{z}{z-2}$。

通过上面单、双边变换的计算可以看出因果信号的单、双边是一致的，非因果信号的单、双边是不同的。另外，在上述计算过程中，我们都给出了一个关于 z 或者 $|z|$ 满足的条件，这个条件是与 ZT 的存在性有关的，在 6.2 节将这个条件称为收敛域。例如，$x[n] = 2^n u[n+1]$ 的双边 z 变换：当 $|z|:(2,+\infty)$ 时，$X(z) = \dfrac{z^2}{2z-4}$，这个条件描述的图形可以在 z 平面描述为图 6-2。图中将极点用 "×" 描述，将满足条件的 z 或者 $|z|$ 用阴影来描述。

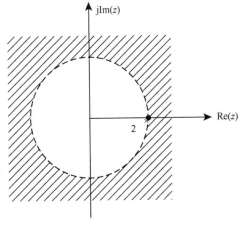

图 6-2　$x[n] = 2^n u[n+1]$ 的 z 变换存在条件

6.1.3　z 反变换

已知收敛域和 $X(z)$，求解离散时间信号的过程称为 z 反变换。关于收敛域的问题，将在下节来学习。

下面从 DTFT 反变换的定义出发来推导 z 反变换。已知 $X(z) = \sum_{n=-\infty}^{\infty} x[n]z^{-n}$，则

$$X(re^{j\Omega}) = \sum_{n=-\infty}^{\infty} x[n]r^{-n}e^{-j\Omega n}$$

$$x[n]r^{-n} = \frac{1}{2\pi}\int_0^{2\pi} X(re^{j\Omega})e^{j\Omega n}d\Omega$$

$$x[n] = \frac{1}{2\pi}\int_0^{2\pi} X(re^{j\Omega})r^n e^{j\Omega n}d\Omega$$

令 $z = re^{j\Omega}$，当 r 为常数，即 z 只在 z 平面上以原点为圆心的圆上变化时，$dz = jre^{j\Omega}d\Omega = jzd\Omega$，当 Ω 从 0 到 2π 时，z 沿着 ROC 内半径为 r 的圆变化一周：

$$x[n] = \frac{1}{2\pi j}\oint_c X(z)z^{n-1}dz \tag{6-5}$$

其中，积分路径 c 是在收敛域中按照逆时针方向围绕原点的任何一个圆周，如图 6-3 所示。从复变函数来看，是一个关于复数的闭合路径的积分，可以从复变函数的留数定理来计算。在本书中，我们会用更简边的方法来计算 z 反变换。该公式主要针对双边反变换。从严格意义来讲，单边反变换没有唯一的离散信号的解。例如，$u[n]$ 和 $u[n+1]$ 有相同的单边 z 变换，并且收敛的条件都是 $|z|>1$。从严格意义讲，单边 $Z^{-1}T$ 没有唯一解。当我们加上一个因果信号这样的条件，即单边反变换时，都约定寻找的时间函数为因果信号，此时就可以找到唯一的时间函数，上述公式就适用了。

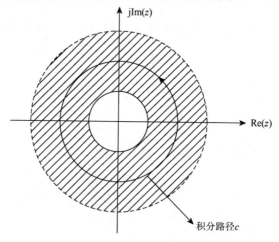

图 6-3　z 反变换的积分路径

z 反变换的物理含义：对于式（6-5），可以理解为选择以 z^n 为基本信号，对离散时间信号 $x[n]$ 在 z 域进行的连续分解，分解复振幅为 $\frac{1}{2\pi j}X(z)dz$，这样的分解是复频域的

分解，也是连续的分解。

6.2　z 变换的收敛域

6.2.1　z 变换收敛域的定义

已知离散时间信号 $x[n]$，计算 $X(z)=\sum\limits_{n=-\infty}^{\infty}x[n]z^{-n}$ 时，当 $X(z)$ 存在有限表达式时，z（或 z 的模）应该满足的条件；或者说在 z 平面上，那些使 $X(z)$ 存在有限表达式的区域称为 z 变换的收敛域，可以用 ROC 来简称。在 z 平面将满足条件的 z 或者 $|z|$ 用阴影来描述。

例如，在学习 z 变换定义时，将 $x[n]=2^{n}u[n]$ 的 ZT 理解为：当 $|z|:(2,+\infty]$ 时，$X(z)=\dfrac{z}{z-2}$，将 $|z|:(2,+\infty]$ 称为 $2^{n}u[n]$ 的 z 变换的收敛域，如图 6-4 所示。

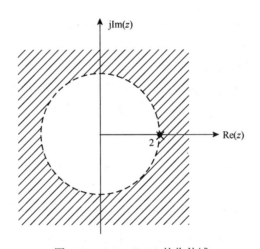

图 6-4　$x[n]=2^{n}u[n]$ 的收敛域

一个完整的 z 变换对，需要描述三方面的内容：时域、z 域、收敛域。往往 z 域和收敛域是同时存在的，它们作为一个整体和时域形成一一映射关系。因此，z 变换对可以表示为

$$x[n]\leftrightarrow X(z),\quad |z|:(r_1,r_2)$$
$$x[n]=\mathscr{Z}^{-1}\{X(z)\},\quad |z|:(r_1,r_2)\tag{6-6}$$
$$X(z)=\mathscr{Z}\{x[n]\},\quad |z|:(r_1,r_2)$$

$$x[n]\leftrightarrow\begin{cases}X(z),\quad |z|:(r_1,r_2)\\ 不存在，收敛域外\end{cases}\tag{6-7}$$

6.2.2　ZT 收敛域的特点

下面通过一些例子来理解 ZT 的收敛域的特点。

1. 在收敛域内不存在 $X(z)$ 的极点

将 $X(z)$ 的极点代入 $X(z)$，会使 $X(z)$ 的值为无穷大，与收敛域中 $X(z)$ 存在有限表达式相违背。所以，ZT 的收敛域是不包含任何极点的。

2. 有限长序列（有始有终）的收敛域是整个 z 平面

假设 $x[n]$ 从 N_1 序号开始到 N_2 序号结束，所以 $X(z)=\sum_{n=N_1}^{N_2} x[n]z^{-n}$，这是有限项相加，$z$ 有限，则 $X(z)$ 一定有限。

下面根据 N_1 和 N_2 的取值情况，将会有三种可能：

（1）当 $N_2>N_1\geqslant 0$ 时，在 $X(z)$ 的展开式中，只有 z 的负幂项，故 z 不能为 0，但可以取 ∞；

（2）当 $0\geqslant N_2>N_1$ 时，在 $X(z)$ 的展开式中，只有 z 的正幂项，故 z 不能为 ∞，但可以取 0；

（3）当 $N_2>0$，$N_1<0$ 时，在 $X(z)$ 的展开式中，既有 z 的正幂项，也有负幂项，故 z 既不能为 ∞ 也不能取 0。

通过上述分析，有限长序列的收敛域是否包含 $z=0$ 或 $|z|=\infty$，可以根据 $z=0$ 或 $z=\pm\infty$ 是否是 $X(z)$ 的极点来确定，也可以根据信号的因果性和反因果性来确定。如果是极点，则不在收敛域内；如果不是极点，则包含在收敛域内。

例 6-4　求解 $x_1[n]=\delta[n-1]$，$x_2[n]=\delta[n+1]$，$x_3[n]=\delta[n-1]+\delta[n+1]$ 的双边 ZT 及其收敛域。

解　根据 $\delta[n]\leftrightarrow 1,|z|:[0,+\infty]$，则

$$x_1[n]=\delta[n-1]\leftrightarrow X_1(z)=\frac{1}{z},\quad |z|:(0,+\infty]$$

$$x_2[n]=\delta[n+1]\leftrightarrow X_1(z)=z,\quad |z|:[0,+\infty)$$

$$x_3[n]=\delta[n-1]+\delta[n+1]\leftrightarrow X_3(z)=\frac{1}{z}+z=\frac{1+z^2}{z},\quad |z|:(0,+\infty)$$

3. 右边（有始无终）序列的收敛域是某个圆的外部

设 $x[n]$ 是右边序列，$x[n]$ 在 $N_1<n<\infty$ 有信号，$X(z)=\sum_{n=N_1}^{\infty} x[n]z^{-n}$，若 $|z|=r_0\in\text{ROC}$，则 $\sum_{n=N_1}^{\infty}\left|x[n]r_0^{-n}\right|<\infty$，那么 $r_1>r_0$ 时，则

$$\sum_{n=N_1}^{\infty}\left|x[n]r_1^{-n}\right|=\sum_{n=N_1}^{\infty}\left|x[n]r_0^{-n}\right|\left(\frac{r_0}{r_1}\right)^n$$

$$\leqslant\sum_{n=N_1}^{\infty}\left|x(n)r_0^{-n}\right|\left(\frac{r_0}{r_1}\right)^{N_1}<\infty,\quad |z|=r_1\in\text{ROC}$$

所以当 $N_1<0$ 时，由于 $X(z)$ 展开式中有若干个 z 的正幂项，此时 $|z|$ 不能为 ∞。

通过上述分析，因果信号的收敛域包含 $|z|=+\infty$，收敛域描述为 $|z|:(r,+\infty]$，有始无终且是非因果信号的收敛域不包含但可能不括 $|z|=+\infty$，收敛域描述为 $|z|:(r,+\infty)$。

例 6-5 计算 $x[n]=u[n]$ 的 ZT。

解

$$X(z)=\sum_{n=-\infty}^{\infty}u[n]z^{-n}=\sum_{n=0}^{\infty}z^{-n}$$

当 $|z|:(1,+\infty]$ 时，有

$$X(z)=\frac{1}{1-z^{-1}}=\frac{z}{z-1}$$

所以， $x[n]=u[n]\leftrightarrow X(z)=\frac{z}{z-1},|z:(1,+\infty]$，其收敛域如图 6-5 所示。

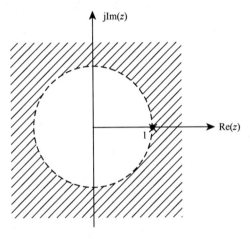

图 6-5 $u[n]$ 的收敛域

4. 左边（无始有终）序列的收敛域是某个圆的内部

假设 $x[n]$ 在 $n>N_1$ 没有信号，若 $|z|=r_0\in\text{ROC}$ ，那么 $r_1<r_0$ 时，有

$$\sum_{n=-\infty}^{N_1}\left|x[n]r_1^{-n}\right|=\sum_{n=-\infty}^{N_1}\left|x[n]r_0^{-n}\right|\left(\frac{r_0}{r_1}\right)^{n}\leqslant\sum_{n=-\infty}^{N_1}\left|x[n]r_0^{-n}\right|\left(\frac{r_0}{r_1}\right)^{N_1}<\infty$$

说明 $r_1\in\text{ROC}$ ，当 $N_1>0$ 时，由于 $X(z)$ 的展开式中包括有 z 的负幂项，所以 z 不能为 0。

通过上述分析，反因果信号的收敛域包含 $z=0$，收敛域描述为 $|z|:[0,r)$ ，无始有终但不是反因果信号的收敛域不包含 $z=0$，收敛域描述为 $|z|:(0,r)$ 。

例 6-6 计算 $x[n]=-a^nu[-n-1]$ 的 ZT。

解

$$X(z)=\sum_{n=-\infty}^{+\infty}-a^nu[-n-1]z^{-n}=-\sum_{n=-\infty}^{-1}a^nz^{-n}=-\sum_{n=1}^{\infty}\left(\frac{z}{a}\right)^{n}$$

当 $|z|:[0,|a|)$ 时，有

$$X(z) = -\frac{a^{-1}z}{1-a^{-1}z} = \frac{1}{1-az^{-1}} = \frac{z}{z-a}$$

所以 $x[n] = -a^n u[-n-1] \leftrightarrow X(z) = \dfrac{z}{z-a}, |z|:[0,|a|)$，收敛域如图 6-6 所示。

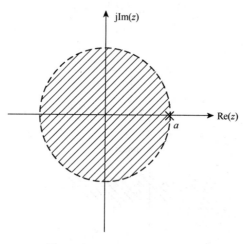

图 6-6 $-a^n u[-n-1]$ 的收敛域

5. 双边序列的 z 变换如果存在，则收敛域必是一个以原点为中心的环形区域

双边信号可以看成无始有终和有始无终信号相加来描述。通过有始无终信号和无始有终 ZT 的特点，如果 ZT 存在，则收敛域一定是两个圆之间的范围，描述为以原点为中心的环形区域，即 $|z|:(r_1, r_2)$。

例 6-7 计算 $x[n] = (\dfrac{1}{2})^n u[n] - 2^n u[-n-1]$ 的 ZT。

解

$$(\frac{1}{2})^n u[n] \leftrightarrow X_1(z) = \sum_{n=-\infty}^{\infty}(\frac{1}{2})^n u[n] z^{-n} = \frac{z}{z-0.5}, \quad |z|:(0.5, +\infty]$$

$$-2^n u[-n-1] \leftrightarrow X_2(z) = \frac{z}{z-2}, \quad |z|:[0,2)$$

所以，$x[n] \leftrightarrow X(z) = \dfrac{z}{z-0.5} + \dfrac{z}{z-2}, |z|:(0.5,2)$，收敛域如图 6-7 所示。

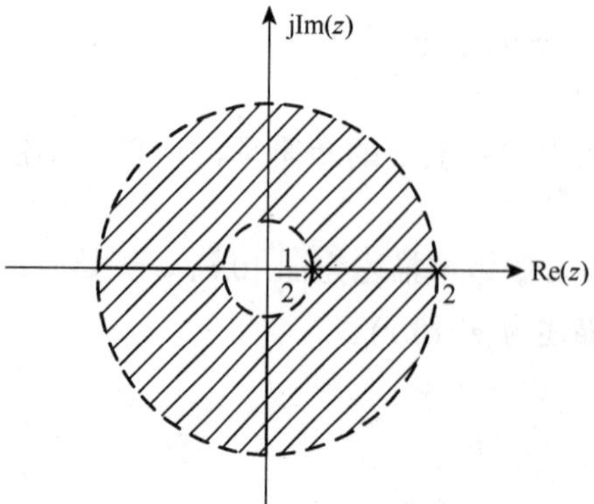

6. 大多数情况下，知道离散信号在时域的类型和其 ZT 的极点，可以确定其收敛域

一般情况下，$X(z)$ 的收敛域是 z 平面上以原点为中心的环形区域（圆环），这个环形区域是广义的。常常将 ZT 的收敛域书写为 $r_1 < |z| < r_2$ 或

图 6-7 例 6-7 的收敛域

者 $|z|:(r_1,r_2)$，如图 6-8 所示。

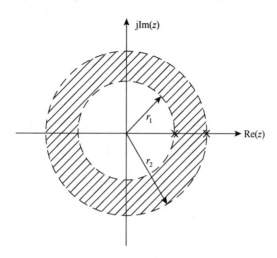

图 6-8　ZT 普遍情况的收敛域

7. 收敛域包含特殊圆的含义

若收敛域包含单位圆，则表明该离散信号的 DTFT 存在，$X(\mathrm{e}^{\mathrm{j}\Omega})=X(z)\big|_{z=\mathrm{e}^{\mathrm{j}\Omega}}$。收敛域包含无穷远处，则表明该离散信号是因果信号。收敛域包含坐标原点，则表明信号为反因果信号。

例 6-8　观察信号 $x_1[n]=2^n u[n]$，$x_2[n]=2^{n+1}u[n+1]$，$x_3[n]=2^{-n}u[-n]$，$x_4[n]=2^{-n+1}u[-n+1]$，$x_5[n]=(\frac{1}{2})^n u[n]$ 的收敛域和时域类型之间的关系。若存在 DTFT，则计算信号的频谱密度。

解　$x_1[n]$ 是因果信号，其 ZT 为 $X_1(z)=\dfrac{z}{z-2}$，收敛域为 $|z|:(2,+\infty]$，不包含单位圆，不存在 DTFT。

$x_2[n]$ 是非因果信号，其 ZT 为 $X_2(z)=\dfrac{z^2}{z-2}$，收敛域为 $|z|:(2,+\infty)$，不包含单位圆，不存在 DTFT。

$x_3[n]$ 是反因果信号，其 ZT 为 $X_3(z)=\dfrac{1}{1-2z}$，收敛域为 $|z|:[0,\dfrac{1}{2})$，不包含单位圆，不存在 DTFT。

$x_4[n]$ 既不是因果也不是反因果信号，其 ZT 为 $X_4(z)=\dfrac{1}{z(1-2z)}$，收敛域为 $|z|:(0,\dfrac{1}{2})$，不包含单位圆，不存在 DTFT。

$x_5[n]$ 是因果信号，其 ZT 为 $X_5(z)=\dfrac{z}{z-0.5}$，收敛域为 $|z|:(0.5,+\infty]$，包含单位圆，存在 DTFT，$X_5(\mathrm{e}^{\mathrm{j}\Omega})=X_5(z)\big|_{z=\mathrm{e}^{\mathrm{j}\Omega}}=\dfrac{\mathrm{e}^{\mathrm{j}\Omega}}{\mathrm{e}^{\mathrm{j}\Omega}-0.5}$。

例 6-9　已知 $X(z) = \dfrac{1}{(1 - \dfrac{1}{3}z^{-1})(1 - 2z^{-1})}$，其可能的收敛域是哪些，在每种收敛域的

情况下其 DTFT 存在吗？

解　$X(z)$ 的极点有 $z_1 = \dfrac{1}{3}$，$z_2 = 2$，零点有 $z = 0$（二阶），在有限 z 平面上极点总数与零点总数相同，所以在无穷远处没有极点和零点。

因为收敛域不包含极点，以及离散信号的收敛域为圆环的形状，所以收敛域可能包括：

（1）收敛域为 $|z|:(2, +\infty]$，包含无穷远处；$x[n]$ 是因果信号的，因为收敛域不包含单位圆，其 DTFT 不存在；

（2）收敛域为 $\dfrac{1}{3} < |z| < 2$；$x[n]$ 是无始无终信号；因为收敛域包含单位圆，其 DTFT 存在；

（3）收敛域为 $|z|:[0, \dfrac{1}{3})$，包含原点；$x[n]$ 是反因果信号；因为收敛域不包含单位圆，其 DTFT 不存在。

6.2.3　ZT 和 LT 的关系

假设一个连续信号 $x(t) \leftrightarrow X(s)$，对 $x(t)$ 进行理想采样，得到

$$x_p(t) = x(t) \sum_{n=-\infty}^{+\infty} \delta(t - nT) = \sum_{n=-\infty}^{+\infty} x(nT)\delta(t - nT) \tag{6-8}$$

对抽样后的信号进行 LT：

$$x_P(t) \leftrightarrow X_p(s) = \int_{-\infty}^{+\infty} x(t) \sum_{m=-\infty}^{+\infty} \delta(t - mT)e^{-st}dt$$

$$X_p(s) = \sum_{n=-\infty}^{+\infty} \int_{-\infty}^{+\infty} x(nT)\delta(t - nT)e^{-st}dt = \sum_{m=-\infty}^{+\infty} x(nT)e^{-snT}$$

若将 $x(nT)$ 记为 $x[n]$，有

$$X_p(s) = \sum_{n=-\infty}^{+\infty} x[n]e^{-snT} \tag{6-9}$$

若上述令

$$z = e^{sT} \tag{6-10}$$

则

$$X_p(s) = X(z) \tag{6-11}$$

表明：连续信号理想采样后的拉普拉斯变换可以和连续信号采样得到相应的离散信号的 z 变换建立联系，当 $z = e^{sT}$ 时二者等价，很显然这里是与采样时间有关系的。当然，同一个连续信号 $x(t)$，进行不同时间间隔的理想采样，则 $x_s(t)$ 不一样，$X_s(s)$ 也不一样，所以 z 变换也不一样。在本书中，我们很少去考虑采样时间间隔对离散信号的影响，在《数字信号处理》中，我们会考虑采样时间间隔 T 对数字信号的影响。

式（6-10）在联系连续和离散信号时起到了桥梁作用，当 $s = j\omega$，则 $z = e^{j\Omega}$，所以

$$\Omega = \omega T \tag{6-12}$$

其中，Ω 为数字的角频率；ω 为连续的角频率；Ω 的单位为弧度（rad）；ω 的单位为弧度/秒（rad / s）。

通过 $z = e^{sT}$ 的桥梁作用，从而将 LT 变换中的 s 平面和 z 变换中的 z 平面建立了一一映射，其相互关系如表 6-1 表示。

表 6-1　s 平面和 z 平面的映射关系

s 平面	z 平面
虚轴（$\mathrm{Re}(s) = 0$）	单位圆（$|z| = 1$）
虚轴右边（$\mathrm{Re}(s) > 0$）	单位圆外（$|z| = 1$）
虚轴左边（$\mathrm{Re}(s) > 0$）	单位圆内（$|z| = 1$）
平行于虚轴的带状区域	以原点为圆心的圆环区域
极点 λ	极点 $\nu = e^{\lambda T}$

6.3　常用 z 变换的公式

通过前面讲解 z 变换的定义时，我们举了很多例子，在计算 z 变换的过程中，我们用的解析法，也就是根据 z 变换的定义来计算的，其中很多可以作为公式来记忆。现在将常用的 z 变换公式总结如下，熟记这些公式对 z 正反变换的计算有很大的帮助。

$$\delta[n] \leftrightarrow 1, \quad |z| : [0, +\infty] \tag{6-13}$$

$$u[n] \leftrightarrow \frac{1}{1 - z^{-1}} = \frac{z}{z - 1}, \quad |z| : (1, +\infty] \tag{6-14}$$

$$a^n u[n] \leftrightarrow \frac{1}{1 - az^{-1}} = \frac{z}{z - a}, \quad |z| : (|a|, +\infty] \tag{6-15}$$

$$na^n u[n] \leftrightarrow \frac{az^{-1}}{(1 - az^{-1})^2} = \frac{az}{(z - a)^2}, \quad |z| : (|a|, +\infty] \tag{6-16}$$

6.4　双边 z 变换的性质

在下列一系列性质描述中，注意收敛域的变化情况。在描述性质时，没有加条件的，表明单、双边都实用。这些性质在计算 z 正反变换的过程中起到了很重要的作用。

1. 线性

已知 $x_1[n] \leftrightarrow X_1(z), |z| : (r_1, r_2)$，$x_2[n] \leftrightarrow X_2(z), |z| : (r_3, r_4)$，则

$$ax_1[n] + bx_2[n] \leftrightarrow \begin{cases} aX_1(z) + bX_2(z)，\text{有公共区间，收敛域为} \begin{cases} \text{公共区间} \\ \text{可能放大} \end{cases} \\ \text{不存在，收敛域无公共区间} \end{cases} \tag{6-17}$$

两个收敛域的公共区间是指 $|z|:((r_1, r_3)_{max}, (r_2, r_4)_{min})$。

收敛域放大的情况为：当两个收敛域有公共区间， $aX_1(z) + bX_2(z)$ 线性组合时有零极点的抵消，并且抵消的极点是公共区间边界的约束，在原来该边界上除了抵消的极点再也没有其他的极点约束，所以收敛域将放大。

例 6-10 计算 $2^n u[n] + u[n]$ 和 $u[n] - u[n-5]$ 的 z 变换。

解 $2^n u[n] \leftrightarrow \dfrac{z}{z-2}, |z|, (2, +\infty)$ ，收敛域如图 6-9（a）所示。

$u[n] \leftrightarrow \dfrac{z}{z-1}, |z|:(1, +\infty)$ ，收敛域如图 6-9（b）所示。

$2^n u[n] + u[n] \leftrightarrow \dfrac{z(2z-3)}{(z-2)(z-1)}, |z|:(2, +\infty)$ ，收敛域如图 6-9（a）所示。

$u[n-5] \leftrightarrow \dfrac{z}{z-1} z^{-5} = \dfrac{z^{-4}}{z-1}, |z|:(1, +\infty)$ ，收敛域如图 6-9（c）所示。

$u[n] - u[n-5] \leftrightarrow \dfrac{z - z^{-4}}{z-1}, |z|:(0, +\infty)$ ，收敛域如图 6-9（d）所示。

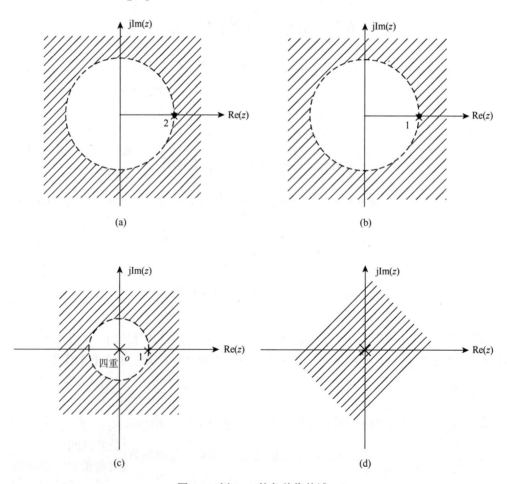

图 6-9 例 6-10 的各种收敛域

2. 双边 z 变换的时移性

若 $x[n] \leftrightarrow X(z)$，$|z|:(r_1,r_2)$，则

$$x[n-n_0] \leftrightarrow X(z)z^{-n_0} \qquad (6\text{-}18)$$

在原来收敛域的基础上可能在 $z=0$ 和 $|z|=\infty$ 会有增减，因为 $X(z)z^{-n_0}$ 的零极点和 $X(z)$ 在 $z=0$ 和 $|z|=\infty$ 处可能有区别。

例 6-11　计算 $\delta[n]$、$\delta[n-2]$、$\delta[n+1]$ 的 z 变换。

解

$$\delta[n] \leftrightarrow 1, \quad |z|:[0,+\infty]$$

利用时间移动性，得到 $\delta[n-2] \leftrightarrow z^{-2}=\dfrac{1}{z^2}, |z|:(0,+\infty]$，和 $\delta[n]$ 比较，少了原点。$\delta[n+1] \leftrightarrow z, |z|:[0,+\infty)$，和 $\delta[n]$ 比较，少了无穷远处。

例 6-12　计算 $(0.5)^{n-1}u[n-2]$ 的 z 变换。

解

$$(0.5)^{n-1}u[n-2]=0.5(0.5)^{n-2}u[n-2]$$

根据公式得到

$$(0.5)^n u[n] \leftrightarrow \frac{z}{z-0.5}, \quad |z|:(0.5,+\infty)$$

所以

$$(0.5)^{n-1}u[n-2] \leftrightarrow \frac{0.5}{z(z-0.5)}, \quad |z|:(0.5,+\infty)$$

3. z 域尺度变换

若 $x[n] \leftrightarrow X(z)$，$|z|:(r_1,r_2)$，则

$$z_0{}^n x[n] \leftrightarrow X(z/z_0), \quad |z|:(|z_0|r_1,|z_0|r_2) \qquad (6\text{-}19)$$

当 $z_0=\mathrm{e}^{\mathrm{j}\Omega_0}$ 时，即为频移特性。若 z_0 是一般复数 $z_0=r_0\mathrm{e}^{\mathrm{j}\Omega_0}$，则 $X(z/z_0)$ 的零极点不仅要将 $X(z)$ 的零极点逆时针旋转一个角度 Ω_0，而且在直径上有 r_0 倍的尺度变化。

当 $z_0=-1$ 时，就是 z 域反折性质，即

$$(-1)^n x[n] \leftrightarrow X(-z), \quad |z|:(r_1,r_2) \qquad (6\text{-}20)$$

4. 共轭对称性

若 $x[n] \leftrightarrow X(z)$，$|z|:(r_1,r_2)$　则

$$x^*[n] \leftrightarrow X^*(z^*), \quad |z|:(r_1,r_2) \qquad (6\text{-}21)$$

证明

$$X(z)=\sum_{n=-\infty}^{\infty} x[n]z^{-n}$$

$$X(z^*) = \sum_{n=-\infty}^{\infty} x[n](z^*)^{-n}$$

$$X^*(z^*) = \sum_{n=-\infty}^{\infty} x^*[n]z^{-n}$$

所以

$$x^*[n] \leftrightarrow X^*(z^*)$$

当 $x[n]$ 是实信号时，$x^*[n] = x[n]$，于是有

$$X(z) = X^*(z^*) \tag{6-22}$$

式（6-22）表明如果 $X(z)$ 有复数零极点，共轭必成对出现，$X(z)$ 和 $X^*(z^*)$ 的极点对应关系如表 6-2 所示。

表 6-2　$X(z)$ 和 $X^*(z^*)$ 的极点对应关系

$X(z)$	$X^*(z^*)$
ν	ν^*
ν^*	ν

5. 时域反转

若 $x[n] \leftrightarrow X(z)$, $|z|:(r_1, r_2)$，则

$$x[-n] \leftrightarrow X(z^{-1}), \quad |z|:(r_2^{-1}, r_1^{-1}) \tag{6-23}$$

信号在时域反转，会引起 z 域的零、极点分布按倒量对称发生改变，即收敛域边界倒置。对于实信号 $x[n]$，如果 z_i 是 $X(z)$ 的零点（极点），则 $1/z_i$ 就是 $X(z^{-1})$ 的零（极点）；由于 z_i^* 也是 $X(z)$ 的零点（极点），因此 $1/z_i^*$ 也是 $X(z^{-1})$ 的零（极点），即 $X(z)$ 与 $X(z^{-1})$ 的零极点呈共轭倒量对称。

根据这个性质可以利用因果信号或者有始无终的 z 变换来计算反因果信号或无始有终信号的 z 变换。

例 6-13　计算 $a^{-n}u[-n]$ 的 z 变换。

解

$$a^n u[n] \leftrightarrow \frac{z}{z-a}, \quad |z|:(|a|, +\infty)$$

$$a^{-n} u[-n] \leftrightarrow \frac{z^{-1}}{z^{-1}-a} = \frac{1}{1-az}, \quad |z|:[0, \left|\frac{1}{a}\right|)$$

若 a 为正实数，其收敛域如图 6-10 所示。

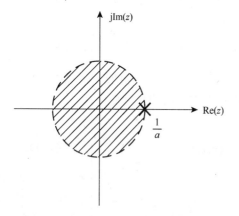

图 6-10　例 6-13 的收敛域

6. 时域内插

若 $x[n] \leftrightarrow X(z)$, $|z|:(r_1, r_2)$, $x_k[n] = \begin{cases} x[n/k], & n \text{为} k \text{ 的整数倍} \\ 0, & \text{其他} \end{cases}$，则

$$x_k[n] \leftrightarrow X(z^k) , \quad |z|:(\sqrt[k]{r_1}, \sqrt[k]{r_2}) \tag{6-24}$$

证明

$$X_k(z) = \sum_{n=-\infty}^{\infty} x_k[n] z^{-n} = \sum_{r=-\infty}^{\infty} x(r) z^{-rk} = X(z^k)$$

7. 卷积性质

若 $x_1[n] \leftrightarrow X_1(z), |z|:(r_1, r_2)$ ， $x_2[n] \leftrightarrow X_2(z), |z|:(r_3, r_4)$ ，则

$$y[n] = x_1[n] * x_2[n] \leftrightarrow Y(z) \tag{6-25}$$

（1）当 $X_1(z)$ 和 $X_2(z)$ 有公共区间 $|z|:((r_1, r_3)_{\max}, (r_2, r_4)_{\min})$ 时，$Y(z)$ 存在，且 $Y(z) = X_1(z)X_2(z)$ 。此时收敛域有两种情况：公共区间或者在公共区间的基础上放大。当 $X_1(z)$ 和 $X_2(z)$ 相乘时有零极点的抵消，抵消的极点是公共区间边界的约束，并且抵消后在原来边界上再也没有其他极点约束时，收敛域将放大。其余情况，$Y(z)$ 存在时，就是公共区间。

（2）当 $X_1(z)$ 和 $X_2(z)$ 没有公共区间，则 $Y(z)$ 不存在。

证明 当存在 z 变换时：

$$x_1[n] * x_2[n] \leftrightarrow \sum_{n=-\infty}^{\infty} \sum_{m=-\infty}^{\infty} x_1[m] x_2[n-m] z^{-n} = \sum_{m=-\infty}^{\infty} x_1[m] X_2(z) z^{-m} = X_1(z) X_2(z)$$

该性质是对离散信号和系统进行 z 域分析的理论基础，同时也可以利用该性质来计算卷和。

8. z 域微分

若 $x[n] \leftrightarrow X(z), |z|:(r_1, r_2)$ ，则

$$nx[n] \leftrightarrow -z \frac{\mathrm{d}X(z)}{\mathrm{d}z} = -zX'(z) \tag{6-26}$$

证明

$$X(z) = \sum_{n=-\infty}^{+\infty} x[n] z^{-n}$$

$$X'(z) = \sum_{n=-\infty}^{+\infty} -nx[n] z^{-n-1} , \qquad -zX'(z) = \sum_{n=-\infty}^{+\infty} nx[n] z^{-n}$$

所以

$$nx[n] \leftrightarrow -z \frac{\mathrm{d}X(z)}{\mathrm{d}z} = -zX'(z)$$

z 域微分的推广形式为

$$n^K x[n] \leftrightarrow \left(-z \frac{\mathrm{d}}{\mathrm{d}z}\right)^K X(z) \tag{6-27}$$

在式（6-27）中，将 $-z \dfrac{\mathrm{d}}{\mathrm{d}z}$ 理解为一种算符的运算。

利用该性质可以方便地求出某些非有理函数 $X(z)$ 的反变换，或具有高阶极点的 $X(z)$ 的反变换以及熟悉信号乘以变量 n 的 z 变换。

例 6-14 $X(z) = \ln(1 + az^{-1})$ ，$|z|:(|a|, +\infty]$ ，求 $x[n]$ 。

解

$$x[n] \leftrightarrow X(z) = \ln(1 + az^{-1}), \quad |z|:(|a|, +\infty]$$

$$\frac{\mathrm{d}X(z)}{\mathrm{d}z} = \frac{-az^{-2}}{1 + az^{-1}}$$

令

$$Y(z) = -z\frac{\mathrm{d}X(z)}{\mathrm{d}z} = \frac{az^{-1}}{1 + az^{-1}} = \frac{a}{z + a}, \quad |z|:(|a|, +\infty]$$

根据 z 域微分性质，有

$$y[n] = nx[n] \leftrightarrow Y(z) = \frac{a}{z + a}, \quad |z|:(|a|, +\infty]$$

因为

$$(-a)^n u[n] \leftrightarrow \frac{z}{z + a}, \quad |z|:(|a|, +\infty]$$

所以

$$y[n] = (-a)^n u[n-1]$$

$$x[n] = -\frac{1}{n}(-a)^n u[n-1]$$

6.5   单边 z 变换的性质

单边 z 变换除了时移特性与双边 z 变换略显不同，其他性质与双边 z 变换的情况是一致的，当信号为因果信号，则性质完全一样了。

6.5.1   单边 z 变换的时移特性

若 $x[n] \leftrightarrow X_l(z)$ ，则

$$x[n-1] \leftrightarrow z^{-1}X_l(z) + x[-1] \tag{6-28}$$

$$x[n+1] \leftrightarrow zX_l(z) - zx[0] \tag{6-29}$$

证明 （1）

$$\sum_{n=0}^{\infty} x[n-1]z^{-n} = \sum_{m=-1}^{\infty} x[m]z^{-(m+1)} = x[-1] + z^{-1}\sum_{m=0}^{\infty} x[m]z^{-m} = z^{-1}X_l(z) + x[-1]$$

同理可得

$$x[n-2] \leftrightarrow z^{-2}X_l(z) + z^{-1}x[-1] + x[-2]$$

（2）

$$\sum_{n=0}^{\infty} x[n+1]z^{-n} = \sum_{m=1}^{\infty} x[m]z^{-(m-1)} = \sum_{m=0}^{\infty} x[m]z^{-(m-1)} - zx[0] = zX_l(z) - zx[0]$$

同理可得

$$x[n+2] \leftrightarrow z^2 X_l(z) - z^2 x[0] - zx[1]$$

推广形式为

$$N > 0 , \quad x[n-N] \leftrightarrow z^{-N}\left(X_l(z) + \sum_{m=-N}^{-1} x[m]z^{-m} \right) \tag{6-30}$$

$$x[n+N] \leftrightarrow z^N\left(X_l(z) - \sum_{m=0}^{N-1} x[m]z^{-m} \right) \tag{6-31}$$

证明

$$X_l(z) = \sum_{n=0}^{+\infty} x[n]z^{-n}$$

$$N > 0, \quad x[n-N] \leftrightarrow \sum_{n=0}^{+\infty} x[n-N]z^{-n} = \sum_{m=-N}^{+\infty} x[m]z^{-(m+N)}$$

$$= z^{-N} \sum_{m=-N}^{+\infty} x[m]z^{-m} = z^{-N}\left(X_l(z) + \sum_{m=-N}^{-1} x[m]z^{-m} \right)$$

同理可得

$$x[n+N] \leftrightarrow z^N\left(X_l(z) - \sum_{m=0}^{N-1} x[m]z^{-m} \right)$$

6.5.2　初值和终值定理

1. 初值定理

若 $x[n]$ 是因果信号，且 $x[n] \leftrightarrow X(z) = X_l(z)$ ， $X(z) = \dfrac{N(s)}{D(s)}$ ，分子分母最高次幂各自为 m 和 n ，且 $m \leqslant n$ ，则初值为

$$x[0] = x[n]\big|_{n=0} = \lim_{z \to \infty} X(z) \tag{6-32}$$

证明　将 $X(z)$ 按定义式展开有

$$X(z) = x[0] + x[1]z^{-1} + x[2]z^{-2} + \cdots + x[n]z^{-n} + \cdots$$

显然当 $z \to \infty$ 时，有

$$\lim_{z \to \infty} X(z) = x[0]$$

2. 终值定理

若 $x[n]$ 是因果信号，且 $x[n] \leftrightarrow X(z) = X_l(z)$ ， $X(z)$ 除了在 $z=1$ 可以有一阶极点，其他极点均在单位圆内，有 $(z-1)X(z)$ 在单位圆上无极点， $(z-1)X(z)$ 的收敛域包含单位圆，则

$$x[+\infty] = \lim_{n \to +\infty} x[n] = \lim_{z \to 1}(z-1)X(z) \tag{6-33}$$

不满足上述条件，则不存在有限的终值。

证明　$n < 0$ ， $x[n] = 0$ ， $x(z)$ 除了在 $z=1$ 可以有单阶极点，其他极点均在单位圆内，所以 $(z-1)X(z)$ 在单位圆上无极点。

$$\lim_{z\to1}(z-1)X(z)=\lim_{z\to1}\sum_{n=-1}^{\infty}(x[n+1]-x[n])z^{-n}$$

$$=\lim_{m\to\infty}\sum_{n=-1}^{m}\big(x[n+1]-x[n]\big)$$

$$=\lim_{m\to\infty}\big(x[0]-x[-1]+x[1]-x[0]+\cdots+x[m+1]-x[m]\big)$$

$$=\lim_{m\to\infty}x[m+1]=\lim_{n\to\infty}x[n]$$

所以

$$x[+\infty]=\lim_{z\to1}(z-1)X(z)$$

例 6-15 已知 $x[n]\leftrightarrow X(z)=\dfrac{z^6+3z^4+3z^2+6}{(z-4)^3(z-1)^2(z-2)}$，$|z|:(4,+\infty]$，求 $x[0]$ 和 $x[+\infty]$。

解

$$m=n=6，\quad x[0]=\lim_{z\to+\infty}X(z)=1$$

由于 $(z-1)X(z)$ 的收敛域不包含单位圆，所以 $x[+\infty]$ 不存在。

例 6-16 下列为因果信号的 z 变换，计算终值。

（1） $X_1(z)=\dfrac{z}{z-1}$；

（2） $X_2(z)=\dfrac{1}{(z-1)^2}$；

（3） $X_3(z)=\dfrac{z}{z-\mathrm{e}^{2j}}$。

解 三个收敛域在单位圆上都有极点。

（1）$(z-1)X_1(z)$ 满足在单位圆上无极点，所以存在终值，$x_1[+\infty]=\lim\limits_{z\to1}(z-1)X_1(z)=1$。

（2）$(z-1)X_2(z)$ 在单位圆上有极点，不满足条件，所以不存在有限的终值。

（3）$(z-1)X_3(z)$ 在单位圆上有极点，不满足条件，所以不存在有限的终值。

6.6 z 正变换及 z 反变换的计算

6.6.1 z 正变换的计算

已知时间函数 $x[n]$，计算复频域 $X(z)$ 和收敛域的过程，称为 z 正变换的计算。

可以根据定义 $X(z)=\sum\limits_{n=-\infty}^{+\infty}x[n]z^{-n}$，利用数学知识和级数求和来计算。在计算过程中，级数求和存在有限的关于 z 或者 $|z|$ 的条件，就可得到收敛域，该方法称为解析法。

更多时候我们借助于已经建立的 z 变换的公式和性质，来简化数学过程，得到 $X(z)$ 和收敛域。在寻找收敛域时，利用收敛域的很多特点以及信号时域的特点和 $X(z)$ 的极点来确定收敛域。

例 6-17 计算下列信号的 z 变换并绘制收敛域的图形。

（1）　$x[n] = \left\{1, \underset{\uparrow}{2}, 4\right\}$ ；

（2）　$2^{-n+1} u[n+2]$ ；

（3）　$2^n u[-n]$ ；

（4）　$\cos 2nu[n]$ ；

（5）　$(0.5)^n u[n] + 3^n u[-n]$ 。

解　（1）

$$x[n] = \left\{1, \underset{\uparrow}{2}, 4\right\} = \delta[n+1] + 2\delta[n] + 4\delta[n-1] \leftrightarrow z + 2 + 4z^{-1}, \quad |z|: (0, +\infty)$$

（2）

$$2^{-n+1} u[n+2] = 2(0.5)^n u[n+2] = 8(0.5)^{n+2} u[n+2]$$

根据公式得到

$$(0.5)^n u[n] \leftrightarrow \frac{z}{z-0.5}, \quad |z|: (0.5, +\infty]$$

所以

$$2^{-n+1} u[n+2] \leftrightarrow \frac{8z^3}{z-0.5}, \quad |z|: (0.5, +\infty)$$

（3）

$$2^n u[-n] = \left(\frac{1}{2}\right)^{-n} u[-n]$$

根据公式得到

$$(0.5)^n u[n] \leftrightarrow \frac{z}{z-0.5}, \quad |z|: (0.5, +\infty]$$

利用时域反折性质得到

$$2^n u[-n] = (0.5)^{-n} u[-n] \leftrightarrow \frac{z^{-1}}{z^{-1}-0.5} = \frac{-2}{z-2}, \quad |z|: [0, 2)$$

（4）

$$\cos 2nu[n] = \frac{1}{2}\left(e^{2jn} + e^{-2jn}\right) u[n] \leftrightarrow \frac{1}{2}\left(\frac{z}{z-e^{2j}} + \frac{z}{z-e^{-2j}}\right), \quad |z|: (1, +\infty]$$

（5）根据公式得到

$$(0.5)^n u[n] \leftrightarrow \frac{z}{z-0.5}, \quad |z|: (0.5, +\infty]$$

$$\left(\frac{1}{3}\right)^n u[n] \leftrightarrow \frac{z}{z-\dfrac{1}{3}}, \quad |z|: \left(\frac{1}{3}, +\infty\right]$$

利用时域反折性质得到

$$3^n u[-n] = \left(\frac{1}{3}\right)^{-n} u[-n] \leftrightarrow \frac{z^{-1}}{z^{-1}-\dfrac{1}{3}} = \frac{-3}{z-3}, \quad |z|: [0, 3)$$

所以

$$(0.5)^n u[n] + 3^n u[-n] \leftrightarrow \frac{z}{z-0.5} - \frac{3}{z-3}, \quad |z|:(0.5,3)$$

各自的收敛域如图 6-11 所示。

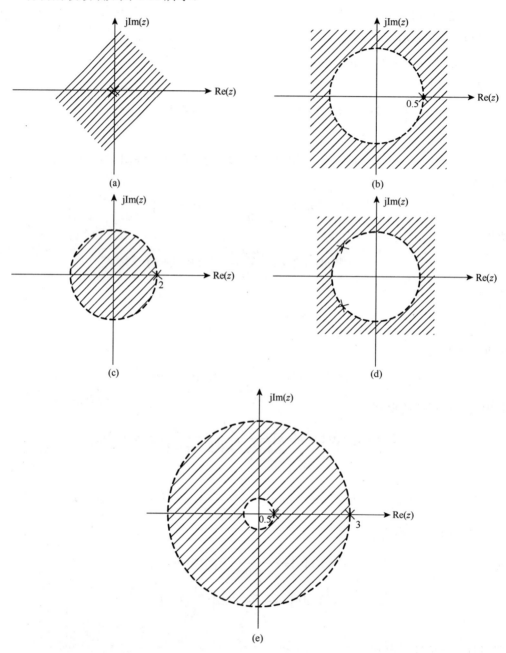

图 6-11 例 6-17 的各种收敛域

例 6-18 已知 $b > 0$，$x[n] = b^{|n|}$，计算 z 变换及其收敛域。

解

$$x[n] = b^n u[n] + b^{-n} u[-n-1]$$

$$b^n u[n] \leftrightarrow \frac{1}{1-bz^{-1}}, \quad |z|:(b,+\infty)$$

$$b^{-n} u[-n-1] \leftrightarrow -\frac{1}{1-b^{-1}z^{-1}}, \quad |z|:[0,\frac{1}{b})$$

当 $b>1$ 时，两个收敛域无公共区间，此时 $x[n]$ 不存在 z 变换。当 $0<b<1$ 时，两个收敛域有公共区间部分，此时 $x[n]$ 存在 z 变换。所以 $0<b<1$，$x[n] \leftrightarrow X(z)=\dfrac{z}{z-b}+\dfrac{z}{z-b^{-1}}$，$|z|:(b,\dfrac{1}{b})$，收敛域如图 6-12 所示。

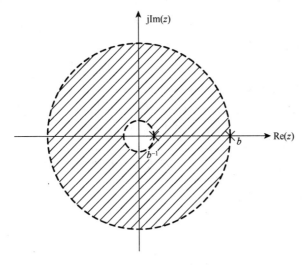

图 6-12　例 6-18 的收敛域

例 6-19　计算信号 $x[n]=(\dfrac{1}{3})^n u[n]$ 的频谱密度。

解　当离散信号 $x[n]$ 的 z 变换收敛域包含单位圆，则存在 DTFT，所以频谱密度就存在。

$$x[n]=(\frac{1}{3})^n u[n] \leftrightarrow X(z)=\frac{z}{z-\frac{1}{3}}, \quad |z|:(\frac{1}{3},+\infty)$$

$X(z)$ 的收敛域包含单位圆，所以存在频谱密度：

$$X(e^{j\Omega})=X(z)\Big|_{z=e^{j\Omega}}=\frac{e^{j\Omega}}{e^{j\Omega}-\frac{1}{3}}$$

6.6.2　z 反变换的计算

已知复频域 $X(z)$ 和收敛域，计算离散时间信号 $x[n]$ 的过程称为 z 反变换的计算。

1. 根据定义利用复变函数的留数定理来计算

已知有理函数 $X(z)$ 的极点为 z_i，根据留数定理，有

$$x[n] = \frac{1}{2\pi j}\oint_c X(z)z^{n-1}\mathrm{d}z = \sum_i \mathrm{Res}[X(z)z^{n-1}, z_i]$$

$n \geq 0$ 时，$x[n] = \sum_i \mathrm{Res}[X(z)z^{n-1}, z_i]$，$z_i$ 是 C 内的极点。$n < 0$ 时，$x[n] = -\sum_i \mathrm{Res}[X(z)z^{n-1}, z_i]$，$z_i$ 是 C 外的极点。

2. 幂级数展开法——长除法

由 $X(z)$ 的定义，将其展开为幂级数，有

$$X(z) = \cdots + x[-m]z^m + \cdots + x[-1]z + x[0] + x[1]z^{-1} + x[2]z^{-2} + \cdots + x[m]z^{-m} + \cdots$$

其中，z^{-n} 项的系数即为 $x[n]$。当 $X(z)$ 是有理函数时，可以通过长除法将其展开为幂级数。由于右边序列的展开式中应包含无数多个 z 的负幂项，所以要按降幂长除。由于左边序列的展开式中应包含无数多个 z 的正幂项，所以要按升幂长除。双边序列要先将其分为右边序列和左边序列的两部分，再分别按上述原则长除。

幂级数展开法的缺点是当 $X(z)$ 较复杂时（含多个极点）难以得出 $x[n]$ 的收敛式。幂级数展开法更适合用来求解非有理函数形式 $X(z)$ 的反变换。

3. 利用常用的公式、性质、部分分式展开以及极点和收敛域的位置关系来计算

在进行部分分式展开时的注意事项。

基本公式中，以 $a^n u[n] \leftrightarrow \dfrac{z}{z-a}, |z|:(|a|, +\infty)$ 为基本模式，在正变换和反变换时用的最多。所以在部分分式展开时，先将 $X(z)$ 除以 z，以 $\dfrac{X(z)}{z}$ 为研究对象，当 $\dfrac{X(z)}{z}$ 为真分式时，$\dfrac{X(z)}{z} = \sum_i \dfrac{A_i}{z-a_i}$，然后两边乘以 z，$X(z) = \sum_i \dfrac{A_i z}{z-a_i}$ 就可以得到基本模式的线性组合。

当然也可以不经历上述过程，以 $X(z)$ 为研究对象，当 $X(z)$ 为真分式时，直接对 $X(z)$ 进行部分分式展开，$X(z) = \sum_i \dfrac{B_i}{z-a_i}$。反变换时就以 $a^{n-1}u[n-1] \leftrightarrow \dfrac{1}{z-a}, |z|:(|a|, +\infty)$ 为基本公式。

有时当 $X(z)$ 含有 $z=0$ 的零点时，则 $X(z) = zX'(z)$，若 $X'(z)$ 为真分式，以 $X'(z)$ 为研究对象，进行部分分式展开。$X'(z) = \sum_i \dfrac{C_i}{z-a_i}$，则 $X(z) = \sum_i \dfrac{C_i z}{z-a_i}$，可以直接利用基本公式 $a^n u[n] \leftrightarrow \dfrac{z}{z-a}, |z|:(|a|, +\infty)$。

现在来分析 z 变换中收敛域和极点的位置关系。

下面以 $x[n] = (\frac{1}{2})^n u[n] - 2^n u[-n-1]$ 为研究对象，根据 z 变换的相关知识，有

$$\left(\frac{1}{2}\right)^n u[n] \leftrightarrow \frac{z}{z-0.5}, \quad |z|:(0.5, +\infty), \quad -2^n u[-n-1] \leftrightarrow \frac{z}{z-2}, \quad |z|:[0, 2)$$

$$x[n] = (\frac{1}{2})^n u[n] - 2^n u[-n-1] \leftrightarrow X(z) = \frac{z(2z-2.5)}{(z-0.5)(z-2)} = \frac{z}{z-0.5} + \frac{z}{z-2}, \quad 0.5 < |z| < 2$$

收敛域如图 6-13 所示。

在图 6-13 中，信号 $(\frac{1}{2})^n u[n]$ 在 z 变换中引入了极点 $z = 0.5$，这样的极点位于收敛域的内部，称为区内极点，所以在进行反变换时，与区内极点对应的部分分式反演成因果信号或有始无终信号。信号 $-2^n u[-n-1]$ 在 z 变换中引入了极点 $z = 2$，这样的极点位于收敛域的外面，称为区外极点，所以在进行反变换时，与区外极点对应的部分分式反演成反因果信号或无始有终信号。

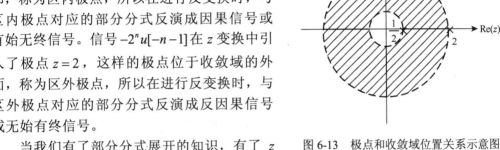

图 6-13　极点和收敛域位置关系示意图

当我们有了部分分式展开的知识，有了 z 变换中极点和收敛域的位置关系，有了不同极点反演的不同的时域形式，加上 z 变换的公式和性质，我们就可以很容易地来计算 z 反变换。

例 6-20　已知 $X(z) = \dfrac{z}{(z-1)(z-2)}$，在下列三种收敛域的情况下求 $x[n]$。

（1）$|z|:(2,+\infty)$；

（2）$|z|:(1,2)$；

（3）$|z|:[0,1)$。

解

$$X(z) = \frac{z}{(z-1)(z-2)} = \frac{-z}{z-1} + \frac{z}{z-2}$$

三种收敛域的示意图如图 6-14 所示。

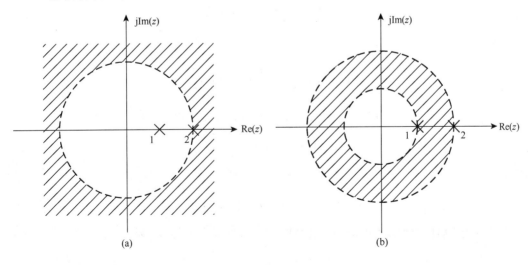

(a)　　　　　　　　　　　　　　　　　　(b)

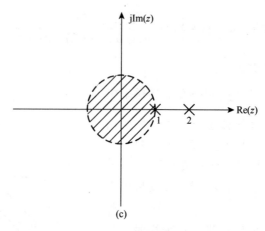

图 6-14 例 6-20 的三种可能的收敛域

（1）$|z|:(2,+\infty)$，$z=1$ 和 $z=2$ 都是区内极点 $x[n]$ 为因果序列。

$$2^n u[n] \leftrightarrow \frac{z}{z-2}, \quad |z|:(2,+\infty)$$

$$u[n] \leftrightarrow \frac{z}{z-1}, \quad |z|:(1,+\infty)$$

$$2^n u[n] - u[n] \leftrightarrow X(z), \quad |z|:(2,+\infty)$$

所以

$$x[n] = 2^n u[n] - u[n]$$

（2）$|z|:(1,2)$，$x[n]$ 为无始无终序列，$z=1$ 是区内极点，$z=2$ 是区外极点。

$$u[n] \leftrightarrow \frac{z}{z-1}, \quad |z|:(1,+\infty)$$

反因果序列为

$$x_1[n] \leftrightarrow \frac{z}{z-2}, \quad |z|:[0,2)$$

因果序列为

$$x_1[-n] \leftrightarrow \frac{z^{-1}}{z^{-1}-2} = \frac{-0.5}{z-0.5}, \quad |z|:(\frac{1}{2},+\infty)$$

$$x_1[-n] = -0.5(0.5)^{n-1}u[n-1], x_1[n] = -2^n u[-n-1]$$

$$-2^n u[-n-1] - u[n] \leftrightarrow X(z), |z|:(1,2)$$

所以

$$x[n] = -2^n u[-n-1] - u[n]$$

（3）$|z|:[0,1)$，$x[n]$ 为反因果序列 $z=1$ 和 $z=2$ 都是区外极点，则

$$x_1[n] \leftrightarrow \frac{z}{z-2}, |z|:[0,2)$$

由（2）已经求出 $x_1[n] = -2^n u[-n-1]$，按照相似的方法有： $x_2[n]$ 为反因果序列，则

$$x_2[n] \leftrightarrow \frac{z}{z-1}, \quad |z|:[0,1)$$

$$x_2[-n] \leftrightarrow \frac{z^{-1}}{z^{-1}-1} = \frac{-1}{z-1}, \quad |z|:(1,+\infty)$$

$$x_2[-n] = -u[n-1], \quad x_2[-n] = -u[-n-1]$$

$$-2^n u[-n-1] + u[-n-1] \xleftrightarrow{z} X(z), \quad |z|:[0,1)$$

所以

$$x[n] = -2^n u[-n-1] + u[-n-1]$$

6.7　离散系统的 z 域分析

6.7.1　理论基础

在第 2 章中，我们已经建立了时域分析离散系统的公式 $y[n] = x[n] * h[n]$，利用时域卷和的计算方法来分析和解决该问题，而且能够解决的问题是具有局限性的。本章利用时域相卷、z 域相乘的思想从 z 域来分析和解决该问题。离散系统时域模型如图 6-15 所示。

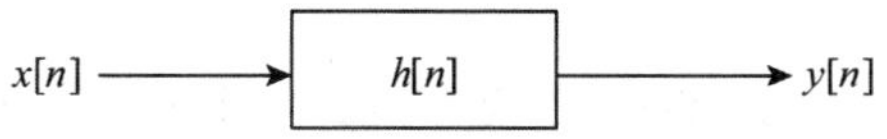

图 6-15　离散系统的时域模型

假设：

$$x[n] \leftrightarrow X(z), \quad \text{ROC}:R_1$$

$$h[n] \leftrightarrow H(z), \quad \text{ROC}:R_2$$

$$y[n] = x[n] * h[n] \leftrightarrow Y(z), \quad \text{ROC}:R$$

利用时域卷积定理的时域相卷、z 相乘的结论有

$$Y(z) = X(z)H(z) \tag{6-34}$$

其中，R 可能是 R_1 和 R_2 的公共区间，也可能放大。系统的 z 域模型如图 6-16 所示。

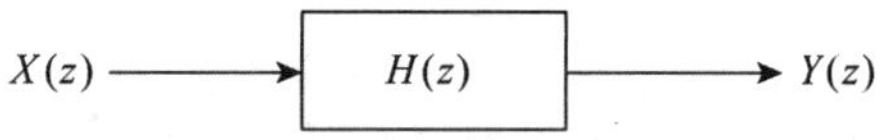

图 6-16　离散系统的 z 域模型

当然，只要知道 $x[n]$、$h[n]$ 和 $y[n]$ 三个时间量中的任何两个，利用 z 正变换可以计算其复频域函数，利用 $Y(z)=X(z)H(z)$ 的桥梁作用，可以计算第三个时间函数的 z 变换，再利用 z 反变换求解第三个时间函数。这种分析方法称为系统的 z 域分析方法。在此分析方法中，用到 z 正、反变换的计算。

6.7.2 离散系统的传递函数或转移函数

对于离散信号通过系统，利用指数序列通过离散系统的特点，还可以这样理解：首先时域信号 $x[n]=\dfrac{1}{2\pi j}\oint_c X(z)z^{n-1}dz$ 可以理解为将 $x(t)$ 分解成无时限复指数信号 z^n 分量的线性组合。当把系统的单位冲激响应通过 z 变换映射成 $H(z)$ 后，$z_0^{\ n}$ 通过 LTI 系统产生的响应为 $y_1[n]=H(z_0)z_0^{\ n}$，因此普遍而言，z^{n-1} 通过 LTI 系统产生的响应为 $y_2[n]=H(z)z^{n-1}$，$\dfrac{1}{2\pi j}X(z)z^{n-1}$ 通过 LTI 系统产生的响应为 $y_3[n]=\dfrac{1}{2\pi j}X(z)H(z)z^{n-1}$，所以 $x[n]=\dfrac{1}{2\pi j}\oint_c X(z)z^{n-1}dz$ 通过 LTI 系统产生的响应为

$$y[n]=\frac{1}{2\pi j}\oint_c X(z)H(z)z^{n-1}dz$$

所以

$$y[n]\leftrightarrow Y(z)=X(z)H(z)$$

在上面介绍分析离散系统的 z 域分析法时，$Y(z)=X(z)H(z)$ 具有桥梁的作用，其中 $H(z)$ 是一个很重要的概念，称为离散系统的系统函数（传递函数、转移函数）。

1. $H(z)$ 的定义

离散系统单位冲激响应 $h[n]$ 的 z 变换称为离散系统的传递函数或转移函数或系统函数。

$$h[n]\leftrightarrow H(z),\quad ROC:R$$
$$H(z)=\mathscr{Z}\{h[n]\},\quad ROC:R \tag{6-35}$$

$H(z)$ 和收敛域 R 合在一起，也是离散系统本质的一种描述方法。和离散系统的差分方程、单位冲激响应、频率特性函数之间存在一一映射关系。已知某一种描述，可以得到其他描述方法。

2. $H(z)$ 的计算

（1）已知单位冲激响应 $h[n]$，根据定义对单位冲激响应进行 z 变换。

例 6-21 已知系统单位冲激响应 $h[n]=0.5^{n-1}u[n-2]$，求系统传递函数。

解

$$h[n]=0.5^{n-1}u[n-2]=0.5^{n-2}u[n-2]\leftrightarrow H(z)=\frac{0.5}{z(z-0.5)},\quad |z|:(0.5,+\infty)$$

（2）已知特定输入产生的特定响应，根据 $H(z) = \dfrac{Y(z)}{X(z)}$ 的桥梁作用计算 $H(z)$。

例 6-22　已知系统输入 $x[n] = 2^n u[n-1]$，系统响应为 $y[n] = 3^n u[n]$，求系统的传递函数。

解

$$x[n] = 2^n u[n-1] = 2 \cdot 2^{n-1} u[n-1] \leftrightarrow X(z) = \frac{2}{z-2}, \quad |z|:(2,+\infty)$$

$$y[n] = 3^n u[n] \leftrightarrow Y(z) = \frac{z}{z-3}, \quad |z|:(3,+\infty)$$

根据 $Y(z) = X(z)H(z)$，得到

$$H(z) = \frac{Y(z)}{X(z)} = \frac{z(z-2)}{2(z-3)} = \frac{z}{2} + \frac{0.5z}{z-3}, \quad |z|:(3,+\infty)$$

所以

$$h[n] = 0.5\delta[n+1] + 0.5(3)^n u[n]$$

（3）已知差分方程，两边同时进行双边 z 变换，求出 $H(z) = \dfrac{Y(z)}{X(z)}$。

例 6-23　已知因果离散系统差分方程为 $y[n] + 3y[n-1] + 2y[n-2] = x[n] + 4x[n-1]$，求系统传递函数和单位冲激响应。

解　将方程两边同时取双边 z 变换，得到

$$Y(z) + 3z^{-1}Y(z) + 2z^{-2}Y(z) = X(z) + 4z^{-1}X(z)$$

$$H(z) = \frac{Y(z)}{X(z)} = \frac{1 + 4z^{-1}}{1 + 3z^{-1} + 2z^{-2}} = \frac{z(z+4)}{(z+1)(z+2)}, \quad |z|:(2,+\infty)$$

$$H(z) = \frac{z(z+4)}{(z+1)(z+2)} = \frac{3z}{z+1} + \frac{-2z}{z+2}, \quad |z|:(2,+\infty)$$

$$h[n] = 3(-1)^n u[n] + (-2)^{n+1} u[n]$$

（4）已知频率特性函数，利用 $H(z) = H(e^{j\Omega})\big|_{e^{j\Omega}=z}$，可以求出 $H(z)$。

系统频率特性 $H(e^{j\Omega})$ 也是系统本质的一种描述，其定义为单位冲激响应的 DTFT。DTFT 可以理解为在 z 平面单位圆上的 z 变换。所以当 $h[n]$ 的 z 变换收敛域包含单位圆时，DTFT 就存在，$H(z) = H(e^{j\Omega})\big|_{e^{j\Omega}=z}$，否则，系统就不存在 $H(e^{j\Omega})$。

$$h[n] \leftrightarrow H(e^{j\Omega})$$

$$H(e^{j\Omega}) = \sum_{n=-\infty}^{\infty} h[n]e^{-j\Omega n} \tag{6-36}$$

（5）已知框图，利用梅森规则来计算，因为梅森规则在连续系统和离散系统中都是适用的。

例6-24 已知系统的框图如图6-17所示，计算系统的传递函数。

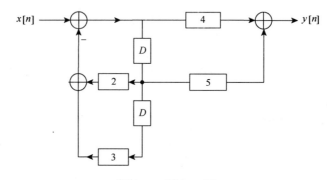

图6-17　例6-24图

解　图6-17中，D是延时单元，对应于z域模型中的z^{-1}，从而画出系统的z域信号流程图，如图6-18所示。

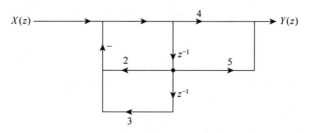

图6-18　系统的信号流程图

利用梅森规则：

$$H(z)=\frac{Y(z)}{X(z)}=\frac{4+5z^{-1}}{1-(-2z^{-1}-3z^{-2})}=\frac{4z^2+5z}{z^2+2z+3}$$

6.7.3　离散系统特点与$H(z)$收敛域的关系

LTI离散系统的特性可以由$h[n]$描述，因而也可以由$H(z)$和收敛域来表征。

1. 离散系统因果性和$H(z)$收敛域的关系

如果LTI系统是因果的，从时域来理解有$n<0$时$h[n]=0$，所以$h[n]$是因果信号。利用收敛域的特点，所以$H(z)$的ROC可以描述为$|z|:(r,+\infty]$，收敛域包含$+\infty$。$H(z)$的收敛域包含$+\infty$是离散系统因果的充分必要条件，即

$$离散系统因果 \Leftrightarrow H(z)的收敛域包含+\infty$$

当然，如果$H(z)$是关于z的有理函数时，系统因果可以推出$H(z)$的分子最高次幂阶数不能高于分母的最高次幂的阶数；同理，离散系统反因果的充分必要条件是$H(z)$的收敛域包含坐标原点。

2. 离散系统稳定性和 $H(z)$ 收敛域的关系

若 LTI 系统稳定，则 $\sum\limits_{n=-\infty}^{\infty}|h[n]|<\infty$，$h[n]$ 的 DTFT 存在，又因为只有收敛域包含单位圆，才存在 DTFT。所以，系统稳定的充分必要条件为 $H(z)$ 的收敛域包含单位圆，即

离散系统稳定 $\Leftrightarrow$ $H(z)$ 的收敛域包含单位圆

通过上述分析，离散系统因果稳定的充分必要条件为 $H(z)$ 的收敛域包含单位圆和 $+\infty$，即

离散系统因果稳定 $\Leftrightarrow$ $H(z)$ 的收敛域包含单位圆和 $+\infty$

若因果稳定的 LTI 系统其 $H(z)$ 的全部极点必须位于单位圆内，反之亦然。

例 6-25　从 z 域来判断下列系统的稳定性和因果性。

（1）$h_1[n]=0.5^n u[n]$；　　　　　　（2）$h_2[n]=0.5^{n+1}u[n+1]$；

（3）$h_3[n]=0.5^{-n}u[-n]$；　　　　　（4）$h_4[n]=0.5^{-n+1}u[-n+1]$。

解　（1）

$$h_1[n]=0.5^n u[n]\leftrightarrow H_1(z)=\frac{z}{z-0.5},\quad |z|:(0.5,+\infty)$$

收敛域包含单位圆，系统稳定；收敛域包含 $+\infty$，系统因果。

（2）

$$h_2[n]=0.5^{n+1}u[n+1]\leftrightarrow H_2(z)=\frac{z^2}{z-0.5},\quad |z|:(0.5,+\infty)$$

收敛域包含单位圆，系统稳定；收敛域不包含 $+\infty$，系统非因果。

（3）

$$h_3[n]=0.5^{-n}u[-n]\leftrightarrow H_3(z)=\frac{z^{-1}}{z^{-1}-0.5}=\frac{-2}{z-2},\quad |z|:[0,2)$$

收敛域包含单位圆，系统稳定；收敛域不包含 $+\infty$，系统非因果；收敛域包含坐标原点，系统是反因果的。

（4）

$$h_4[n]=0.5^{-n+1}u[-n+1]\leftrightarrow H_4(z)=\frac{-2}{z(z-2)},\quad |z|:(0,2)$$

收敛域包含单位圆，系统稳定；收敛域不包含 $+\infty$，系统非因果；收敛域不包含坐标原点，系统也不是反因果的。

6.7.4　离散系统 z 域分析举例

例 6-26　已知下列差分方程，做出系统实现的框图，并求其系统函数 $H(z)$ 和单位冲激响应 $h[n]$。

（1）$y[n]=x[n]+2x[n-1]-5x[n-3]$。

（2）因果系统的差分方程为 $y[n]+3y[n-1]+2y[n-2]=x[n]$。

解　（1）对方程两边进行双边 z 变换，可得

$$Y(z)=(1+2z^{-1}-5z^{-3})X(z)$$

$$H(z) = 1 + 2z^{-1} - 5z^{-3}$$
$$h[n] = \delta[n] + 2\delta[n-1] - 5\delta[n-3]$$

系统框图如图 6-19 所示。

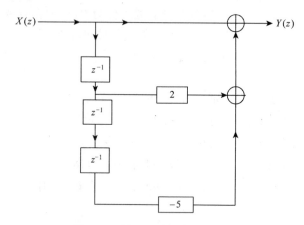

图 6-19 例 6-26 中（1）的框图

（2）对差分方程两边同时取双边 z 变换：

$$(1 + 3z^{-1} + 2z^{-2})Y(z) = X(z)$$

$$H(z) = \frac{z^2}{(z+1)(z+2)}, \quad |z|:(2,+\infty]$$

$$H(z) = \frac{z^2}{(z+1)(z+2)} = \frac{-z}{z+1} + \frac{2z}{z+2}, \quad |z|:(2,+\infty]$$

利用 z 变换的公式和性质可得

$$h[n] = -(-1)^n u[n] + 2(-2)^n u[n] = (-1)^{n+1} u[n] - (-2)^{n+1} u[n]$$

系统框图如图 6-20 所示。

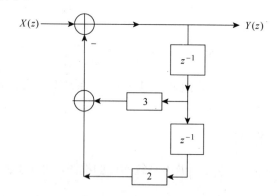

图 6-20 例 6-26 中（2）的框图

第一个系统 $h[n] = \delta[n] + 2\delta[n-1] - 5\delta[n-3]$，单位冲激响应为有限长度，这样的系统只具有短时记忆，称为 FIR 系统，这样的滤波器称为 FIR 滤波器，这样的差分方程称为非递归型差分方程。第二个系统 $h[n] = (-1)^{n+1} u[n] - (-2)^{n+1} u[n]$，单位冲激响应为无限长度，这样的系统具有长时记忆，称为 IIR 系统，这样的滤波器称为 IIR 滤波器，这样的差分方程称为递归型差分方程。

例 6-27　因果系统 $y[n]+3y[n-1]=x[n]$，$x[n]=u[n]$，$y[-1]=1$，求全响应。

解　（1）单边 z 变换。

$$Y_l(z)+3(z^{-1}Y_l(z)+y[-1])=X_l(z)，\quad X_l(z)=\frac{z}{z-1}，\quad |z|:(1,+\infty)$$

$$\begin{aligned}
Y_l(z)&=\frac{1}{1+3z^{-1}}(X_l(z)-3)\\
&=\underbrace{\frac{X_l(z)}{1+3z^{-1}}}_{\text{零状态响应}}+\underbrace{\frac{-3}{1+3z^{-1}}}_{\text{零输入响应}}=\frac{z^2}{(z+3)(z-1)}+\frac{-3z}{z+3}
\end{aligned}$$

$$y[n]=[\frac{1}{4}-\frac{9}{4}(-3)^n]u[n]=\frac{1}{4}[1-9(-3)^n]u[n]=\frac{1}{4}[1-(-3)^{n+2}]u[n]$$

其中，全响应中 $\frac{1}{4}u[n]$ 与 $x[n]=u[n]$ 的变化规律一样，称为强迫响应，$-\frac{1}{4}(-3)^{n+2}u[n]$ 与系统的极点决定的自然模式变化规律一样，称为自然响应。

（2）双边 z 变换。方程两边同时取双边 z 变换，得到传递函数为

$$H(z)=\frac{1}{1+3z^{-1}}=\frac{z}{z+3}，\quad |z|:(3,+\infty)$$

系统极点 $v=-3$，系统零输入响应为

$$y_x[n]=c(-3)^n，\quad n\geq -1$$

$$y_x[-1]=y[-1]=1=c(-3)^{-1}，c=-3$$

所以

$$y_x[n]=(-3)^{n+1}，\quad n\geq -1$$

$$x[n]=u[n]\overset{z}{\longleftrightarrow}X(z)=\frac{z}{z-1}，\quad |z|:(1,+\infty)$$

$$y_f[n]\overset{z}{\longleftrightarrow}Y_f(z)=X(z)H(z)=\frac{z^2}{(z+3)(z-1)}，\quad |z|:(3,+\infty)$$

$$Y_f(z)=\frac{3}{4}\frac{z}{z+3}+\frac{1}{4}\frac{z}{z-1}$$

$$y_f[n]=\frac{3}{4}(-3)^n u[n]+\frac{1}{4}u[n]$$

$$y[n]=(-3)^{n+1}+\frac{3}{4}(-3)^n u[n]+\frac{1}{4}u[n]，\quad n\geq -1$$

例 6-28　已知因果离散系统 $H(z)=\dfrac{z+\dfrac{1}{3}}{z^2+\dfrac{3}{4}z+\dfrac{1}{8}}$，请计算系统的单位冲激响应，判断系统的稳定性，描述系统的差分方程。

解　系统的差分方程为

$$y[n+2]+\frac{3}{4}y[n+1]+\frac{1}{8}y[n]=x[n+1]+\frac{1}{3}x[n]$$

或者描述为

$$y[n]+\frac{3}{4}y[n-1]+\frac{1}{8}y[n-2]=x[n-1]+\frac{1}{3}x[n-2]$$

系统因果为

$$H(z)=\frac{z+\frac{1}{3}}{z^2+\frac{3}{4}z+\frac{1}{8}}=\frac{z+\frac{1}{3}}{(z+\frac{1}{2})(z+\frac{1}{4})}=\frac{\frac{2}{3}}{z+\frac{1}{2}}+\frac{\frac{1}{3}}{z+\frac{1}{4}},\quad |z|:(\frac{1}{2},+\infty]$$

$$h[n]=\frac{2}{3}(-\frac{1}{2})^{n-1}u[n-1]+\frac{1}{3}(-\frac{1}{4})^{n-1}u[n-1]$$

系统收敛域为包含单位圆，所以系统稳定。

例6-29 已知因果离散系统差分方程为 $y[n]-2y[n-1]-3y[n-2]=x[n]+2x[n-1]$。

（1）求系统单位冲激响应和传递函数。

（2）系统零状态响应为 $y_1[n]=(-1)^n u[n]-2^n u[n]$，求系统的输入 $x_1[n]$。

（3）当系统输入 $x_2[n]=4^n$，求系统的响应 $y_2[n]$。

解 （1）对差分方程两边同时进行双边 z 变换，得到

$$Y(z)-2z^{-1}Y(z)-3z^{-2}Y(z)=X(z)+2z^{-1}X(z)$$

所以

$$H(z)=\frac{1+2z^{-1}}{1-2z^{-1}-3z^{-2}}=\frac{z^2+2z}{z^2-2z-3}=\frac{z(z+2)}{(z+1)(z-3)},\quad |z|:(3,+\infty)$$

$$H(z)=\frac{z(z+2)}{(z+1)(z-3)}=\frac{-\frac{1}{4}z}{z+1}+\frac{\frac{5}{4}z}{z-3}$$

利用公式和性质可以得到

$$h[n]=-\frac{1}{4}(-1)^n u[n]+\frac{5}{4}(3)^n u[n]$$

（2）

$$y_1[n]=(-1)^n u[n]-2^n u[n]\leftrightarrow Y_1(z)=\frac{z}{z+1}-\frac{z}{z-2},\quad |z|:(2,+\infty)$$

$$Y_1(z)=\frac{z}{z+1}-\frac{z}{z-2}=\frac{-3z}{(z+1)(z-2)},|z|:(2,+\infty)$$

$$Y_1(z)=X_1(z)H(z)$$

所以

$$X_1(z)=\frac{Y_1(z)}{H(z)}=\frac{-3(z-3)}{(z+2)(z-2)}=\frac{-\frac{15}{4}}{z+2}+\frac{\frac{3}{4}}{z-2},\quad |z|:(2,+\infty)$$

（3）系统极点为 $v_1 = -1$，$v_2 = 3$，输入无时限指数 $z_0 = 4$，$|z_0| > |v_i|_{max}$，满足主导条件，$y_2[n] = H(z)\big|_{z=4} 4^n = \dfrac{26}{5}(4)^n$。

例 6-30　一因果离散系统框图如图 6-21 所示。

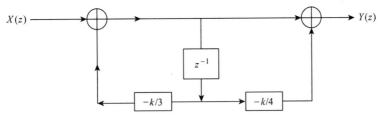

图 6-21　例 6-30 图

（1）求该系统传递函数。

（2）k 为何值时，系统是稳定的。

（3）当 $k = \dfrac{1}{2}$ 时，$x[n] = (\dfrac{2}{3})^n$，计算响应。

解　（1）根据梅森公式，系统传递函数为

$$H(z) = \frac{1 - \dfrac{k}{4}z^{-1}}{1 + \dfrac{k}{3}z^{-1}} = \frac{z - \dfrac{k}{4}}{z + \dfrac{k}{3}}, \quad |z| : (\frac{|k|}{3}, +\infty]$$

（2）系统稳定，收敛域要包含单位圆，所以要求 $|k| < 3$。

（3）当 $k = \dfrac{1}{2}$ 时，有

$$H(z) = \frac{1 - \dfrac{k}{4}z^{-1}}{1 + \dfrac{k}{3}z^{-1}} = \frac{z - \dfrac{1}{8}}{z + \dfrac{1}{6}}, \quad |z| : (\frac{1}{6}, +\infty]$$

系统极点为 $v = -\dfrac{1}{6}$，$x[n] = (\dfrac{2}{3})^n$，输入的无时限的指数为 $z_0 = \dfrac{2}{3}$，$|z_0| > |v|$，满足主导条件，所以输出为

$$y[n] = H(z)\bigg|_{z=\frac{2}{3}} (\frac{2}{3})^n = \frac{13}{20}(\frac{2}{3})^n$$

6.8　离散系统的模拟

在前面学习拉普拉斯变换时我们讲了梅森公式。在离散系统分析中，梅森公式仍然具有很重要的作用，应用于传递函数的计算以及系统的模拟，只需将原来公式中的 s 换为 z。

6.8.1 基本互联的系统函数

1. 串联

子系统串联的框图如图 6-22 所示。

图 6-22 离散系统串联的 z 域模型

利用梅森规则,可以得到整个系统的传递函数为

$$H(z) = H_1(z)H_2(z) \tag{6-37}$$

2. 并联

子系统并联的框图如图 6-23 所示。

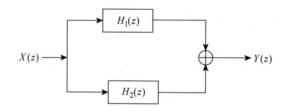

图 6-23 离散系统并联的 z 域模型

利用梅森规则,可以得到整个系统的传递函数为

$$H(z) = H_1(z) + H_2(z) \tag{6-38}$$

3. 反馈连接

子系统反馈的框图如图 6-24 所示。

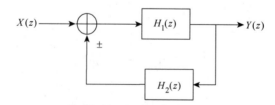

图 6-24 离散系统反馈的 z 域模型

利用梅森规则,可以得到整个系统的传递函数为

$$H(z) = \frac{H_1(z)}{1 \mp H_1(z)H_2(z)} \tag{6-39}$$

6.8.2　复杂离散系统传递函数的计算

复杂系统往往是由简单系统进行串联、并联、反馈以及混合连接组成的，此时若列写节点方程来计算传递函数是很复杂的过程，往往利用梅森公式来计算。

例 6-31　系统框图如图 6-25 所示。计算系统的传递函数。

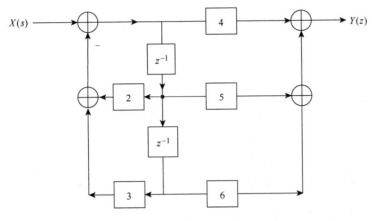

图 6-25　例 6-31 图

解　系统属于卡尔曼形式的框图，有两个环路，环路增益分别为 $-2z^{-1}$ 和 $-3z^{-2}$，环路相互接触。所以系统的特征行列式 $\varDelta = 1 - (-2z^{-1} - 3z^{-2})$。前向通路有三条，增益分别为 4、$5z^{-1}$、$6z^{-2}$，每条前向通路子图的特征行列式都为 1。

利用梅森公式，所以

$$H(z) = \frac{4 + 5z^{-1} + 6z^{-2}}{1 - (-2z^{-1} - 3z^{-2})} = \frac{4z^2 + 5z + 6}{z^2 + 2z + 3}$$

6.8.3　离散 LTI 系统的模拟

下面我们来考虑加法器、放大器、延迟器在时域、复频域和流程图中的描述方法。

1. 加法器、放大器、延迟器的模型

加法器的三种模型如图 6-26 所示。

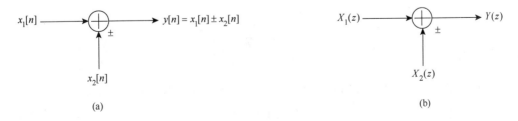

(a)　　　　　　　　　　　　　　　　　　　　　(b)

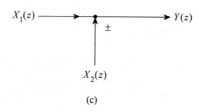

图 6-26　加法器的三种描述

放大器的三种模型如图 6-27 所示。

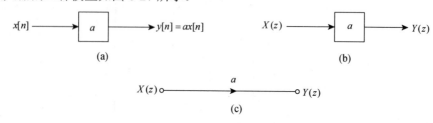

图 6-27　放大器的三种模型

延迟器的三种模型如图 6-28 所示。

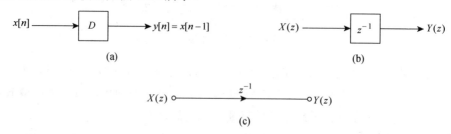

图 6-28　延迟器的三种模型

2. 离散系统的模拟

在离散系统分析中,将已知的传递函数用加法器、放大器、延迟器按照一定的方式来实现称为离散系统的模拟。首先,基本器件只有加法器、放大器、延迟器;其次,系统模拟的方式有卡尔曼形式(直接型)、串联形式、并联形式三种。

(1)卡尔曼形式。将传递函数的分母理解为所有第三项及以后的都为 0,即所有环路接触。将前向通路和环路设计成通过同一个节点。为了保证此条件,常常将前向通路和环路设计成通过同一个节点,把该节点设计为从信源开始的第一个加法器。这样把已知的传递函数变为

$$H(z) = \frac{\sum_{k} p_k}{1 - \underbrace{\sum_{a} L_a}_{\text{所有环路增益之和}}} \qquad (6-40)$$

$$\Delta_k = 1$$

(2)串联形式。将复杂的系统理解为几个简单系统的串联,即

$$H(z) = \prod_{i} H_i(z) \qquad (6-41)$$

然后将每个子系统都按照卡尔曼形式来实现。

（3）并联形式。将复杂的系统理解为几个简单系统的并联，即

$$H(z) = \sum_i H_i(z) \qquad\qquad (6\text{-}42)$$

然后将每个子系统都按照卡尔曼形式来实现。

例 6-32　已知系统传递函数 $H(z) = \dfrac{z+2}{(z+1)(z+3)}$，用三种方式分别实现系统。

解　（1）卡尔曼形式：

$$H(z) = \frac{z+2}{z^2+4z+3} = \frac{\dfrac{1}{z}+\dfrac{2}{z^2}}{1+\dfrac{4}{z}+\dfrac{3}{z^2}} = \frac{\dfrac{1}{z}+\dfrac{2}{z^2}}{1-\left(-\dfrac{4}{z}-\dfrac{3}{z^2}\right)}$$

设计要求：有两个相互接触的环路，环路增益分别为 $-\dfrac{4}{z}$ 和 $-\dfrac{3}{z^2}$。前向通路有两条：前向通路增益分别为 $\dfrac{1}{z}$ 和 $\dfrac{2}{z^2}$。前向通路和环路通过同一节点，把这一节点设计为信号输入后的第一个加法器。

卡尔曼形式（直接型）框图如图 6-29 所示。

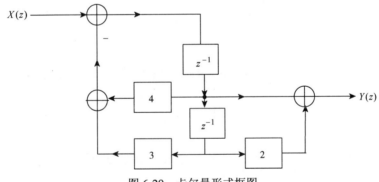

图 6-29　卡尔曼形式框图

（2）串联形式：

$$H(z) = \frac{1}{z+1}\frac{z+2}{z+3} = \frac{\dfrac{1}{z}}{1-\left(-\dfrac{1}{z}\right)}\frac{1+\dfrac{2}{z}}{1-\left(-\dfrac{3}{z}\right)}$$

将系统设计为由两个子系统串联，每个子系统按照卡尔曼形式设计，并且子系统之间环路不接触，如图 6-30 所示。

（3）并联形式：

$$H(z) = \frac{z+2}{(z+1)(z+3)} = \frac{\dfrac{1}{2}}{z+1} + \frac{\dfrac{1}{2}}{z+3} = \frac{\dfrac{1}{2}\dfrac{1}{z}}{1-\left(-\dfrac{1}{z}\right)} + \frac{\dfrac{1}{2}\dfrac{1}{z}}{1-\left(-\dfrac{3}{z}\right)}$$

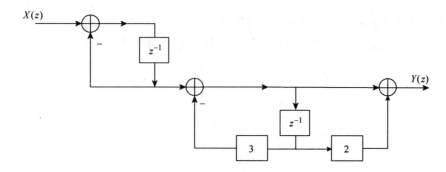

图 6-30 串联形式框图

将系统设计为由两个子系统并联，每个子系统按照卡尔曼形式设计，并且子系统之间环路不接触，如图 6-31 所示。

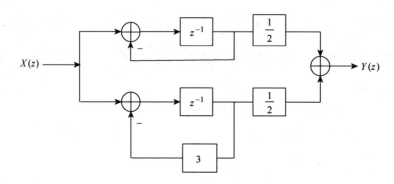

图 6-31 并联形式框图

习　　题

1. 计算下列信号的 z 变换，画出收敛域的图形，并标记有限范围内的零极点。

（1）$x_1[n] = \delta[n+2] + \delta[n] + \delta[n-3]$；　（2）$x_2[n] = (\frac{1}{3})^n u[n]$；　　（3）$x_3[n] = 2^{n-1} u[n]$；

（4）$x_4[n] = (\frac{1}{4})^n u[n-2]$；　　　　（5）$x_5[n] = (\frac{1}{2})^{n-1} u[n-2]$；　（6）$x_6[n] = \cos 2n u[n]$；

（7）$x_7[n] = \cos 2n \delta[n-1]$；　　　（8）$x_8[n] = e^{-3jn} u[n-2]$。

2. 计算下列信号的 z 变换。

（1）$x_1[n] = 2^n u[n] + (\frac{1}{2})^n u[n]$；　　（2）$x_2[n] = 2^{n-2} u[-n+1]$；　（3）$x_3[n] = (\frac{1}{3})^n u[n-1] + 2^{n+1} u[-n-2]$；

（4）$x_4[n] = n2^n u[n]$；　　　　（5）$x_5[n] = n(\frac{1}{3})^{n-1} u[n-2]$；　（6）$x_6[n] = \cos 2n u[n]$；

（7）$x_7[n] = 5^{-|n|}$；　　　　　（8）$x_8[n] = (\frac{1}{2})^n \{u[n-1] - u[n-5]\}$。

3. 已知信号 $x[n] \leftrightarrow X(z), |z|:(r, +\infty)$ ，计算下列信号的 z 变换，并标记收敛域。

（1） $x[-n]$ ； （2） $nx[-n]$ ； （3） $2^n x[-n]$ ； （4） $x[\dfrac{n}{4}]$ 。

4. 计算下列信号的单、双边 z 变换，并进行比较。

（1） $x_1[n] = 2\delta[n+1] + \delta[n] - 3\delta[n-1]$ ； （2） $x_2[n] = 2^n u[n]$ ； （3） $x_3[n] = 2^{n-1} u[-n+1]$ ；

（4） $x_4[n] = (\dfrac{1}{2})^n u[n+1]$ 。

5. 计算 $x[n] = (\dfrac{1}{2})^{|n|}$ 的 z 变换，信号是否存在频谱密度，若果存在，请计算频谱密度。

6. 计算 z 反变换。

（1） $X_1(z) = \dfrac{z}{z - 0.5}, |z|:(0.5, +\infty)$ ； （2） $X_2(z) = \dfrac{1}{z-2}, |z|:(2, +\infty)$ ； （3） $X_3(z) = \dfrac{z^2}{z-3}, |z|:(3, +\infty)$ ；

（4） $X_4(z) = \dfrac{1}{z-1} - \dfrac{1}{z-2}, |z|:(2, +\infty)$ ； （5） $X_5(z) = \dfrac{z(z - \frac{1}{3})}{(z - \frac{1}{4})(z - \frac{1}{2})}, |z|:(\dfrac{1}{2}, +\infty)$ ；

（6） $X_6(z) = \dfrac{(z-3)(z-4)}{(z-2)(z-5)}, |z|:(5, +\infty)$ 。

7. 计算 z 反变换。

（1） $X_1(z) = \dfrac{z^3 + 2z^2 + z + 1}{z^2 + 7z + 12}, |z|:(4, +\infty)$ ； （2） $X_2(z) = \dfrac{z+2}{(z+1)^2}, |z|:(1, +\infty)$ ；

（3） $X_3(z) = \dfrac{1 - \frac{1}{2}z^{-1}}{1 - \frac{7}{12}z^{-1} + \frac{1}{12}z^{-2}}, |z|:(\dfrac{1}{3}, +\infty)$ ； （4） $X_4(z) = \dfrac{(z+2)(z+3)}{(z+1)(z+5)}, |z|:(5, +\infty)$ ；

（5） $X_5(z) = \dfrac{z(z - \frac{1}{3})}{(z-1)(z - \frac{1}{2})}, |z|:(\dfrac{1}{2}, 1)$ ； （6） $X_6(z) = \dfrac{(z^{-1} - 3)(z^{-1} - 5)}{(z^{-1} - 2)(z^{-1} - 4)}, |z|:(\dfrac{1}{4}, \dfrac{1}{2})$ 。

8. 已知 $X(z) = \dfrac{z^2 + 3z}{z^2 + 7z + 10}$ ，在所有可能的收敛域情况下求解 z 反变换。

9. 已知 $X(z) = \ln(\dfrac{z}{z - 0.5}), |z|:(0.5, +\infty)$ ，求 z 反变换。

10. 已知因果信号 $x[n] \leftrightarrow X(z), |z|:(r, +\infty)$ 。

（1） $y_1[n] = \displaystyle\sum_{m=0}^{n} [1 + (-1)^m] x[n-m]$ ，计算其 z 变换。

（2） $Y(z) = X'(z), |z|:(r, +\infty)$ ，计算其 z 反变换。

11. 已知单边 z 变换的表达式，计算初始值和终值。

（1） $\dfrac{z+1}{z^2 + 7z + 12}$ ； （2） $X_2(z) = \dfrac{1 - \frac{1}{2}z^{-1}}{(1 - z^{-1})(1 + 2z^{-1})}$ ； （3） $X_3(z) = \dfrac{z+2}{(z-1)^2}$ ；

（4） $X_4(z) = \dfrac{(z+3)}{(z+1)(z+2)(z+4)}$ 。

12. 关于 $x[n]$ 和其 z 变换 $X(z)$ 有下列特点，请求解 $X(z)$、收敛域和 $x[n]$。

（1） $x[n]$ 是实的右边序列。

（2） $x[n]$ 有有限的终值，终值为 2。

（3） $X(z)$ 只有两个极点，两个极点具有 2 倍的关系，有一个极点在单位圆上。

（4） $X(z)$ 只有一个有限的零点，位置在原点。

13. 序列 $x[n]$ 的自相关函数 $R_{xx}[n] = \sum\limits_{m=-\infty}^{+\infty} x[m]x[n+m]$，$x[n] \leftrightarrow X(z)$，$|z|:(r_1, r_2)$。试用 $X(z)$ 来描述 $R_{xx}[n]$ 的 z 变换。

14. 若 $x[n] \leftrightarrow X(z)$，$|z|:(r_1, r_2)$，计算下列信号的 z 变换。

（1） $\Delta x[n]$；（2） $x_1[n] = x[\frac{n}{2}]$；（3） $x_2[n] = x[2n]$。

15. 若 $x[n]$ 为因果信号，且其偶分量 $x_e[n] = 0.5$。

（1）求 $x[n]$，并画出其波形。

（2）计算 $x[n]$ 的 z 变换，若 $Y_1(z) = X(-z)$，计算 z 反变换。

（3）若 $Y_2(z) = z^{-1}X(z^2)$，计算 z 反变换。

16. 已知因果系统差分方程为 $y[n] + \dfrac{3}{4}y[n-1] + \dfrac{1}{8}y[n-2] = x[n] - x[n-1]$。

（1）计算系统的单位冲激响应和传递函数。

（2）计算系统的频率特性函数，大致绘出频率特性曲线。

（3）当输入 $x[n] = 3^n u[n]$ 时，计算系统的零状态响应。

（4）当输入 $x[n] = \cos 2n$ 时，计算系统的零状态响应。

17. 已知因果系统的差分方程、初始条件和输入如下，请分别用单边和双边 z 变换来求解系统的全响应。

（1） $y[n] + 3y[n-1] + 2y[n-2] = x[n] - x[n-1]$，$x[n] = u[n], y_x[-2] = 1, y_x[-1] = 2$；

（2） $y[n] - 3y[n-1] + 2y[n-2] = x[n] + x[n-1]$，$x[n] = 3^n u[n], y[-1] = 1, y[0] = 2$。

18. 离散 LTI 系统差分方程为 $y[n] - \dfrac{1}{6}y[n-1] - \dfrac{1}{6}y[n-2] = x[n-1]$，计算系统可能的单位冲激响应，并分别判断系统的稳定性。

19. 假设因果离散 LTI 系统，若输入 $x_1[n] = (\frac{1}{2})^n u[n]$，输出 $y_1[n] = a(\frac{1}{2})^n u[n] + 2(\frac{1}{5})^n u[n]$，若输入 $x_2[n] = 2^n$，输出 $y_2[n] = 3(2)^n$，计算系统的单位冲激响应。

20. 已知因果稳定离散系统的单位冲激响应为 $h[n]$，传递函数 $H(z)$ 有一个极点为 $z = \dfrac{1}{3}$，有一个零点在单位圆上，其余零极点情况不清楚，请判断下列论述的正确性。

（1） $(\frac{1}{3})^n h[n]$ 的 z 变换存在。

（2）系统的频率特性函数存在，且在单位圆上有频率特性函数的零点。

（3）此系统为 FIR 系统。

（4）$(4)^n h[n]$ 的 z 变换存在。

（5）$h_1[n] = nh[n]$ 因果但不稳定。

（6）$h_2[n] = h[n] * h[n]$ 稳定但非因果。

21. 已知离散系统由两个子系统组成，如图 6-32 所示。已知 $h_1[n] = 2\cos(\frac{n\pi}{4})$，$h_2[n] = (\frac{1}{2})^n u[n]$，输入 $x[n] = \delta[n] - \delta[n-1]$，求系统的响应。

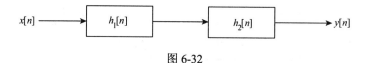

图 6-32

22. 已知离散时间系统的传递函数，$H(z) = \dfrac{z}{z^2 + \dfrac{5}{3}z - \dfrac{2}{3}}$。

（1）若该系统因果，计算单位冲激响应 $h[n]$。

（2）若该系统稳定，计算单位冲激响应 $h[n]$。

（3）若另一因果稳定系统的单位冲激响应 $g[n] = a^n h[n]$，试确定 a 的范围，此时 $H(z)$ 的收敛域应该是什么样的。

23. 因果系统框图如图 6-33 所示。

（1）计算系统的传递函数，判断系统的稳定性。

（2）计算系统的单位冲激响应。

（3）建立系统的差分方程。

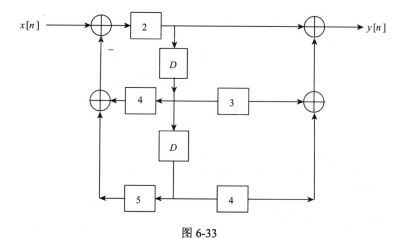

图 6-33

24. 因果系统框图如图 6-34 所示。

（1）计算系统的传递函数，判断系统的稳定性。

（2）计算系统的单位冲激响应。

（3）建立系统的差分方程。

（4）当系统输入为 $x[n] = 4^n$，计算系统的响应。

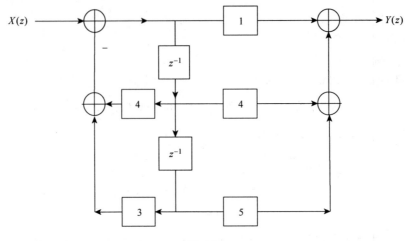

图 6-34

25. 已知因果离散系统满足下面的条件：当输入 $x_1[n]=(-2)^n$ 时，$y_1[n]=0$，当输入 $x_2[n]=(\frac{1}{2})^n u[n]$ 时，$y_2[n]=\delta[n]+a(\frac{1}{4})^n u[n]$，$a$ 为待定常数。

（1）求常数 a。

（2）求系统的单位冲激响应。

（3）当 $x_3[n]=2$ 时，求响应 $y_3[n]$。

26. 已知因果离散系统的框图如图 6-35 所示，且 $H_1(z)=\dfrac{z^{-2}}{(1+0.5z^{-1})(1-1.5z^{-1})}$，$k>0$。

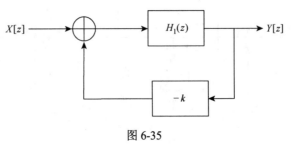

图 6-35

（1）为使该系统稳定，试确定 $k>0$ 的取值范围。

（2）若 $k=1$，$x[n]=u[n]$，求零状态响应 $y[n]$ 的初始值和终值。

（3）若 $k=1$，$x[n]=\cos(\pi n)$，求零状态响应 $y[n]$。

27. 已知因果离散系统的框图如图 6-36 所示，当 $x[n]=(-2)^n$ 时，系统的响应为 $y[n]=0$。

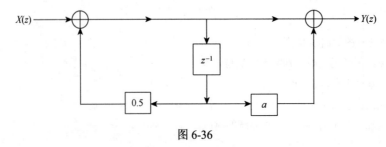

图 6-36

（1）求系统传递函数 $H(z)$，确定 a 值，并写出系统的差分方程。

（2）离散系统的频率响应。

（3）求系统的单位阶跃响应。

（4）求系统零状态响应为 $y[n] = \delta[n] + 2\delta[n-1]$ 时的输入信号。

第 7 章　离散信号和系统的频域分析

7.1　离散时间周期信号的傅里叶级数

7.1.1　离散时间周期信号的傅里叶级数定义

与连续时间周期信号一样，离散时间周期信号同样也可以用傅里叶级数表示，它们的分析方法有许多共同之处。连续时间周期信号的傅里叶级数是将其分解为多个呈谐波关系的正弦信号 $\cos\omega_0 t$ 或者周期复指数信号 $\mathrm{e}^{\mathrm{j}\omega_0 t}$ 之和，这里所讨论的离散时间周期信号的傅里叶级数（DFS）是将其表示为离散时间复指数信号 $\mathrm{e}^{\mathrm{j}\Omega_0 n}$ 的和。但不同的是，$\mathrm{e}^{\mathrm{j}\omega_0 t}$ 对任何 ω_0 都是周期的，随着频率 ω_0 的不同而不同，而离散时间复指数信号存在如下关系：

$$\mathrm{e}^{\mathrm{j}(\Omega_0+2\pi)n} = \mathrm{e}^{\mathrm{j}\Omega_0 n}\mathrm{e}^{\mathrm{j}2\pi n} = \mathrm{e}^{\mathrm{j}\Omega_0 n} \tag{7-1}$$

由此说明，离散时间复指数信号在频率上相差 2π 的整数倍都是相同的，在分析离散时间周期信号时只需要考虑任意 2π 范围内的频率即可。所以离散时间周期信号的傅里叶级数是一个有限项的级数，与连续时间周期信号的傅里叶级数是无穷项级数不同，不再需要讨论级数的收敛问题。

假设一个离散时间周期信号表示为 $x[n]$，若

$$x[n] = x[n+N] \tag{7-2}$$

其中，N 为正整数。那么该信号的周期就为 N，使式（7-2）成立的最小正整数 N 即为该信号的基波周期，相应的基波频率为 $\Omega_0 = \dfrac{2\pi}{N}$。

周期为 N 的离散时间复指数信号的基波序列为

$$f_1[n] = \mathrm{e}^{\mathrm{j}\Omega_0 n} = \mathrm{e}^{\mathrm{j}\frac{2\pi}{N}n} \tag{7-3}$$

k 次谐波序列表示为

$$f_k[n] = \mathrm{e}^{\mathrm{j}k\Omega_0 n} = \mathrm{e}^{\mathrm{j}k\frac{2\pi}{N}n}, \quad k\text{为任意整数} \tag{7-4}$$

所有谐波序列的集合仍然是以 N 为周期的，根据式（7-1）可知离散时间复指数信号的频率相差 2π 的整数倍得到的值是一样的，因此其各个谐波序列中只有 N 项是不同的，即可用式（7-5）来表述：

$$f_{k+rN}[n] = f_k[n] \tag{7-5}$$

对于傅里叶级数，取 $k=0$ 到 $k=N-1$ 的 N 个独立谐波分量，则 $x[n]$ 可展开为如下的傅里叶级数，即

$$x[n] = \sum_N a_k f_k[n] = \sum_N a_k \mathrm{e}^{\mathrm{j}k\Omega_0 n} = \sum_{k=0}^{N-1} a_k \mathrm{e}^{\mathrm{j}k\frac{2\pi}{N}n} \tag{7-6}$$

其中，k 为正整数。式（7-6）称为离散时间傅里叶级数，a_k 为傅里叶级数系数。下面讨论傅里叶级数系数的求法，在式（7-6）的两边分别乘以 $e^{-jr\frac{2\pi}{N}n}$，然后从 $n=0$ 到 $N-1$ 的一个周期内求和，得到

$$\sum_{n=0}^{N-1} x[n]e^{-jr\frac{2\pi}{N}n} = \sum_{n=0}^{N-1}\sum_{k=0}^{N-1} a_k e^{jk\frac{2\pi}{N}n} e^{-jr\frac{2\pi}{N}n} = \sum_{n=0}^{N-1}\sum_{k=0}^{N-1} a_k e^{j(k-r)\frac{2\pi}{N}n} \tag{7-7}$$

又根据式（7-8），对一个离散周期复指数序列在一个周期内求和，如果该复指数不为常数，那么它的和为 0：

$$\sum_{n=0}^{N-1} e^{jk\frac{2\pi}{N}n} = \begin{cases} N, & k=0,\pm N,\pm 2N,\cdots \\ 0, & k为其他值 \end{cases} \tag{7-8}$$

这样，就可以将式（7-7）化简，得到离散时间周期信号的傅里叶级数系数为

$$\sum_{n=0}^{N-1} x[n]e^{-jr\frac{2\pi}{N}n} = Na_r \tag{7-9}$$

$$a_k = \frac{1}{N}\sum_{n=0}^{N-1} x[n]e^{-jk\Omega_0 n} = \frac{1}{N}\sum_{n=0}^{N-1} x[n]e^{-jk\frac{2\pi}{N}n} \tag{7-10}$$

可以看出，周期为 N 的离散时间信号的傅里叶级数只有 N 个不同的系数，即 a_k 的周期也为 N。时域周期的离散信号其傅里叶级数（频域）也是一个周期离散信号。一个离散时间周期信号可以用其傅里叶级数来表示它的频谱分布规律。

对比前面章节介绍的 z 变换，可以看出 a_k 是在 z 平面单位圆上的 N 个等间隔角点上进行采样所得的值。

7.1.2　离散时间周期信号傅里叶级数的性质

假设有两个周期均为 N 的离散时间信号 $x_1[n]$ 和 $x_2[n]$，将它们展开为傅里叶级数后其系数分别为 a_k、b_k，即 $a_k = \mathrm{DFS}\{x_1[n]\}$，$b_k = \mathrm{DFS}\{x_2[n]\}$。

（1）线性：

$$\mathrm{DFS}\{Ax_1[n] + Bx_2[n]\} = Aa_k + Bb_k$$

其中，A、B 为任意常数。所得到的频域信号也是以 N 为周期的离散序列。

（2）时移：

$$\mathrm{DFS}\{x_1[n-n_0]\} = a_k e^{-jk\frac{2\pi}{N}n_0}$$

（3）相乘：

$$\mathrm{DFS}\{x_1[n]x_2[n]\} = \sum_{l=0}^{N-1} a_l b_{k-l}$$

（4）时间反转：

$$\mathrm{DFS}\{x_1[-n]\} = a_{-k}$$

（5）共轭：

$$\mathrm{DFS}\{x_1^*[n]\} = a_{-k}^*$$

这些性质与连续时间周期信号傅里叶级数的性质大多相似，推导过程可参照前面章节介绍的方法。

7.2 离散时间傅里叶变换

7.2.1 离散时间傅里叶变换的定义

离散时间傅里叶变换用 DTFT 表示，也可称为序列的傅里叶变换，是分析离散时间非周期信号的重要工具。离散时间傅里叶变换的定义为

$$X(\mathrm{e}^{\mathrm{j}\Omega}) = \mathrm{DTFT}\{x[n]\} = \sum_{n=-\infty}^{\infty} x[n]\mathrm{e}^{-\mathrm{j}\Omega n} \tag{7-11}$$

由于信号 $x[n]$ 在时域是非周期的，因此频域特性是以 Ω 为变量的连续函数；又因为 $x[n]$ 是离散的，所以其频率特性也是周期的。根据 $\mathrm{e}^{\mathrm{j}\Omega n}$ 的周期性质可得到 $X(\mathrm{e}^{\mathrm{j}\Omega})$ 也是 Ω 以 2π 为周期的函数。对上式两边分别乘以 $\mathrm{e}^{\mathrm{j}\Omega m}$，再在一个周期 $(-\pi, \pi)$ 内对 Ω 作积分，可得

$$\int_{-\pi}^{\pi} X(\mathrm{e}^{\mathrm{j}\Omega})\mathrm{e}^{\mathrm{j}\Omega m}\mathrm{d}\Omega = \int_{-\pi}^{\pi}\left[\sum_{n=-\infty}^{\infty} x[n]\mathrm{e}^{-\mathrm{j}\Omega n}\right]\mathrm{e}^{\mathrm{j}\Omega m}\mathrm{d}\Omega = \sum_{n=-\infty}^{\infty} x[n]\int_{-\pi}^{\pi}\mathrm{e}^{\mathrm{j}\Omega(m-n)}\mathrm{d}\Omega \tag{7-12}$$

其中

$$\int_{-\pi}^{\pi}\mathrm{e}^{\mathrm{j}\Omega(m-n)}\mathrm{d}\Omega = 2\pi\delta(n-m) \tag{7-13}$$

所以

$$x[n] = \mathrm{IDTFT}\left[X(\mathrm{e}^{\mathrm{j}\Omega})\right] = \frac{1}{2\pi}\int_{-\pi}^{\pi} X(\mathrm{e}^{\mathrm{j}\Omega})\mathrm{e}^{\mathrm{j}\Omega n}\mathrm{d}\Omega \tag{7-14}$$

该式即为 DTFT 的逆变换，也称为 IDTFT。

信号的离散时间傅里叶变换可以看做其 z 变换在单位圆上的值，那么离散时间傅里叶变换的存在条件与 z 变换相似，即必须满足：

$$\sum_{n=-\infty}^{\infty}|x[n]| < \infty \tag{7-15}$$

例 7-1 设矩形序列 $x[n]$ 为

$$x[n] = R_N[n] = \begin{cases} 1, & 0 \leqslant n \leqslant N-1 \\ 0, & 其他 \end{cases}$$

求其 DTFT。

解 由式（7-11）可得

$$X(\mathrm{e}^{\mathrm{j}\Omega}) = \sum_{n=0}^{N-1} x[n]\mathrm{e}^{-\mathrm{j}\Omega n} = \frac{1-\mathrm{e}^{-\mathrm{j}\Omega N}}{1-\mathrm{e}^{-\mathrm{j}\Omega}} = \frac{\mathrm{e}^{-\mathrm{j}\frac{N\Omega}{2}}(\mathrm{e}^{\mathrm{j}\frac{N\Omega}{2}} - \mathrm{e}^{-\mathrm{j}\frac{N\Omega}{2}})}{\mathrm{e}^{-\mathrm{j}\frac{\Omega}{2}}(\mathrm{e}^{\mathrm{j}\frac{\Omega}{2}} - \mathrm{e}^{-\mathrm{j}\frac{\Omega}{2}})}$$

$$= \frac{\sin\left(\dfrac{N\Omega}{2}\right)}{\sin\left(\dfrac{\Omega}{2}\right)}\mathrm{e}^{-\mathrm{j}\frac{(N-1)}{2}\Omega} \tag{7-16}$$

其中，幅频特性为

$$\left|X(\mathrm{e}^{\mathrm{j}\Omega})\right|=\left|\frac{\sin\left(\dfrac{N\Omega}{2}\right)}{\sin\left(\dfrac{\Omega}{2}\right)}\right| \tag{7-17}$$

相频特性为

$$\phi(\Omega)=-\frac{(N-1)\Omega}{2} \tag{7-18}$$

　　假设 $N=4$，可画出矩形序列 $R_4[n]$ 的图形如图 7-1 所示，根据式（7-17）、式（7-18）可得 $X(\mathrm{e}^{\mathrm{j}\Omega})$ 的幅频特性和相频特性曲线分别如图 7-2 和图 7-3 所示。

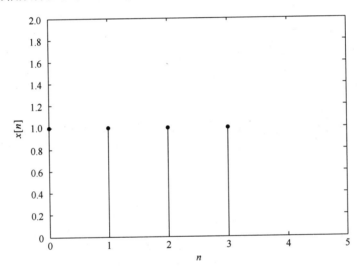

图 7-1　序列图

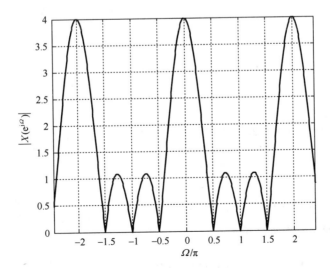

图 7-2　幅频特性

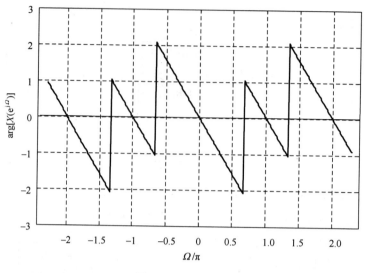

图 7-3　相频特性

又由于 $R_4[n]$ 是有限长的序列，因此它一定满足式（7-15）绝对可和的条件，所以其离散时间傅里叶变换一定存在。

例 7-2　已知 $x[n] = a^n u[n]$，计算其 DTFT，幅频、相频特性，并讨论其傅里叶变换存在的条件。

解

$$X(e^{j\Omega}) = \sum_{n=0}^{\infty} a^n e^{-j\Omega n} = \frac{1}{1 - ae^{-j\Omega}},$$

$$= \frac{1}{(1 - a\cos\Omega) + j\sin\Omega}, \quad |ae^{-j\Omega}| < 1, |a| < 1 \quad (7\text{-}19)$$

幅频特性

$$|X(e^{j\Omega})| = \frac{1}{\sqrt{1 + a^2 - 2a\cos\Omega}} \quad (7\text{-}20)$$

相频特性

$$\phi(\Omega) = -\arctan(\frac{\sin\Omega}{1 - a\cos\Omega}) \quad (7\text{-}21)$$

可以看出当 $|a| < 1$ 时，信号 $x(n)$ 满足绝对可和的条件，即

$$\sum_{n=0}^{\infty} |a|^n = \frac{1}{1 - |a|} < \infty, \quad |a| < 1 \quad (7\text{-}22)$$

在此条件下该信号的 DTFT 存在。

7.2.2　离散时间傅里叶变换的性质

假设 $X_1(e^{j\Omega}) = \text{DTFT}\{x_1[n]\}, X_2(e^{j\Omega}) = \text{DTFT}\{x_2[n]\}$

（1）线性：

$$\text{DTFT}\{ax_1[n]+bx_2[n]\}=aX_1\left(e^{j\Omega}\right)+bX_2\left(e^{j\Omega}\right) \tag{7-23}$$

（2）时移：

$$\text{DTFT}\{x_1[n-n_0]\}=e^{-j\Omega n_0}X_1\left(e^{j\Omega}\right) \tag{7-24}$$

（3）频移：

$$\text{DTFT}\{e^{j\Omega_0 n}x_1[n]\}=X_1\left(e^{j(\Omega-\Omega_0)}\right) \tag{7-25}$$

（4）时域反折：

$$\text{DTFT}\{x_1[-n]\}=X_1\left(e^{-j\Omega}\right) \tag{7-26}$$

时域的反折对应着频域的反折。

（5）时域共轭：

$$\text{DTFT}\{x_1^*[n]\}=X_1^*\left(e^{-j\Omega}\right) \tag{7-27}$$

时域的共轭对应着频域的共轭且反折。

（6）时域卷积：

$$\text{DTFT}[x_1[n]*x_2[n]]=X_1\left(e^{j\Omega}\right)X_2\left(e^{j\Omega}\right) \tag{7-28}$$

证明 设

$$f[n]=x_1[n]*x_2[n]=\sum_{m=-\infty}^{\infty}x_1[m]x_2[n-m]$$

$$F\left(e^{j\Omega}\right)=\text{DTFT}\{f[n]\}=\sum_{n=-\infty}^{\infty}\left[\sum_{m=-\infty}^{\infty}x_1[m]x_2[n-m]\right]e^{-j\Omega n}$$

令 $k=n-m$，替换上式中的 n，可得

$$F\left(e^{j\Omega}\right)=\sum_{k=-\infty}^{\infty}\sum_{m=-\infty}^{\infty}x_2[k]x_1[m]e^{-j\Omega k}e^{-j\Omega m}$$

$$=\sum_{k=-\infty}^{\infty}x_2[k]e^{-j\Omega k}\sum_{m=-\infty}^{\infty}x_1[m]e^{-j\Omega m}$$

$$=X_2\left(e^{j\Omega}\right)X_1\left(e^{j\Omega}\right)$$

时域的卷积对应于频域相乘。

（7）频域卷积：

$$\text{DTFT}\{x_1[n]x_2[n]\}=\frac{1}{2\pi}\left[X_1\left(e^{j\Omega}\right)*X_2\left(e^{j\Omega}\right)\right] \tag{7-29}$$

证明 设

$$f[n]=x_1[n]x_2[n]$$

$$F\left(e^{j\Omega}\right)=\sum_{n=-\infty}^{\infty}x_1[n]x_2[n]e^{-j\Omega n}$$

$$=\sum_{n=-\infty}^{\infty}x_1[n]\left[\frac{1}{2\pi}\int_{-\pi}^{\pi}X_2\left(e^{jv}\right)e^{jvn}dv\right]e^{-j\Omega n}$$

将上式中的求和与积分顺序交换，可得

$$F\left(e^{j\Omega}\right)=\frac{1}{2\pi}\int_{-\pi}^{\pi}X_2\left(e^{j\nu}\right)\left[\sum_{n=-\infty}^{\infty}x_1(n)e^{-j(\Omega-\nu)n}\right]d\nu$$

$$=\frac{1}{2\pi}\int_{-\pi}^{\pi}X_2\left(e^{j\nu}\right)X_1\left(e^{j(\Omega-\nu)}\right)d\nu$$

$$=\frac{1}{2\pi}X_1\left(e^{j\Omega}\right)*X_2\left(e^{j\Omega}\right)$$

时域信号相乘对应于频域信号的卷积除以 2π 。

（8）Parseval 定理：

$$\sum_{n=-\infty}^{\infty}\left|x_1[n]\right|^2=\frac{1}{2\pi}\int_{-\pi}^{\pi}\left|X_1\left(e^{j\Omega}\right)\right|^2 d\Omega \tag{7-30}$$

从 Parseval 定理可以看出，任意信号在时域的总能量与其在频域的总能量相等。

7.3　离散傅里叶变换

对于时域离散的信号而言，无论 z 变换还是离散时间傅里叶变换，它们变换出的频谱都是连续的，不便于进行数字运算和储存，而离散傅里叶变换（DFT）是 DTFT 的等间隔抽样，离散信号经 DFT 后的频率响应也是离散的。实际上 DFT 是针对有限长离散时间信号的，它是取离散时间周期信号傅里叶级数（DFS）的一个周期来定义。另外，离散傅里叶变换有多种快速算法，统称为快速傅里叶变换（FFT），从而使信号的处理速度得到提升。

7.3.1　离散傅里叶变换的定义

设 $x[n]$ 是一个长度为 M 的有限长序列，则 $x[n]$ 的 N 点离散傅里叶变换定义为

$$X(k)=DFT\{x[n]\}=\sum_{n=0}^{N-1}x[n]e^{-j\frac{2\pi}{N}nk},\quad k=0,1,\cdots,N-1 \tag{7-31}$$

$X(k)$ 的 N 点离散傅里叶逆变换为

$$x[n]=IDFT\left[X(k)\right]=\frac{1}{N}\sum_{k=0}^{N-1}X(k)e^{j\frac{2\pi}{N}kn},\quad n=0,1,\cdots,N-1 \tag{7-32}$$

7.3.2　DFT 与 DTFT、z 变换的之间的关系

设序列 $x[n]$ 的长度为 N，其 z 变换和 DFT 分别为

$$X(z)=Z\{x[n]\}=\sum_{n=0}^{N-1}x[n]z^{-n} \tag{7-33}$$

$$X(k)=DFT\{x[n]\}=\sum_{n=0}^{N-1}x[n]e^{-j\frac{2\pi}{N}kn},\quad k=0,1\cdots,N-1 \tag{7-34}$$

将信号的 DFT 变换关系式与其 z 变换和傅里叶变换式进行比较可以得到

$$X(k) = X(z)\Big|_{z=\mathrm{e}^{\mathrm{j}\frac{2\pi}{N}k}}, \quad k=0,1,\cdots,\ N-1 \tag{7-35}$$

$$X(k) = X\left(\mathrm{e}^{\mathrm{j}\Omega}\right)\Big|_{\Omega=\frac{2\pi}{N}k}, \quad k=0,1,\cdots,N-1 \tag{7-36}$$

根据式（7-35）可以看出，离散时间信号 $x[n]$ 的 N 点 DFT 等同于 $x[n]$ 的 z 变换在单位圆上的 N 点等间隔采样值。同样地，式（7-36）则表明 $X(k)$ 与 $x[n]$ 的傅里叶变换 $X\left(\mathrm{e}^{\mathrm{j}\Omega}\right)$ 在 $0 \leqslant \Omega \leqslant 2\pi$ 上的 N 点等间隔采样值一致。因此可以得出，$X(k)$ 随着采样点数 N 的变化而变化。

信号的 DFT 和 DFS 这两种变换，无论时域还是频域都是离散的，所以时域和频域也都是周期的。由此可以看出 DFT 隐含了周期性，在分析时可以把它看做周期序列的一个周期来进行处理。

例 7-3　信号 $x[n]=R_4[n]$，求该信号 $N=6$ 点和 $N=8$ 点的 DFT。

解

$$X\left(\mathrm{e}^{\mathrm{j}\Omega}\right) = \sum_{n=0}^{3}\mathrm{e}^{-\mathrm{j}\Omega n} = \frac{1-\mathrm{e}^{-\mathrm{j}4\Omega}}{1-\mathrm{e}^{-\mathrm{j}\Omega}}$$

$$= \frac{\mathrm{e}^{-\mathrm{j}4\frac{\Omega}{2}}\left(\mathrm{e}^{\mathrm{j}4\frac{\Omega}{2}}-\mathrm{e}^{-\mathrm{j}4\frac{\Omega}{2}}\right)}{\mathrm{e}^{-\mathrm{j}\frac{\Omega}{2}}\left(\mathrm{e}^{\mathrm{j}\frac{\Omega}{2}}-\mathrm{e}^{-\mathrm{j}\frac{\Omega}{2}}\right)} = \mathrm{e}^{-\mathrm{j}\frac{3}{2}\Omega}\frac{\sin(2\Omega)}{\sin\left(\dfrac{\Omega}{2}\right)} \tag{7-37}$$

信号 $R_4[n]$ 如图 7-4 所示，根据式（7-36）可知，$X(k)$ 等于 $x[n]$ 的离散时间傅里叶变换（DTFT）在 $\Omega=\dfrac{2\pi}{N}k$ 上进行等间隔抽样的值，所以可以根据 $X\left(\mathrm{e}^{\mathrm{j}\Omega}\right)$ 来求解 $X(k)$。

当 $N=6$ 时，有

$$X(k) = X\left(\mathrm{e}^{\mathrm{j}\Omega}\right)\Big|_{\Omega=\frac{2\pi k}{N}} = X\left(\mathrm{e}^{\mathrm{j}\Omega}\right)\Big|_{\Omega=\frac{2\pi}{6}k}$$

$$= \mathrm{e}^{-\mathrm{j}\frac{\pi k}{2}}\frac{\sin\left(\dfrac{2\pi k}{3}\right)}{\sin\left(\dfrac{\pi k}{6}\right)}, \quad k=0,1,\cdots,5 \tag{7-38}$$

把这个结果与 $x[n]$ 展开为傅里叶级数后的结果进行对比，可知 $X(k)$ 就是将 $x[n]$ 进行周期延拓后的离散傅里叶级数值取其中一个周期。图 7-5 所示为将该信号进行 DFT 变换后的结果以 $N=6$ 为周期进行延拓，虚线表示 $X\left(\mathrm{e}^{\mathrm{j}\Omega}\right)$ 的包络线。

当 $N=8$ 时，有

$$X(k) = X\left(\mathrm{e}^{\mathrm{j}\Omega}\right)\Big|_{\Omega=\frac{2\pi k}{N}} = X\left(\mathrm{e}^{\mathrm{j}\Omega}\right)\Big|_{\Omega=\frac{2\pi}{8}k}$$

$$= \mathrm{e}^{-\mathrm{j}\frac{3\pi k}{8}}\frac{\sin\left(\dfrac{\pi k}{2}\right)}{\sin\left(\dfrac{\pi k}{8}\right)}, \quad k=0,1,\cdots,7 \tag{7-39}$$

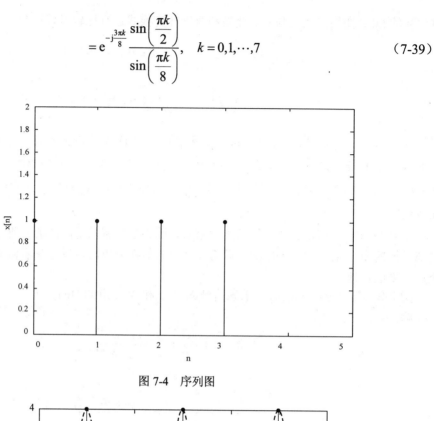

图 7-4　序列图

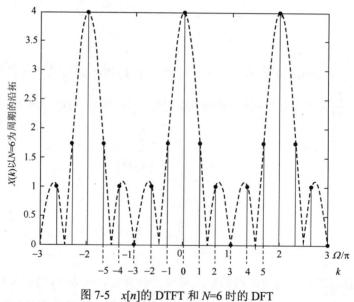

图 7-5　$x[n]$ 的 DTFT 和 $N=6$ 时的 DFT

　　图 7-6 所示为曲线是将该信号进行 DFT 变换后的结果以 $N=8$ 为周期进行延拓，虚线表示 $X\left(\mathrm{e}^{\mathrm{j}\varOmega}\right)$ 的包络线，与 $N=6$ 时相比较，它们的包络曲线是相同的，只是一个周期内抽样间隔减小，抽样点数增多。

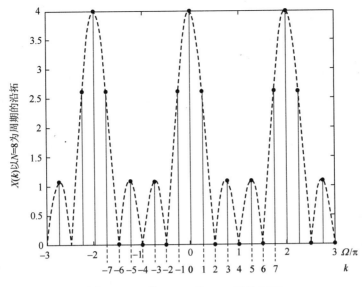

图 7-6　$x[n]$ 的 DTFT 和 $N=8$ 时的 DFT

7.3.3　离散傅里叶变换的性质

（1）线性：

$$\mathrm{DFT}\left\{ax_1[n]+bx_2[n]\right\}=a\mathrm{DFT}\left\{x_1[n]\right\}+b\mathrm{DFT}\left\{x_2[n]\right\} \qquad (7\text{-}40)$$

其中，a、b 为任意常数。这里，$x_1[n]$ 和 $x_2[n]$ 必须是长度均为 N 的序列，若它们长度不相同，则需对其中长度较短的序列补零，直到和另一序列长度一样。

（2）循环卷积定理：$x_1[n]$ 和 $x_2[n]$ 分别是长度为 N_1，N_2 的有限长序列，$X_1(k)$ 和 $X_2(k)$ 是它们各自的 N 点 DFT，$N=\max[N_1,N_2]$。

假如

$$X(k)=X_1(k)X_2(k)$$

那么

$$x[n]=\mathrm{IDFT}\left[X(k)\right]=\sum_{m=0}^{N-1}x_1[m]x_2\left[[n-m]\right]_N R_N[n] \qquad (7\text{-}41)$$

式（7-41）为 $x_1[n]$ 与 $x_2[n]$ 的循环卷积。

虽然 DFT 是处理离散信号的一种重要变换，其计算量与变换区间长度 N 相关，当 N 较大时，计算量非常大。一些学者又提出了一种 DFT 的快速算法——快速傅里叶变换（FFT），它为信号的实时处理提供了条件。

习　　题

1. 已知：

$$X\left(\mathrm{e}^{\mathrm{j}\Omega}\right)=\begin{cases}1, & |\Omega|<\Omega_0 \\ 0, & \Omega_0<|\Omega|\leqslant\pi\end{cases}$$

求该信号的傅里叶反变换 $x[n]$。

2. 求下面离散信号的傅里叶变换 $X\left(e^{j\Omega}\right)$。

（1） $x[n]=\delta[n-3]$；　（2） $x[n]=u[n+3]-u[n-4]$；　（3） $x[n]=\dfrac{1}{2}\delta[n+1]+\delta[n]+\dfrac{1}{4}\delta[n-3]$。

3. 根据离散时间傅里叶变换的性质，求下列信号的频谱 $X\left(e^{j\Omega}\right)$。假设 $X_1\left(e^{j\Omega}\right)=\text{DTFT}\{x_1[n]\}$，$X_2\left(e^{j\Omega}\right)=\text{DTFT}\{x_2[n]\}$：

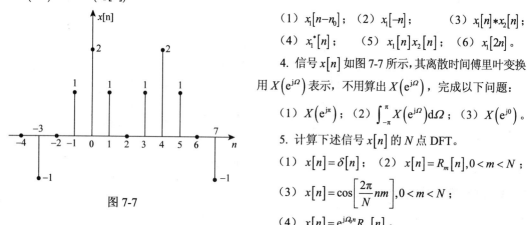

（1） $x_1[n-n_0]$；　（2） $x_1[-n]$；　　（3） $x_1[n]*x_2[n]$；

（4） $x_1^*[n]$；　　（5） $x_1[n]x_2[n]$；　（6） $x_1[2n]$。

4. 信号 $x[n]$ 如图 7-7 所示，其离散时间傅里叶变换用 $X\left(e^{j\Omega}\right)$ 表示，不用算出 $X\left(e^{j\Omega}\right)$，完成以下问题：

（1） $X\left(e^{j\pi}\right)$；　（2） $\displaystyle\int_{-\pi}^{\pi}X\left(e^{j\Omega}\right)d\Omega$；　（3） $X\left(e^{j0}\right)$。

5. 计算下述信号 $x[n]$ 的 N 点 DFT。

（1） $x[n]=\delta[n]$；　（2） $x[n]=R_m[n],0<m<N$；

（3） $x[n]=\cos\left[\dfrac{2\pi}{N}nm\right],0<m<N$；

（4） $x[n]=e^{j\Omega_0 n}R_N[n]$。

图 7-7

6. 已知 $X(k)$，求原信号 $x[n]$。

$$X(k)=\begin{cases}-\dfrac{N}{2}je^{j\theta}, & k=m\\[2mm]\dfrac{N}{2}je^{-j\theta}, & k=N-m\\[2mm]0, & \text{其他}\end{cases}$$

其中，m 为正整数，$0<m<N/2$。

7. 设 $X(k)=\text{DFT}\{x[n]\}$，证明 DFT 的对称定理。

$$\text{DFT}\{X[n]\}=Nx(N-k)$$

8. 已知 $x[n]$ 长度为 N，$X(k)=\text{DFT}\{x[n]\}$。

$$y[n]=\begin{cases}x[n], & 0\leqslant n\leqslant N-1\\0, & N\leqslant n\leqslant rN-1\end{cases}$$

$$Y(k)=\text{DFT}\{y[n]\},\quad 0\leqslant k\leqslant rN-1$$

求 $X(k)$ 与 $Y(k)$ 之间的关系式。

第8章 信号与系统分析的 MATLAB 仿真

MATLAB 由 MATrix 和 LABoratoray 两个词的前缀缩写而成，是 MathWorks 公司于 1982 年推出的仿真软件，称为矩阵实验室。它最大的特点是对矩阵进行运算。每一个命令或函数都是由 C 语言组成的。它适合于数值计算、算法研究、模型建立、图形绘制和系统仿真。MATLAB 广泛应用于电子、通信行业的信号分析中。

由于 MATLAB 是后续课程，在这里仅仅起到抛砖引玉的作用。本章先简单介绍 MATLAB 的基本操作以及与该课程相关的一些简单操作。让学生明白计算机仿真在电子课程教学和实践中的重要性，同时验证前面所学的相关课程，尽量做到简单明了，培养和提高学生的专业兴趣。

8.1 MATLAB 语言的简单介绍

MATLAB 具有强大的矩阵运算能力，它可将计算、可视化和编程结合在一个容易使用的环境中。

8.1.1 MATLAB 窗口

命令窗口 Command Window：用户可以在命令窗口中输入变量、运行函数以及 m 文件。

命令历史记录窗口 Command History：用户在命令窗口中输入语句行都会记录到命令历史记录窗口中，在该窗口中，用户可以查看先前使用的函数，并且复制和执行所选择的语句行。

Help 浏览器：利用它可以搜索和查看所有 MathWorks 组件的帮助文档。可以单击工具栏上的 "？" 按钮，或者在命令窗口中输入"helpBrowser"命令之后按回车键，打开 Help 窗口。

当前目录 Current Directory：利用它搜索、查看、打开和改变 MATLAB 相关的目录和文件。

工作空间 Workspace：它由一组在 MATLAB 会话期间创建的变量和存储在内存中的变量组成。

8.1.2 常用的简单操作或函数

在编程时，需要显示计算结果则在命令后不加任何符号或用逗号；当命令后有分号时，则不会显示运算结果。

1. 窗口命令

（1）clc：清除命令窗口。

（2）clear：清除内存变量命令。

（3）who：显示内存变量。

（4）whos：详细显示内存变量信息。

2. 变量

（1）变量的命名规则：变量名区分大小写，必须以字母开头，可以由字母、数字、下划线组成，但不能使用标点。

（2）一些特殊的变量如下。①pi：圆周率。②eps：浮点运算的相对精度（计算机的最小数）。③inf：无穷大。④NaN：表示不定值。⑤i：虚数单位。⑥realmax：最大正实数。

3. 常用的数学函数

abs（），sin（），cos（），tan（），sqrt（），exp（），imag（），real（），log（）。

8.1.3 矩阵及其运算

1. 矩阵的输入

（1）直接赋值法。在命令窗口中分别输入 a=[1，2；3，4]，b=[4，5；6，7]后回车，即可生成两个矩阵。矩阵的元素排列在方括号内，行与行之间用分号隔开，每行内的元素用空格或逗号隔开。

（2）增量赋值法。标准格式：s=初值：增量：终值. 其中，"："为分隔识别符。若格式中的增量项省略，则默认增量值为1。

2. 子矩阵的产生

子矩阵是从对应矩阵中取出一部分元素来构成，可以分别用单下标和双下标两种方法来产生子矩阵。在命令窗口中输入下面两条命令并观察结果：

$$>>a（1，2）$$

$$>>a（3）$$

3. 四则运算与幂运算

"+"，"−"，"*"，"/（右除）"，"\（左除）"，"^"，".*"，"./"，".\"，".^"

在命令窗口中分别输入如下语句，并键入回车键观察结果：

$$>>a+b$$

$$>>a−b$$

$$>> a*b$$
$$>> a.*b$$
$$>> a/b$$
$$>> a./b$$

4. 一些常用的特殊矩阵

（1）单位矩阵：eye（m，n）；eye（m）。
（2）全零矩阵：zeros（m，n）；zeros（m）。
（3）全 1 矩阵：ones（m，n）；ones（m）。
（4）对角矩阵：diag（m，n）；diag（m）。
（5）随机矩阵：rand（m，n）；rand（m）。

5. 运用矩阵运算解方程组

inv（a），求逆矩阵。

例 8-1　已知 $\begin{cases} x+y+z=1 \\ 2x+2y+3z=2 \\ 3x+4y+5z=3 \end{cases}$ ，求 $\begin{bmatrix} x \\ y \\ z \end{bmatrix}$ 。

解　将上述方程组描述 $a*b=c$，仿真程序如下：
a=[1，1，1；2，2，3；3，4，5]，c=[1；2；3]；
b=inv（a）*c

6. 用矩阵描述多项式

例如，$f(x)=x^2+3x+2$，在 MATLAB 程序中，往往将 $f(x)$ 的系数从最高次幂到 0 次幂排成一行的矩阵，所以，描述为 $a=[1，3，2]$。

8.1.4　MATLAB 的二维绘图功能

1. plot 函数

基本调用格式为 plot（x，y）；plot（x,y,'s'）。其中，x、y 给出的数据分别为 x、y 轴坐标值，s 为选项字符串，用于设置曲线颜色、线型及数据点等。

例 8-2　绘制取样函数 $\mathrm{Sa}(\pi t)$ 曲线。

解　t=-6:0.01:6
　　　y=sin(pi*t)./(pi*t)
　　　plot(t，y)
　　　xlabel('t')
　　　ylabel('Sa(\pit)')

其波形如图 8-1 所示。

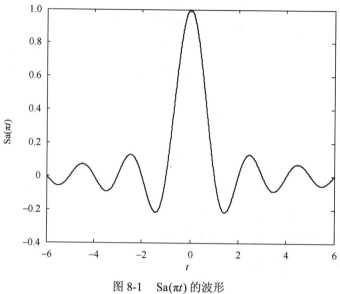

图 8-1 Sa(πt) 的波形

2. stem 函数

对于离散序列，MATLAB 用 stem（）命令实现其绘制。其基本调用格式与 plot 函数一样。

例 8-3 绘制 0～4pi 范围的正弦函数序列。

解 t=0:pi/10:4*pi;

```
y=sin(t);
stem(t,y)
xlabel('t');
ylabel('sin(t)')
```

其波形如图 8-2 所示。

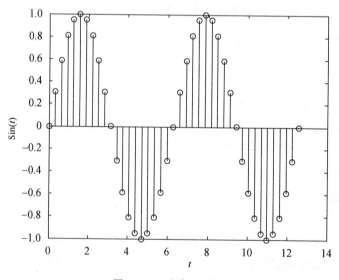

图 8-2 正弦序列波形

3. subplot 函数

如果要在一个绘图窗口中显示多个图形，可用 subplot 函数实现。其基本调用格式为 subplot（m，n，k）。该函数表示将绘图窗口划分为 $m \times n$ 个子窗口（子图），并在第 k 个子窗口中绘图。

4. 二维图形的修饰

坐标轴名称标识函数 xlabel、ylabel、title，通过 xlabel、ylabel 命令给 X 轴、Y 轴加上名称，标注为字符串 s，title 命令则是给图形加上标题。其调用格式分别为 xlabel（'s'）、ylabel（'s'）、title（'s'）

hold 函数来实现重叠绘制曲线的功能。若要在原来已有的图形 A 上加画另外的图形 B，而不擦除原有的图形 A，只要在画 B 之前加一条 "hold on" 命令即可，否则原图形 A 会被 B 所覆盖。

grid 函数用于为所绘制的图形坐标添加网格（虚线），从而更方便地确定图中各点的指标位置。

8.1.5　m 文件的建立和调用

MATLAB 命令可以在工作环境中运行，但不利于保存和重复使用，特别当程序复杂时，更难调试。程序复杂时，则在编辑器中编写 M 文件，以便保存和调试。具体流程如下：在菜单栏中用鼠标点击 file，选择 new，并在下拉子菜单中选择 M file，然后编写需要的程序，保存以及运行，也可以在 Command Window 中输入文件名后点击回车键运行。

8.2　MATLAB 中常用于信号分析的函数简介

MATLAB 提供了很多学科的工具箱。在信号处理工具箱中有很多函数可以完成信号的产生、变换和处理。

（1）rectpuls（t，width），产生矩形脉冲信号。

（2）heaviside（t），产生单位阶跃信号。

（3）dirac（t），产生单位冲激信号。

（4）sinc（t），产生取样信号。

（5）tripuls（t，width，skew），产生正三角波形，width 代表宽度，skew 代表中央位置。

（6）diric（x，n），产生冲激脉冲。

（7）（a）.^k，产生指数序列。

（8）subs（x（t），t，$t0$），将函数 x 中变量 t 换成 $t-t0$，得到时间移动信号。

（9）subs（x（t），t，$a^{*}t$），将函数 x 中变量 t 换成 $a^{*}t$，得到尺度变换信号。

（10）subs（x（t），t，$-t$），将函数 x 中变量 t 换成 $-t$，得到反折信号。

（11）diff（x），离散信号的差分信号。

（12）sum（x（$n1$，$n2$））离散信号的累加。

（13）diff（x）/h，连续信号的微分。

（14）quad（'x'，$t1$，$t2$）或者 quad1（'x'，$t1$，$t2$），连续信号的积分。

（15）conv 函数，用于计算两个离散信号的卷积和还可以用于多项式的计算以及卷积积分的数值计算。

（16）[r，p，k]=residue（num，den），求有理分式的部分分式展开，见如下描述：

$$\frac{\text{num}(s)}{\text{den}(s)} = \frac{b(s)}{a(s)} = \frac{r_1}{s-p_1} + \frac{r_2}{s-p_2} + \cdots + \frac{r_n}{s-p_n} + k(s)$$

例 8-4 产生正三角波形。

解 t=-4:0.1:4;

x=tripuls(t,3);

plot(t,x);

axis([-4,4,-0.1,1.1]);%规定图形的显示范围

line([-4,4],[0,0]),grid

xlabel('t')

ylabel('tripuls(t,3)')

其波形如图 8-3 所示。

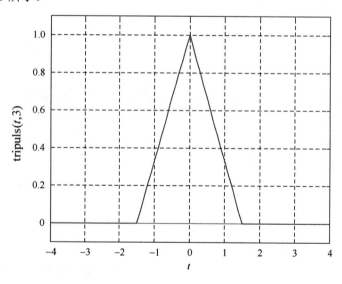

图 8-3　正三角波形

例 8-5　已知 $a[n]=\delta[n+1]+2\delta[n]+3\delta[n-1]$，$b[n]=2\delta[n]+3\delta[n-1]+4\delta[n-2]$，用 MATLAB 来仿真其卷和，并画出图形。

解　a=[1,2,3];n1=-1;n2=1;

　　　b=[2,3,4];n3=0;n4=2;

```
c=conv(a,b);
n5=n1+n3;n6=n2+n4;
n=n1:n2;
subplot(3,1,1),stem(n,a,'r'),grid;
xlabel('n');
ylabel('a');
n=n3:n4;
subplot(3,1,2),stem(n,b,'r'),grid
xlabel('n');
ylabel('b');
n=n5:n6;
subplot(3,1,3),stem(n,c,'r'),grid
xlabel('n');
ylabel('c')
```

仿真波形如图 8-4 所示。

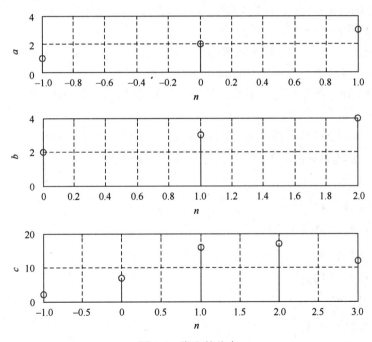

图 8-4 卷和的仿真

例 8-6 求多项式 $(x^2 + 3x + 4)(x + 5)$。

解 a=[1, 3, 4];

b=[1, 5];

c=conv（a, b)

例 8-7 求多项式 $f(x)=x^2+7x+12$ 的根。

解 a=[1，7，12]；

roots（a）

例 8-8 求表达式 $X(s)=\dfrac{5s^3+3s^2-2s+7}{-4s^3+8s+3}$ 的部分分式展开式。

解 b=[5，3，-2，7]；

a=[-4，0，8，3]；

[r，p，k]=residue（b，a）

8.3 LTI 系统的时域分析的 MATLAB 仿真

8.3.1 连续系统时域分析的 MATLAB 仿真

最简单的方法是直接调用函数库中的函数来求解各种响应。假设微分方程左右两边的系数矩阵分别为 a 和 b。

（1）sys=tf（b，a），得到系统的传递函数模型。

（2）lsim（sys，x，t），计算系统的零状态响应。t 表示计算响应的时间采样矩阵，x 是系统输入矩阵，sys 是系统模型。

（3）impulse（sys，t），计算系统的单位冲激响应。

（4）step（sys，t），计算系统的单位阶跃响应。

如果是输入和系统的单位冲激响应都是有限的信号，可以借助于离散系统的仿真方法来实现。

例 8-9 连续系统数学模型为 $y''(t)+4y'(t)+3y(t)=x'(t)+2x(t)$，$x(t)=\mathrm{e}^{-4t}u(t)$，用 MATLAB 实现零状态响应、单位冲激响应和单位阶跃响应。

解 程序如下：

```
t=0:0.01:10;
a=[1,4,3],b=[1,2];
sys=tf(b,a)
x=exp(-4*t);
subplot(3,1,1)
lsim(sys,x,t)
subplot(3,1,2)
impulse(sys,t)
subplot(3,1,3)
step(sys,t)
```

仿真结果如图 8-5 所示。

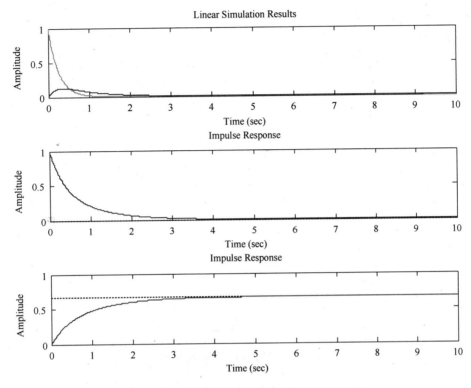

图 8-5 连续系统的单位冲激响应和单位阶跃响应

8.3.2 离散系统时域分析的 MATLAB 仿真

假设差分方程左右两边的系数矩阵分别为 a 和 b，MATLAB 提供的离散系统仿真的函数包括如下。

（1）filter（b, a, x），借助于滤波，计算系统的响应。

（2）dinitial（b, a, s），求零输入响应。

（3）lsim（b, a, x），求系统的零状态响应和全响应。

（4）impz（b, a, n），求单位冲激响应。

（5）step（b, a, x），求单位阶跃响应。

（6）conv（x, h），求零状态响应。

例 8-10 离散系统差分方程为 $y[n]+3y[n-1]+2y[n]=x[n]-x[n-1]$，$x[n]=(0.5)^n u[n]$，求系统的单位冲激响应、单位阶跃响应和零状态响应。

解 仿真程序如下：

```
a=[1, 3, 2], b=[1, -1];
n=-20: 20;
impz（b, a, n）
un=Heaviside（n）;
step（b, a）
xn=0.5.^n
```

```
yf=filter（b，a，xn）
```
仿真结果如图 8-6 所示。

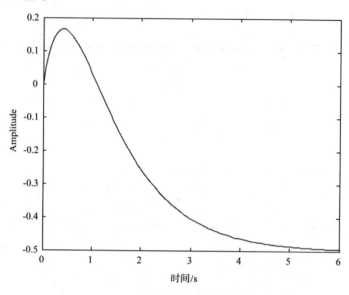

图 8-6　离散系统单位阶跃响应

8.4　LTI 系统变换域分析的 MATLAB 仿真

8.4.1　连续信号和系统频域分析的 MATLAB 仿真

假设系统模型用矩阵来描述，a（den）为分母系数矩阵，b（num）为分子系数矩阵。

$$X=fourier（x）$$

调用 ifourier 函数求傅里叶反变换。

$$x=ifourier（X）$$

在调用 fourier（）和 ifourier（）之前，要用 syms 命令对所用到的变量说明，否则就是默认形式。

调用 modulate 函数实现调制。

$$Y=modulate（f，fc，fs，method，opt）$$

调用 freqs 函数求频率响应。

$$h=freqs（b，a，w）$$

调用 fft 函数求采样信号的频谱或 DFT。

$$fft（fst，n）$$

8.4.2　连续信号和系统复频域分析的 MATLAB 仿真

laplace（x），拉普拉斯正变换的计算。

ilaplace（X），拉普拉斯反变换的计算。

[r，p，k]=residue（b，a），部分分式展开，r 为展开后分子矩阵，p 为极点矩阵，k

为商矩阵。

roots（a），求解零极点。

pzmap（b，a），画零极点图。

Bode（b，a，w），画波特图。

[z，p，k]=tf2zp（b，a），实现传递函数转换为零极点型。

例 8-11　已知 $H(s) = \dfrac{s+2}{(s+1)(s+3)}$，求反变换、零极点图、单位冲激响应、单位阶

跃响应、频率响应、Bode 图、判断系统的稳定性。

解　X=sym（'（s+2）/（s+1）*（s+2）'）；

```
h=ilaplace（X）
a=[1，3，2]，b=[1，2]；poles=roots（a），nulls=roots（b），
figure（1）
subplot（2，1，1），pzmap（b，a），axis（[-4，0，-1，1]），grid
t=0：0.01：8；
subplot（2，2，3），ht=impulse（b，a，t），plot（t，ht）；title（'h
（t）'），grid
st=step（b，a，t）；
subplot（2，2，4），plot（t，st），title（'s（t）'），grid
figure（2）
[h，w]=freqs（b，a）；
subplot（2，1，1），plot（w，abs（h））；xlabel（'频率'），ylabel
（'Magnitude 幅度'），grid
subplot（2，1，2），bode（b，a），grid
```

其波形如图 8-7 所示。

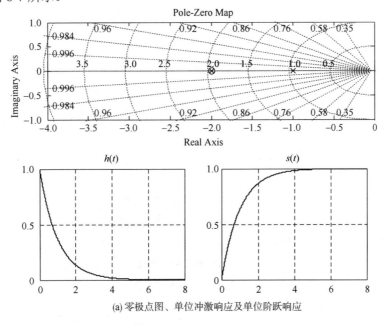

(a) 零极点图、单位冲激响应及单位阶跃响应

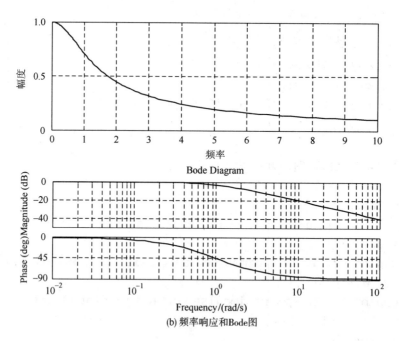

(b) 频率响应和Bode图

图 8-7　连续系统的仿真

例 8-12　图 8-8 所示的系统，已知 $G(s) = \dfrac{s+3}{s^2+2s+3}$，$H_1(s) = \dfrac{1}{s+2}$，求系统的传递函数、Bode 图，并判断系统的稳定性。

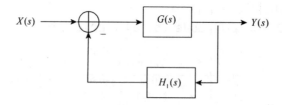

图 8-8　例 8-12 的图

解　利用梅森公式得到 $H(s) = \dfrac{G(s)}{1+G(s)H_1(s)}$，令 $G(s) = \dfrac{G_n(s)}{G_d(s)}, H_1(s) = \dfrac{H_{n1}(s)}{H_{d1}(s)}$，所以 $H(s) = \dfrac{H_{d1}(s)G_n(s)}{G_d(s)H_{d1}(s)+G_n(s)H_{n1}(s)}$。

仿真程序如下：

```
hn1=[1]; mhn1=1; ; hd1=[1, 2]; mhd1=2;
gn=[1, 3]; mgn=2; ; gd=[1, 2, 3]; mgd=3;
num=conv（gn, hd1）
d1=conv（hd1, gd）; md1=mhd1+mgd-1;
d2=conv（hn1, gn）; md2=mhn1+mgn-1;
if md2>=md1
```

```
    d1=[zeros (1, md2-md1), d1];
else d2=[zeros (1, md1-md2), d2]
end
den=d1+d2
bode (num, den), grid
r=roots (den)
k=0, n= length (den) -1;
for i=1: n
    if real (r (i) ) <0
        k=k;
    else k=k+1
    end
end
if k>0
    disp unstable
else disp stable
end
```

仿真结果如图 8-9 所示。

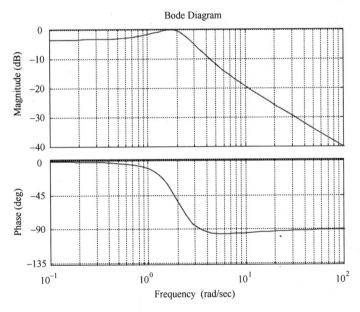

图 8-9　系统的 Bode 图

例 8-13　已知系统函数为 $H(s)=\dfrac{1}{s^3+2s^2+2s+1}$，利用 MATLAB 画出该系统的零极点分布图，分析系统的稳定性，并求出该系统的单位冲激响应和幅频响应。

解 程序如下：

```
num=[1]; den=[1 2 2 1];
sys=tf（num, den）;
poles=roots（den）;
figure（1）;
pzmap（sys）;
t=0: 0.02: 10;
h=impulse（num, den, t）;
figure（2）; plot（t, h）;
xlabel('t(s)'); ylabel('h(t)'); title('Impulse Response');
 [H, w]=freqs（num, den）;
figure（3）;
plot（w, abs（H））;
xlabel（'\omega（rad/s）'）; ylabel（'|H（j\omega）|'）; title
（'Magenitude Response'）;
```

运行结果为

poles =-1.0000   -0.5000 + 0.8660i   -0.5000 - 0.8660i

即该系统函数的极点都位于 s 平面的左半平面，因此该系统是稳定的。其极点分布图、单位冲激响应和幅频响应如图 8-10 所示。

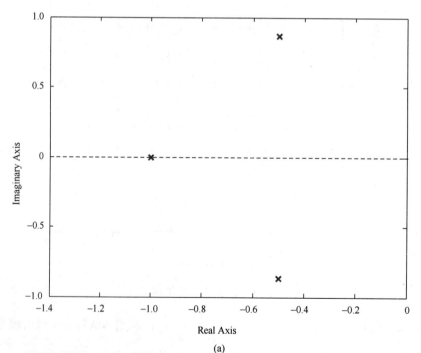

(a)

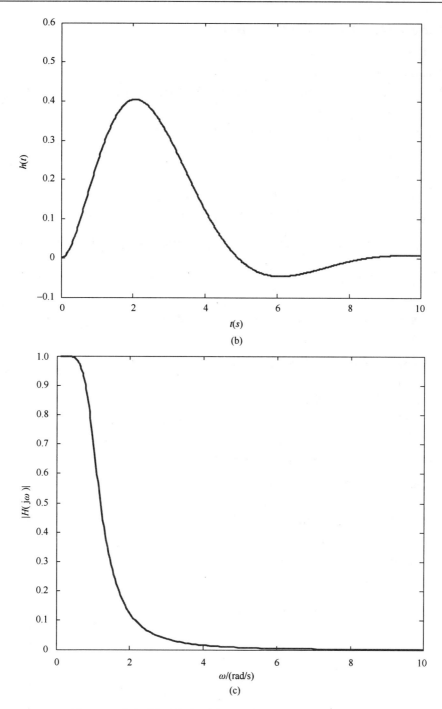

图 8-10　连续系统零极点、单位冲激响应和幅频响应的仿真

8.4.3　离散信号和系统 *z* 域分析的 MATLAB 仿真

（1）fft（*x*），求周期序列的频谱。

（2）freqz（*b*，*a*，*w*），求离散信号的 DTFT。

（3）dbode（b，a），求离散系统的 Bode 图。

（4）ztrans（x），求 z 变换。

（5）iztrans（X），求 z 反变换。

（6）[r，p，k]=residuez（b，a），求 z 域的部分分式展开。

（7）roots（a），求零极点。

（8）zplane（b，a），绘制 z 域的零极点图。

（9）sys=tf（b，a）

（10）dinitial（b，a），求零输入响应。

（11）dimpluse（b，a），求离散系统的单位冲激响应。

（12）dstep（b，a），求离散系统的单位阶跃响应。

例 8-14   已知 $H(z) = \dfrac{z^2 + 3z + 1}{z^3 + 5z^2 + 3z + 1}$，求系统的零极点并绘图，求单位冲激响应、单位阶跃响应和频率响应。

解
```
syms z
y=sym('((z^2+3*z+1)/(z^3+5*z^2+3*z+1))');
y=iztrans(y)
a=[1,5,3,1],b=[1,3,1];
[r,p,k]=tf2zp(b,a)
subplot(2,2,1),zplane(b,a);
subplot(2,2,2),hn=dimpulse(b,a,24);stem(hn,'filled');
xlabel('n');ylabel('hn')
w=-2*pi:0.01:2*pi;[h,w]=freqz(b,a,w);
mag=abs(h);phi=angle(h);
subplot(2,2,3),plot(w,mag),grid
xlabel('频率');ylabel('幅度')
subplot(2,2,4),plot(w,phi),grid
xlabel('频率');ylabel('相位')
```

仿真结果如图 8-11 所示。

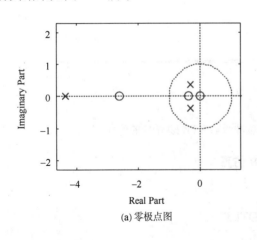

(a) 零极点图

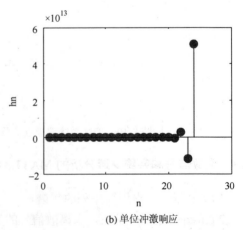

(b) 单位冲激响应

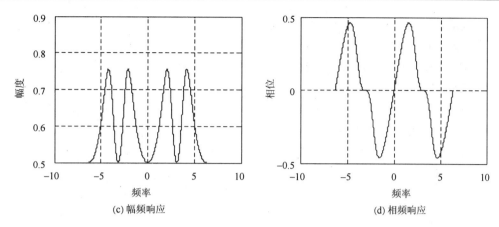

(c) 幅频响应　　　　　　　　　(d) 相频响应

图 8-11　离散系统的仿真

8.5　连续信号的采样与恢复的仿真

采样定理的内容见第 4 章。下面通过实际的例子来仿真采样的过程及其信号恢复的过程，从而达到验证采样定理的目的。

例 8-15　选取门信号 $f(t) = G_2(t)$ 为被采样信号。利用 MATLAB 实现对信号 $f(t)$ 的采样，显示原信号与采样信号的时域和频域波形。

解　因为门信号并非严格意义上的有限带宽信号，但是，由于其频率 $\dfrac{1}{\tau}$ 的分量所具有的能量占有很少的比重，所以一般定义 $f_m = \dfrac{1}{\tau}$ 为门信号的截止频率。其中，τ 为门信号在时域的宽度。在本例中，选取 $f_m = 0.5$，奈奎斯特采样频率为 $f_s = 1$，过采样频率为 $f_s > 1$（为了保证精度，可以将其值提高到该值的 50 倍），欠采样频率为 $f_s > 1$。

```
% 显示原信号及其傅里叶变换示例:
R=0.01; %采样周期
t=-4: R: 4;
f=rectpuls（t, 2）
w1=2*pi*10;    % 显示[-20*pi 20*pi]范围内的频谱
N=1000;        % 计算出 2*1000+1 个频率点的值
k=0: N;
wk=k*w1/N;
F=f*exp（-j*t'*wk）*R;    % 利用数值计算连续信号的 Fourier 变换
F=abs（F）;       % 计算频谱的幅度
wk=[-fliplr（wk）, wk（2: 1001）];
F=[fliplr（F）, F（2: 1001）];    % 计算对应负频率的频谱
figure;
subplot（2, 1, 1）;    plot（t, f）;
```

```
xlabel（'t'）；  ylabel（'f（t）'）；
title（'f（t）=u（t+1）-u（t-1）'）；
subplot（2，1，2）；  plot（wk，F）；
xlabel（'w'）；  ylabel（'F（jw）'）；
title（'f（t）的傅里叶变换'）；
```

程序运行后的结果如图 8-12 所示。

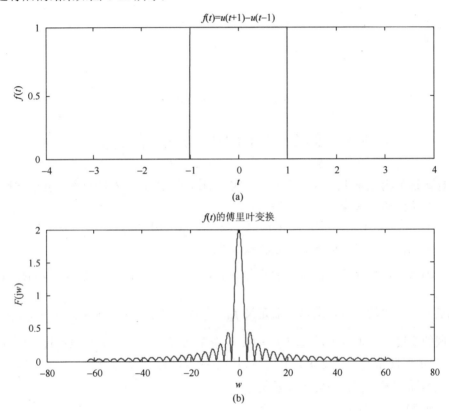

图 8-12 门信号及其频谱的仿真

```
% 显示采样信号及其傅里叶变换示例：
R=0.25；  % 可视为过采样
t=-4：R：4；
f=rectpuls（t，2）；
w1=2*pi*10；
N=1000；
k=0：N；
wk=k*w1/N；
F=f*exp（-j*t'*wk）；  % 利用数值计算采样信号的傅里叶变换
F=abs（F）；
wk=[-fliplr（wk），wk（2：1001）]；  % 将正频率扩展到对称的负频率
```

```
F=[fliplr（F）, F（2: 1001）];          %将正频率的频谱扩展到对称的负频率
的频谱
figure;
subplot（2, 1, 1）
stem（t/R, f）;      % 采样信号的离散时间显示
xlabel（'n'）;    ylabel（'f（n）'）;
title（'f（n）'）;
subplot（2, 1, 2）
plot（wk, F）;      % 显示采样信号的连续的幅度谱
xlabel（'w'）;    ylabel（'F（jw）'）;
title（'f（n）的傅里叶变换'）;
```

程序运行后的结果如图 8-13 所示。

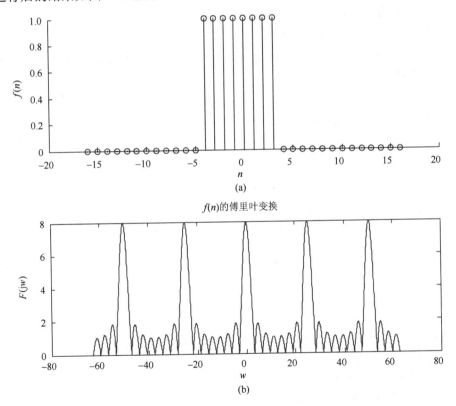

图 8-13　采样脉冲及其频谱的仿真

例 8-16　利用 MATLAB 实现对上例中采样后的信号进行恢复，并显示恢复后的信号。

解　%采样信号的重构及其波形显示示例程序：

```
Ts=0.25; % 采样周期，可修改
t=-4: Ts: 4;
f=rectpuls（t, 2）;    % 给定的采样信号
```

```
ws=2*pi/Ts;
wc=ws/2;
Dt=0.01;
t1=-4: Dt: 4;    % 定义信号重构对应的时刻，可修改
fa=Ts*wc/pi*（f*sinc（wc/pi*（ones（length（t），1）*t1-t'*ones
（1，length（t1）））））；
%信号重构
figure
plot（t1，fa）；
xlabel（'t'）；  ylabel（'fa（t）'）；
title（'f（t）的重构信号'）；
t=-4: 0.01: 4;
err=fa-rectpuls（t，2）；
figure;  plot（t，err）；
sum（abs（err）.^2）/length（err）；   % 计算重构信号的均方误差
```

程序运行后的结果如图 8-14 所示。

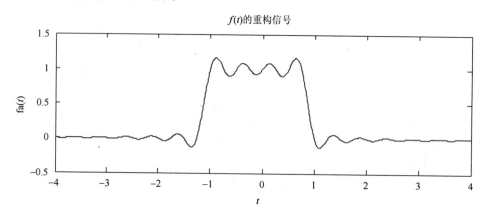

图 8-14　信号重现的时域法仿真

　　例 8-17　用频率滤波的方法，利用 MATLAB 实现对例 8-16 采样的信号进行恢复，并显示恢复信号的波形。

　　解　% 采用频率滤波的方法实现对采样信号的重构：

```
Ts=0.25; % 采样周期
t=-4: Ts: 4;
f=rectpuls（t，2）；
w1=2*pi*10;
N=1000;
k=0: N;
wk=k*w1/N;
```

```
F=f*exp（-j*t'*wk）;    % 利用数值计算连续信号的傅里叶变换
wk=[-fliplr（wk），wk（2: 1001）];
F=[fliplr（F），F（2: 1001）];
Tw=w1/N;   % 频率采样间隔
w=-2*pi*10: Tw: 2*pi*10;
H=Ts*rectpuls（w, 2.*pi/Ts）;    % 理想低通滤波器频率特性
%下面两行为可修改程序
%[b, a]=butter（M, Wc, 's'）;    % 确定系统函数的系数矢量，M, Wc
为设定滤波器的阶数和 3dB 截止频率
%H=Ts*freqs（b, a, w）;
Fa=F.*H;    % 采样信号通过滤波器后的频谱
Dt=0.01;
t1=-4: Dt: 4;
fa=Tw/（2*pi）*（Fa*exp（j*wk'*t1））;
% 利用数值计算连续信号的傅里叶逆变换
figure
subplot（2, 1, 1）
plot（t1, fa）;
xlabel（'t'）;
ylabel（'fa（t）'）;
title（'f（t）的重构信号'）;
err=fa-rectpuls（t1, 2）;
subplot（2, 1, 2）
plot（t1, err）;
xlabel（'t'）;
ylabel（'err（t）'）;
title（'f（t）的重构误差信号'）;
sum（abs（err）.^2）/length（err）
```

程序运行后的结果如图 8-15 所示。

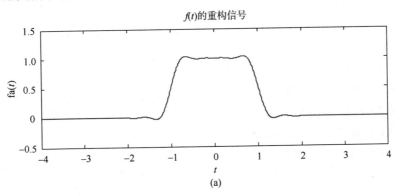

(a)

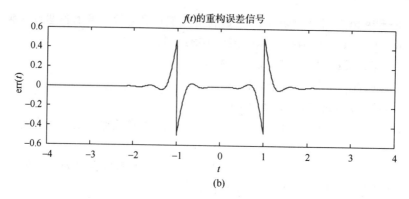

图 8-15 信号重现的频域法仿真

习　题

1. 已知连续系统的系统函数 $H(s) = \dfrac{s^2 - 4}{s^4 + 2s^3 - 3s^2 + 2s + 1}$，试用 MATLAB 画出系统的零极点图，并分析系统的稳定性。

2. 已知系统的系统函数为 $H(s) = \dfrac{s + 4}{s(s^2 + 3s + 2)}$，求出系统的冲激响应 $h(t)$ 和系统的幅频响应 $|H(j\omega)|$。

3. 已知一个自动控制系统采用负反馈技术，其前向通道和反馈通道如图 8-16 所示。其中，$H(s) = \dfrac{h_n(s)}{h_d(s)} = \dfrac{s + 2}{s^2 + 3s + 2}$，$G(s) = \dfrac{G_n(s)}{G_d(s)} = \dfrac{s + 2}{s^2 + 4s + 2}$，阅读并执行下面的程序，理解每一条语句的作用。

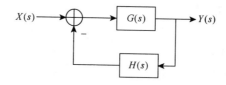

图 8-16　自动控制系统结构

程序代码：

```
hn=[1]; mhn=1; ; hd=[1, 2]; mhd=2;
gn=[1, 3]; mgn=2; ; gd=[1, 2, 3]; mgd=3;
num=conv（gn, hd）
d1=conv（hd, gd）; md1=mhd+mgd-1;
d2=conv（hn, gn）; md2=mhn+mgn-1;
if md2>=md1
    d1=[zeros（1, md2-md1）, d1];
else d2=[zeros（1, md1-md2）, d2]
end
```

```
den=d1+d2
bode（num，den），grid
r=roots（den）
k=0
for i=1：3
   if real（r（i））<0
      k=k；
   else k=k+1
   end
end
if k>0
   disp 'System is unstable'
else disp 'System is stable'
end
```

4.（1）修改 8.5 节示例中的门信号宽度、采样周期等参数，重新运行程序，观察得到的采样信号时域和频域特性，以及重构信号与误差信号的变化。

（2）将原始信号分别修改为抽样函数 $Sa(t)$、正弦信号 $\sin(20\pi t)+\cos(40\pi t)$、指数信号 $e^{-2t}u(t)$ 时，在不同采样频率的条件下，观察对应采样信号的时域和频域特性，以及重构信号与误差信号的变化。

（3）利用频域滤波的方法（将采样信号通过一个（Butterworth）低通滤波器），修改实验中的部分程序，完成对采样信号的重构。

参 考 文 献

陈后金，胡健，薛健. 2003. 信号与系统. 北京：清华大学出版社.

管致中，夏恭恪. 1983. 信号与线性系统. 北京：人民教育出版社.

金波. 2008. 信号与系统实验教程. 武汉：华中科技大学出版社.

罗珣. 1997. 电路·信号与系统实验指导书. 广州：华南理工大学出版社.

闵大镒，朱学勇. 2000. 信号与系统分析. 成都：电子科技大学出版社.

任亚莉. 2007. 信号与系统实验教程. 兰州：甘肃科技出版社.

容太平. 2009. 信号与系统实验指导. 武汉：华中科技大学出版社.

吴大正. 1996. 信号与线性系统分析. 3 版. 北京：高等教育出版社.

吴湘淇. 1996. 信号系统与信号处理. 北京：电子工业出版社.

阎鸿森，王新凤，田惠生. 1999. 信号与线性系统. 西安：西安交通大学出版社.

杨晓非，何丰. 2008. 信号与系统. 北京：科学出版社.

张德丰. 2010. MATLAB 通信工程仿真. 北京：机械工业出版社.

张德丰. 2009. MATLAB 在电子信息工程中的应用. 北京：电子工业出版社.

张有正. 1985. 信号与系统. 成都：四川科学技术出版社.

郑阿奇. 2004. MATLAB 实用教程. 北京：电子工业出版社.

郑君里，杨为理. 1999. 信号与系统. 北京：清华大学出版社.

Buck J R, Daniel M M, Singer A C. 2000. 信号与系统计算机练习——利用 MATLAB. 刘树棠, 译. 西安：西安交通大学出版社.

Chapman S J. 2003. MATLAB Programming. 2nd ed. 北京：科学出版社.

Oppenheim A V, Willsky A S, Nawab S H. 2013. 信号与系统. 2 版. 刘树棠, 译. 北京：电子工业出版社.

Stephen J. 2003. Chapman. MATLAB 编程（第二版）. 北京：科学出版社.